図形と方程式

2 次曲線

11 円 $(x-a)^2+(y-b)^2=r^2$ は中心 $(a,\ b)$，半径 r

12 放物線 $y^2=4px$ は焦点が $(p,\ 0)$，準線が $x=-p$

13 楕円 $\dfrac{x^2}{a^2}+\dfrac{y^2}{b^2}=1$ は焦点が $(\pm\sqrt{a^2-b^2},\ 0)$ で 2 焦点からの距離の和が $2a$

14 双曲線 $\dfrac{x^2}{a^2}-\dfrac{y^2}{b^2}=1$ は焦点が $(\pm\sqrt{a^2+b^2},\ 0)$ で 2 焦点からの距離の差が $2a$

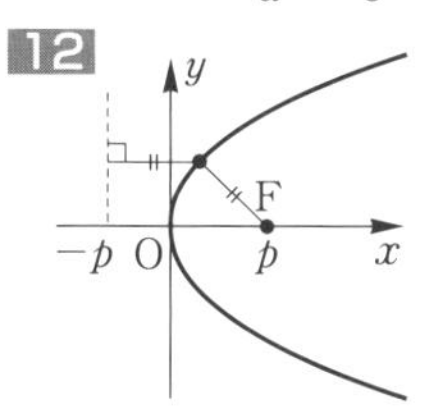

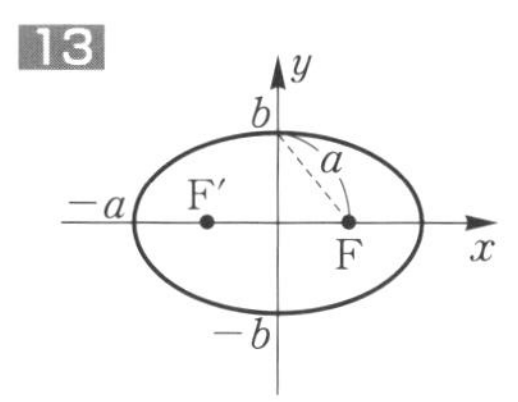

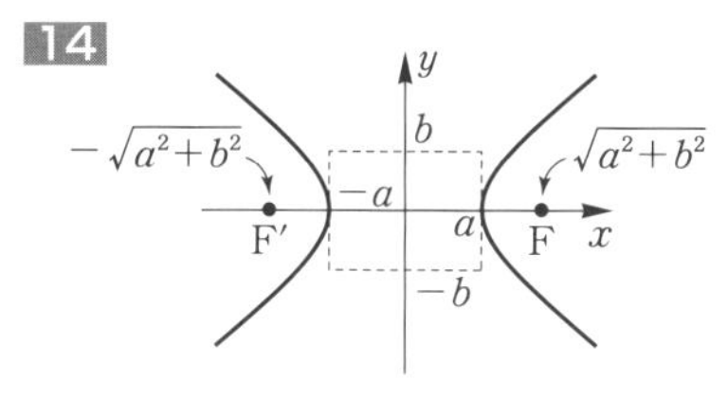

場合の数・順列・組合せ

15 n 個から r 個とる順列の総数は ${}_n\mathrm{P}_r=\dfrac{n!}{(n-r)!}=n(n-1)(n-2)\cdots\{n-(r-1)\}$

16 n 個から r 個とる組合せの総数は ${}_n\mathrm{C}_r=\dfrac{n!}{r!(n-r)!}=\dfrac{n(n-1)(n-2)\cdots\{n-(r-1)\}}{r(r-1)(r-2)\cdots3\cdot2\cdot1}$

17 二項定理 $(a+b)^n={}_n\mathrm{C}_0a^nb^0+{}_n\mathrm{C}_1a^{n-1}b^1+{}_n\mathrm{C}_2a^{n-2}b^2+\cdots+{}_n\mathrm{C}_{n-1}a^1b^{n-1}+{}_n\mathrm{C}_na^0b^n$

《新版微分積分Ⅰ　改訂版》掲載の公式

数列

18 $\displaystyle\sum_{k=1}^{n} k=1+2+3+\cdots+n=\frac{n(n+1)}{2}$

19 $\displaystyle\sum_{k=1}^{n} k^2=1^2+2^2+3^2+\cdots+n^2=\frac{n(n+1)(2n+1)}{6}$

20 $\displaystyle\sum_{k=1}^{n} k^3=1^3+2^3+3^3+\cdots+n^3=\left\{\frac{n(n+1)}{2}\right\}^2$

21 **等比数列の和の公式**

$$\sum_{k=1}^{n} ar^{n-1}=a+ar+ar^2+\cdots+ar^{n-1}=\frac{a(1-r^n)}{1-r}\quad (r\neq 1)$$

微分法

22 **積の微分法**　$\{f(x)g(x)\}'=f'(x)g(x)+f(x)g'(x)$

23 **商の微分法**　$\displaystyle\left\{\frac{f(x)}{g(x)}\right\}'=\frac{f'(x)g(x)-f(x)g'(x)}{\{g(x)\}^2}$

24 **合成関数の微分法**　$\{f(g(x))\}'=f'(g(x))g'(x)$

積分法

25 $\alpha\neq-1$ のとき　$\displaystyle\int x^{\alpha}dx=\frac{1}{\alpha+1}x^{\alpha+1}+C$

$\displaystyle\int\frac{1}{x}dx=\log|x|+C$

26 $\displaystyle\int\sin x\,dx=-\cos x+C,\ \int\cos x\,dx=\sin x+C$

$\displaystyle\int\frac{1}{\cos^2 x}dx=\tan x+C,\ \int\frac{1}{\sin^2 x}dx=-\frac{1}{\tan x}+C$

27 $\displaystyle\int e^x dx=e^x+C,\ \int a^x dx=\frac{1}{\log a}\cdot a^x+C\quad (a>0,\ a\neq 1)$

28 $\displaystyle\int\frac{1}{\sqrt{1-x^2}}dx=\mathrm{Sin}^{-1}x+C,\ \int\frac{-1}{\sqrt{1-x^2}}dx=\mathrm{Cos}^{-1}x+C,$

$\displaystyle\int\frac{1}{1+x^2}dx=\mathrm{Tan}^{-1}x+C$

29 **置換積分法**　$x=g(t)$ とおくと　$\displaystyle\int f(x)dx=\int f(g(t))g'(t)dt$

30 $\displaystyle\int\frac{f'(x)}{f(x)}dx=\log|f(x)|+C$

31 **部分積分法**　$\displaystyle\int f(x)g'(x)dx=f(x)g(x)-\int f'(x)g(x)dx$

32 $$\int_0^{\frac{\pi}{2}}\sin^n x\,dx=\int_0^{\frac{\pi}{2}}\cos^n x\,dx=\begin{cases}\dfrac{n-1}{n}\cdot\dfrac{n-3}{n-2}\cdots\cdots\dfrac{3}{4}\cdot\dfrac{1}{2}\cdot\dfrac{\pi}{2} & (n\text{ は 2 以上の偶数})\\[2ex] \dfrac{n-1}{n}\cdot\dfrac{n-3}{n-2}\cdots\cdots\dfrac{4}{5}\cdot\dfrac{2}{3}\cdot 1 & (n\text{ は 3 以上の奇数})\end{cases}$$

新版数学シリーズ

新版微分積分 II

■

改訂版

■

岡本和夫［監修］

実教出版

新版微分積分Ⅱを学ぶみなさんへ

新版数学シリーズの各書は，いろいろな分野で数学に接し，実際の場面で数学を積極的に使うことになる人たちを想定して編修されています。講義用の教科書として用いられるというだけでなく，みなさんが必要に応じて自学自習に用いるということも考えて丁寧な記述を心がけました。

この本の内容は１変数関数の微分積分をひとわたり解説した「新版微分積分Ⅰ」に続くもので，最初のテーマは１変数関数をより広くとらえた媒介変数表示，極座標表示，陰関数表示や級数での表現を学び微分積分を考えることです。これにより，より複雑な形の図形の計量に取り組めることになります。近似式についてもより精密に学びます。２番目のテーマは関数の世界を２変数関数に広げてそこでの微分積分を考えることです。極大極小を求める問題，さらに複雑な図形の計量の問題にも取り組めます。１変数関数を学んだときに取り組んだ問題がより容易に解けるようになることも体験するでしょう。３番目のテーマは微分方程式について考えることです。微分方程式こそ微分積分学の源となった概念です。天体の運動も，波の動きも，熱の伝導も，微分方程式で表現されます。基本的な微分方程式について，それを満たす関数を導く問題に取り組み，理解を深めることになります。

本書の使い方

例 1	本文の理解を助けるための具体例， および代表的な基本問題。
例題 2	学習した内容をより深く理解するための代表的な問題。 解・証明にはその問題の模範的な解答を示した。
練習 3	学習した内容を確実に身につけるための問題。 例・例題とほぼ同じ程度の問題を選んだ。
節末問題	その節で学んだ内容をひととおり復習するための問題， およびやや程度の高い問題。
研究	本文の内容に関連して，興味・関心を深めるための補助教材。 余力のある場合に，学習を深めるための教材。
演習	研究で学習した内容を身につけるための問題。
COLUMN	本文の内容に関連する興味深い内容を取り上げた。
← 10	見返しに掲載した該当する番号の公式を参照する。

もくじ

ギリシア文字

Α	α	アルファ
Β	β	ベータ
Γ	γ	ガンマ
Δ	δ	デルタ
Ε	ε	イプシロン
Ζ	ζ	ツェータ
Η	η	イータ
Θ	θ	シータ
Ι	ι	イオタ
Κ	κ	カッパ
Λ	λ	ラムダ
Μ	μ	ミュー
Ν	ν	ニュー
Ξ	ξ	クシイ
Ο	o	オミクロン
Π	π	パイ
Ρ	ρ	ロー
Σ	σ	シグマ
Τ	τ	タウ
Υ	υ	ウプシロン
Φ	φ	ファイ
Χ	χ	カイ
Ψ	ψ	プサイ
Ω	ω	オメガ

第 1 章

微分法

1

いろいろな関数表示の微分法

2

平均値の定理とその応用

3

テイラーの定理とその応用

$y = f(x)$ の形の関数だけでなく，もっと広い意味で1変数関数をとらえて媒介変数表示の関数，極座標表示の関数，陰関数といったものを扱うことも重要であり，その微分法について理解を深める。

一方，微分係数の定義から1次近似式が得られる。これは n 次近似式へと続き，テイラー展開に至る。この考え方を理解し応用を考える。

1 いろいろな関数表示の微分法

1 媒介変数表示の関数

1 媒介変数表示の関数

座標平面上を点 $\mathrm{P}(x,\ y)$ が運動すると，その x，y 座標は，時刻 t とともに変化し，時刻 t の関数として次の形に表せる。

$$\boldsymbol{x = x(t),\ \ y = y(t)} \quad \cdots\cdots①$$

このように，ある変数 t を媒介にして，x と y の関係を定義したものを **媒介変数表示の関数** といい，t を **媒介変数** という。

例1 a を正の定数とし，原点を中心とする半径 a の円周上に動点 $\mathrm{P}(x,\ y)$ を考える。動径 OP のなす角を θ とすると

$$x = a\cos\theta,\ \ y = a\sin\theta$$

という媒介変数表示の関数を得る。この場合，角 θ が媒介変数である。

例2 a を正の定数とする。媒介変数表示の関数

$$x = a(t - \sin t),\ \ y = a(1 - \cos t)$$

のグラフを **サイクロイド** という。その概形は，次のようになる。

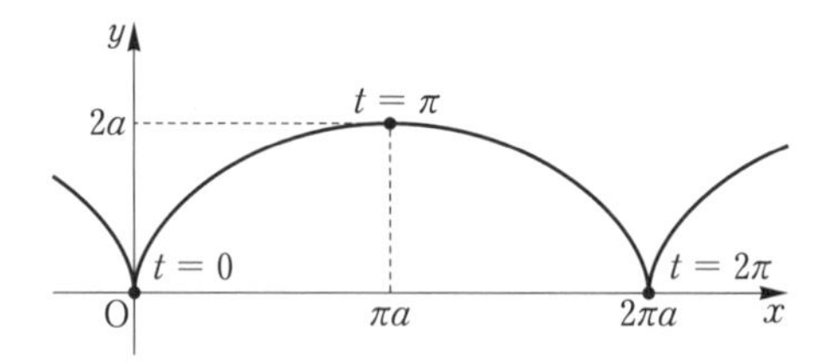

練習1 次の媒介変数表示の関数について，グラフの概形をかけ。

(1) $x = t^2,\ \ y = t$

(2) $x = e^t,\ \ y = e^t$

(3) $x = t - 1,\ \ y = \log t$

(4) $x = 3\cos t,\ \ y = 4\sin t$

(5) $x = 2\sin\theta,\ \ y = 2\cos\theta$

一般に，座標平面上の点P$(x,\ y)$が，関係式①を満たすとき，点Pはある曲線をえがく。このとき①を，その曲線のtを媒介変数とする **媒介変数表示** という。

例3 次の2つの媒介変数表示の関数

(i) $x=t,\ y=t^2$　　(ii) $x=2t,\ y=4t^2$

は，同じ放物線 $y=x^2$ 上の異なる運動を表す。このように，1つの曲線について，異なる媒介変数表示の関数が考えられる。下の図から，(i)より(ii)の方が速い運動であることがわかる。

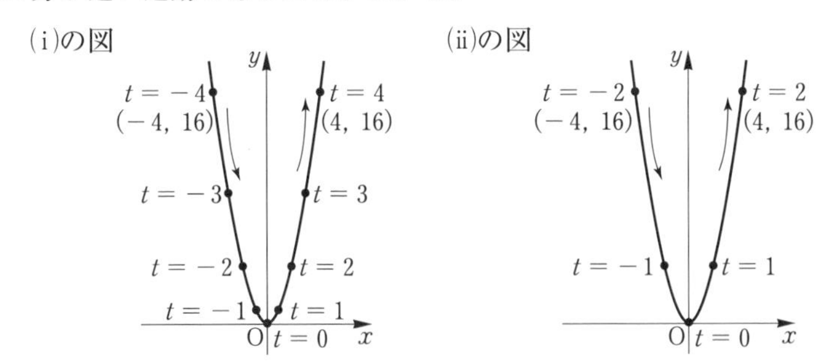

練習2 曲線 $y=x^2$ 上を運動する点$(x,\ y)$について，次の(1)，(2)に対応する媒介変数表示の関数を求めよ。

(1) 時刻tにおけるx座標が$\dfrac{1}{2}t$である運動

(2) 時刻tにおけるx座標が$-t$である運動

例4 媒介変数表示の関数

$$x=t^2,\ y=t$$

について，tを消去すると　$x=y^2$

よって右の図のような放物線を得る。$t \fallingdotseq 0$ のとき，1つのxに対応するyは，$y=\pm\sqrt{x}$ の2つある。

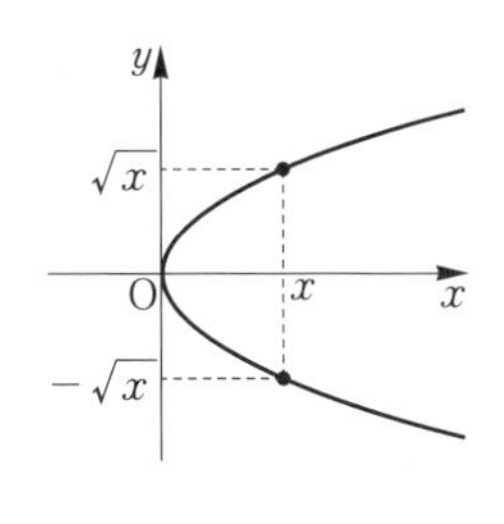

練習3 次の媒介変数表示の関数について，1つのxに対応するyはいくつあるか。また，そのときyをxの式で表せ。

(1) $x=t^2,\ y=t^3$　　(2) $x=2\sin\theta,\ y=2\cos\theta$

(3) $x=3\cos\theta,\ y=4\sin\theta$

2 媒介変数表示の関数の微分法

媒介変数表示の関数

$$x = x(t),\ \ y = y(t)$$

において，$x = x(t)$ の逆関数が存在すれば，t は x の関数であり，よって，y は x の関数となる。さらに，$x(t)$，$y(t)$ が微分可能で $x'(t) \neq 0$ ならば，合成関数の微分法と逆関数の微分法により，次を得る。

$$\frac{dy}{dx} = \frac{dy}{dt} \cdot \frac{dt}{dx} = \frac{dy}{dt} \cdot \frac{1}{\frac{dx}{dt}} = \frac{y'(t)}{x'(t)}$$

媒介変数表示の関数の微分法

媒介変数表示の関数 $x = x(t)$，$y = y(t)$ について

$$\boldsymbol{\frac{dy}{dx} = \frac{\frac{dy}{dt}}{\frac{dx}{dt}} = \frac{y'(t)}{x'(t)}} \qquad \text{ただし}\quad x'(t) \neq 0$$

例5 例3では，放物線 $y = x^2$ の異なる媒介変数表示

(i) $x = t$，$y = t^2$　　(ii) $x = 2t$，$y = 4t^2$

を考えた。媒介変数表示の関数の微分法により，$\dfrac{dy}{dx}$ を求めると

(i) $\dfrac{dy}{dx} = \dfrac{(t^2)'}{t'} = \dfrac{2t}{1} = 2t$

(ii) $\dfrac{dy}{dx} = \dfrac{(4t^2)'}{(2t)'} = \dfrac{8t}{2} = 4t$

となり，t の式としては異なる。しかし，t を消去すると，(i)，(ii) とも

$$\frac{dy}{dx} = 2x$$

だから，x の式としては同じになる。

練習4 媒介変数表示の関数の微分法により，$\dfrac{dy}{dx}$ を求め，x の式で表せ。

(1) $x = t$，$y = \dfrac{1}{t}$　　(2) $x = 2t$，$y = \dfrac{1}{2t}$

(3) $x = \cos 2t$，$y = \sin 2t$ $\left(0 < t < \dfrac{\pi}{2}\right)$

例6 例4で考えた，媒介変数表示の関数

$$x=t^2,\ y=t$$

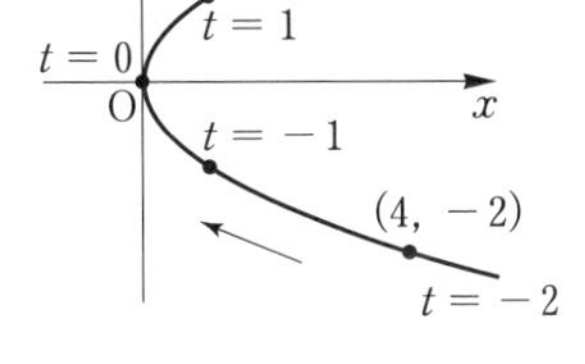

のグラフ $x=y^2$ について，t が増加すると，y は増加し，点 $(x(t),\ y(t))$ は図の矢印の向きに運動する。したがって

$t<0$ の範囲では，x は減少し，$x'(t)<0$

$t>0$ の範囲では，x は増加し，$x'(t)>0$

$t=0$ のときは，$x'(t)=0$ となり，$\dfrac{dy}{dx}$ の値が定まらない。

練習5 $0 \leqq t \leqq 2\pi$ とする。媒介変数表示の関数 $x=\sin t,\ y=t$ について，$\dfrac{dy}{dx}$ の値が定まる t の範囲を求めよ。

例題1 a を正の定数とし，$0 \leqq t \leqq 2\pi$ とする。サイクロイド ←p. 8

$$x=a(t-\sin t),\ y=a(1-\cos t)$$

について，$\dfrac{dy}{dx}=0$ となる x を求めよ。

解 $x'(t)=a(1-\cos t)=0$ のとき，すなわち，$t=0,\ 2\pi$ のとき，$\dfrac{dy}{dx}$ の値は定まらない。

$t \neq 0,\ 2\pi$ のとき，すなわち $0<t<2\pi$ のとき

$$\frac{dy}{dx}=\frac{a\sin t}{a(1-\cos t)}=\frac{\sin t}{1-\cos t}=0$$

となるのは　$\sin t=0$　　$0<t<2\pi$ より，$t=\pi$

だから，求める x は

$$x=a(\pi-\sin\pi)=\pi a$$

練習6 次の媒介変数表示の関数について，$\dfrac{dy}{dx}=0$ となる x を求めよ。

$$x=\frac{1-t^2}{1+t^2},\ y=\frac{2t}{1+t^2}$$

2 極座標表示の関数

1 極座標

座標平面において，原点 O 以外の点 P に対し，線分 OP の長さ r と，線分 OP が x 軸となす角 θ の組

$$(\boldsymbol{r},\ \boldsymbol{\theta})$$

を点 P の **極座標** という。極座標と区別するとき，これまで用いてきた座標 $(x,\ y)$ を **直交座標** という。

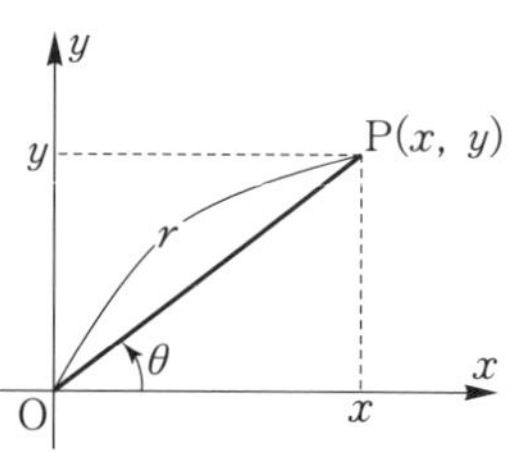

整数 n に対し，極座標 $(r,\ \theta+2n\pi)$ は，どれも座標平面上の同じ点を表している。このため，以下ではとくに断らない限り，$0 \leqq \theta < 2\pi$ の範囲で考える。

例 7 点 P，Q の直交座標が P(1, 0)，Q(0, 1) とする。線分 OP は長さ 1，x 軸となす角は 0 より，P の極座標は $(r,\ \theta)=(1,\ 0)$ である。また，線分 OQ は長さ 1，x 軸となす角は $\dfrac{\pi}{2}$ より，Q の極座標は $(r,\ \theta)=\left(1,\ \dfrac{\pi}{2}\right)$ である。

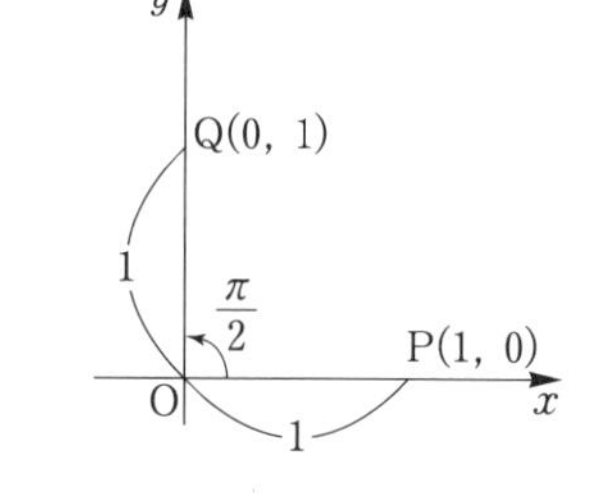

練習 7 次の直交座標 $(x,\ y)$ を極座標 $(r,\ \theta)$ に直せ。

(1) $(0,\ 3)$　　(2) $(-1,\ 0)$　　(3) $(0,\ -1)$

例 8 直交座標 $(x,\ y)$ が

$$A(1,\ \sqrt{3})\qquad B(-1,\ 1)$$

の点 A，B の極座標 $(r,\ \theta)$ は，右の図より

$$A\left(2,\ \frac{\pi}{3}\right)\qquad B\left(\sqrt{2},\ \frac{3\pi}{4}\right)$$

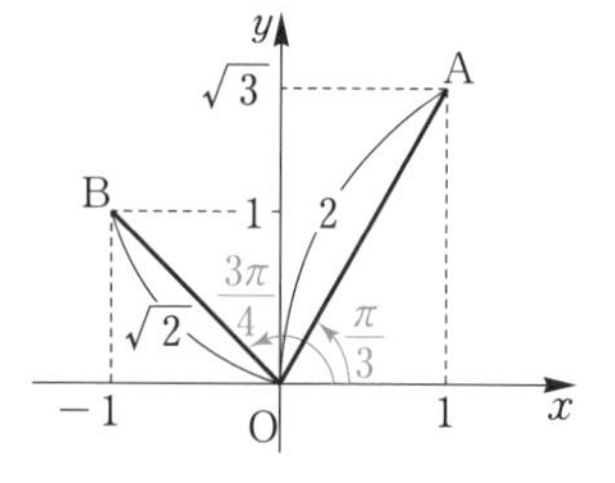

一方，極座標 $(r,\ \theta)$ が

$$C\left(1,\ \frac{\pi}{4}\right)\qquad D\left(2,\ \frac{7\pi}{6}\right)$$

の点 C，D の直交座標 $(x,\ y)$ は，右の図より

$$C\left(\frac{\sqrt{2}}{2},\ \frac{\sqrt{2}}{2}\right)\qquad D(-\sqrt{3},\ -1)$$

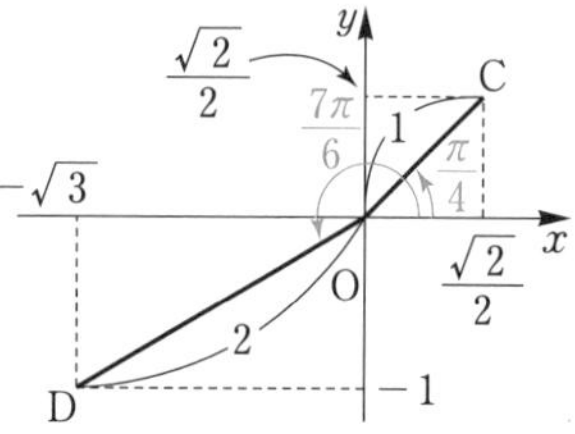

練習 8　次の直交座標 $(x,\ y)$ を極座標 $(r,\ \theta)$ に直せ。

(1)　$(1,\ 1)$　　(2)　$(-1,\ \sqrt{3})$　　(3)　$(3,\ \sqrt{3})$

練習 9　次の極座標 $(r,\ \theta)$ を直交座標 $(x,\ y)$ に直せ。

(1)　$\left(2,\ \dfrac{\pi}{6}\right)$　　(2)　$\left(\sqrt{2},\ \dfrac{7\pi}{4}\right)$　　(3)　$\left(1,\ \dfrac{2\pi}{3}\right)$　　(4)　$(1,\ \pi)$

一般に，点 P の直交座標 $(x,\ y)$ と極座標 $(r,\ \theta)$ の間に次の関係が成り立つ。

$$x = r\cos\theta$$

$$y = r\sin\theta$$

これらを用いると，極座標 $(r,\ \theta)$ が与えられたとき直交座標 $(x,\ y)$ に変換できる。逆に，直交座標 $(x,\ y)$ が与えられると

$$r = \sqrt{x^2 + y^2}$$

$$\tan\theta = \frac{y}{x}$$

で極座標の r と θ が得られる。

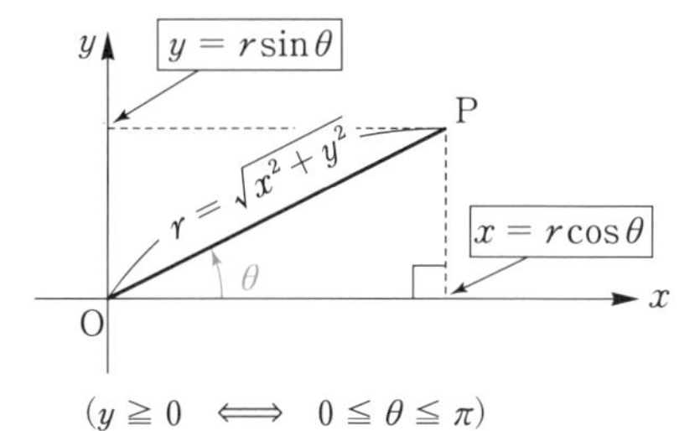

$(y \geqq 0 \iff 0 \leqq \theta \leqq \pi)$

また，$x \neq 0$ のとき $\tan\theta = \dfrac{y}{x}$ を満たす θ は，$0 \leqq \theta < 2\pi$ の範囲に 2 つあるが，y の符号で判別できる。$x = 0$ となる θ は，$\theta = \dfrac{\pi}{2},\ \dfrac{3\pi}{2}$ であるが，これも y の符号で判別できる。

$(y < 0 \iff \pi < \theta < 2\pi)$

直交座標と極座標の関係

$$\begin{cases} \boldsymbol{x = r\cos\theta} \\ \boldsymbol{y = r\sin\theta} \end{cases} \qquad \begin{cases} \boldsymbol{r = \sqrt{x^2 + y^2}} \\ \boldsymbol{\tan\theta = \dfrac{y}{x}} \quad (\text{ただし，} x \neq 0) \end{cases}$$

2 極座標表示の関数

極座標が (r, θ) の点Pが，原点のまわりを運動するとき，r が θ の関数として次の形に表せる場合を考えよう。

$$r = f(\theta),\ f(\theta) \geqq 0 \quad \cdots\cdots①$$

このように r と θ の関係を定義したものを **極座標表示の関数** といい，①を満たす点 $P(r, \theta)$ がえがく曲線を極座標表示の関数①のグラフという。

今までの $y = f(x)$ の形の場合は **xy 直交座標表示の関数** と表現して区別をし，$f(x, y) = 0$ の方程式の場合には，単に **xy 直交座標表示** という。

例9 a を正の定数とするとき，極座標表示の関数

$$r = a\theta \quad (\theta \geqq 0)$$

のグラフを **アルキメデスの螺線** という。$0 \leqq \theta < 2\pi$ のとき，その概形は，右の図のような渦巻状の曲線となる。

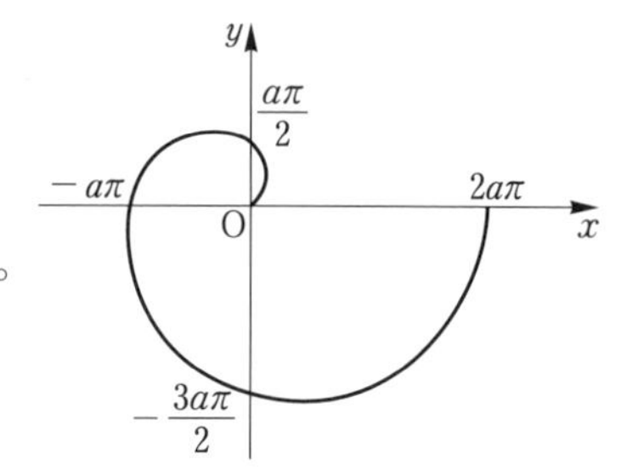

例10 a を正の定数とするとき，極座標表示の関数

$$r = a(1 + \cos\theta) \quad (0 \leqq \theta \leqq 2\pi)$$

のグラフを **カージオイド（心臓形）** という。その概形は，右の図のような，x 軸について線対称な曲線となる。

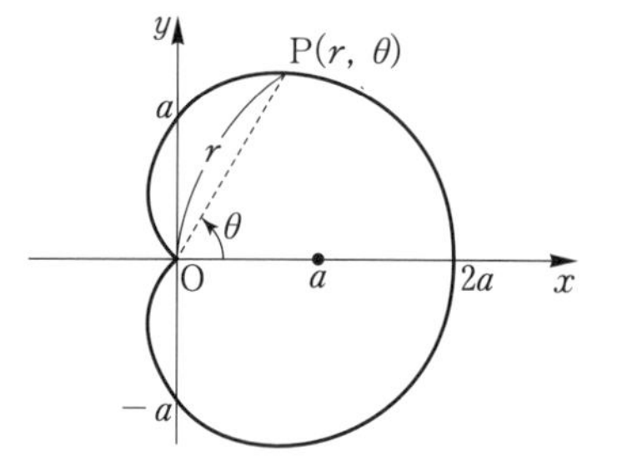

例10の $r = a(1 + \cos\theta)$ を xy 直交座標表示に直してみよう。両辺に r をかけると，$r^2 = a(r + r\cos\theta)$。ここで，p. 13 の $r = \sqrt{x^2 + y^2}$，$x = r\cos\theta$ を代入すると $x^2 + y^2 = a(\sqrt{x^2 + y^2} + x)$，よって $x^2 + y^2 - ax = a\sqrt{x^2 + y^2}$ より，

$$(x^2 + y^2 - ax)^2 - a^2(x^2 + y^2) = 0$$

練習10 次の(1)〜(3)の極座標表示の関数のグラフの概形を xy 平面上にかけ。また，xy 直交座標表示で表せ。また(4)，(5)の xy 直交座標表示を極座標表示で表せ。

(1) $r = a$ （a は正の定数）　(2) $r = \dfrac{1}{\cos\theta}$ $\left(-\dfrac{\pi}{2} < \theta < \dfrac{\pi}{2}\right)$

(3) $r = 2\sin\theta$ $(0 < \theta \leqq \pi)$　(4) $x^2 + y^2 = 4$　(5) $(x-1)^2 + y^2 = 1$

3 極座標表示の関数の微分法

極座標表示の関数 $r=f(\theta)$ が与えられたとき，直交座標と極座標の関係より，次のような媒介変数表示の関数を得る。

$$\begin{cases} x=f(\theta)\cos\theta \\ y=f(\theta)\sin\theta \end{cases}$$

媒介変数表示の関数の微分法より，$\dfrac{dx}{d\theta}\neq 0$ のとき，次を得る。

$$\frac{dy}{dx}=\frac{\dfrac{dy}{d\theta}}{\dfrac{dx}{d\theta}}=\frac{f'(\theta)\sin\theta+f(\theta)\cos\theta}{f'(\theta)\cos\theta-f(\theta)\sin\theta}$$

例11 a を正の定数とする。

(1) 極座標表示の関数 $r=a\theta$（アルキメデスの螺線）から

$$\begin{cases} x=a\theta\cos\theta \\ y=a\theta\sin\theta \end{cases}$$

という媒介変数表示の関数が得られ

$$\frac{dy}{dx}=\frac{a\sin\theta+a\theta\cos\theta}{a\cos\theta-a\theta\sin\theta}=\frac{\sin\theta+\theta\cos\theta}{\cos\theta-\theta\sin\theta}$$

(2) 極座標表示の関数 $r=a(1+\cos\theta)$（カージオイド）から

$$\begin{cases} x=a(1+\cos\theta)\cos\theta \\ y=a(1+\cos\theta)\sin\theta \end{cases}$$

という媒介変数表示の関数が得られ

$$\frac{dy}{dx}=\frac{-a\sin\theta\sin\theta+a(1+\cos\theta)\cos\theta}{-a\sin\theta\cos\theta-a(1+\cos\theta)\sin\theta}$$

$$=\frac{-\sin^2\theta+\cos\theta+\cos^2\theta}{-2\sin\theta\cos\theta-\sin\theta}=-\frac{\cos 2\theta+\cos\theta}{\sin 2\theta+\sin\theta}$$

練習11 次の極座標表示の関数について，$\dfrac{dy}{dx}$ を求めよ。

(1) $r=a$ （a は正の定数）　　(2) $r=\dfrac{1}{\sin\theta}$ $(0<\theta<\pi)$

3 陰関数

1 陰関数

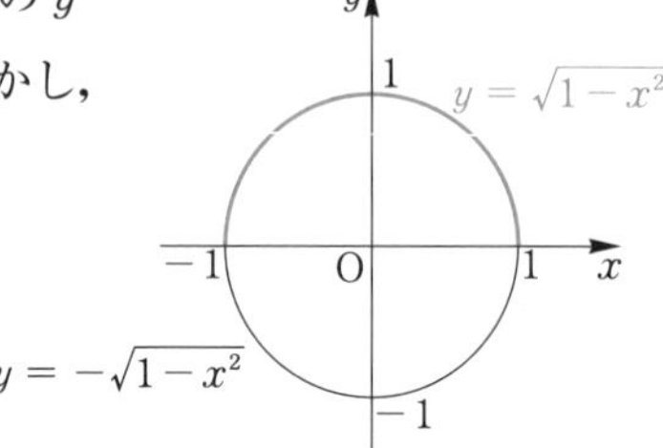

方程式 $x^2+y^2-1=0$ は，1つの x に2つの y が対応する場合があるため，関数ではない。しかし，$y \geqq 0$ として y について解くと

$$y=\sqrt{1-x^2}$$

という関数が得られる。ここで

$$f(x,\ y)=x^2+y^2-1,$$
$$\phi(x)=\sqrt{1-x^2}$$

とおくと

$$f(x,\ \phi(x))=x^2+(\phi(x))^2-1=x^2+(1-x^2)-1=0$$

であるから，関数 $y=\phi(x)$ は方程式 $f(x,\ y)=0$ を満たす。

このように，適当な定義域で定められた関数 $y=\phi(x)$ があって，

$$f(x,\ \phi(x))=0$$

が成り立つとき，$y=\phi(x)$ を方程式 $f(x,\ y)=0$ の定める **陰関数** という。また，曲線の方程式が $f(x,\ y)=0$ と表されるとき，これをその曲線の陰関数による表示という。

上の $y=\sqrt{1-x^2}$ は，$x^2+y^2-1=0$ の陰関数で，原点を中心とする半径1の円の上半分に対応し，$y=-\sqrt{1-x^2}$ も $x^2+y^2-1=0$ の陰関数で，円の下半分に対応する。このように，1つの方程式から複数の陰関数が考えられることもある。

例12 $x^2+4y^2-4=0$ を y について解くと，$y=\pm\dfrac{1}{2}\sqrt{4-x^2}$ という2つの陰関数を得る。正・負の符号の違いは，2点 $(\pm\sqrt{3},\ 0)$ を焦点とする楕円の方程式 $\dfrac{x^2}{4}+y^2=1$ の上半分・下半分に対応する。 ←13

練習12 次の方程式について，条件 $y \geqq 0$ の下で，陰関数を求めよ。

(1) $(x-1)^2+y^2=4$ (2) $x^2+9y^2=9$ (3) $x-y^2=0$

注意 (1)，(2)，(3)のグラフは公式集の 11，12，13 を参考にしてかける。

2 陰関数の微分法

方程式 $f(x, y)=0$ の陰関数 $y=\phi(x)$ について，$\dfrac{dy}{dx}$ を求めよう。たとえば，円 $x^2+y^2=1$ の陰関数 $y=\sqrt{1-x^2}$ の場合，次のように直接微分できる。

$$\frac{dy}{dx}=-\frac{x}{\sqrt{1-x^2}}$$

しかし，一般に，$f(x, y)=0$ の陰関数を $y=\phi(x)$ の形に表さなくても，合成関数の微分法を使って，$\dfrac{dy}{dx}$ を求めることができる。

例13 方程式 $x^2+y^2=1$ の陰関数を微分しよう。両辺を x で微分すると

$$2x+2y\frac{dy}{dx}=0 \qquad \text{よって} \quad \frac{dy}{dx}=-\frac{x}{y}$$

これは，$y=\phi(x)$ の形に表すのが難しい場合に有効な計算方法である。答えは x と y が混在する式で表される。

例14 a を正の定数とするとき，方程式 $x^3-3axy+y^3=0$ の陰関数を微分しよう。両辺を x で微分すると

$$3x^2-3a\left(y+x\frac{dy}{dx}\right)+3y^2\frac{dy}{dx}=0$$

ゆえに　$(x^2-ay)-(ax-y^2)\dfrac{dy}{dx}=0$

よって　$\dfrac{dy}{dx}=\dfrac{x^2-ay}{ax-y^2}$　……①

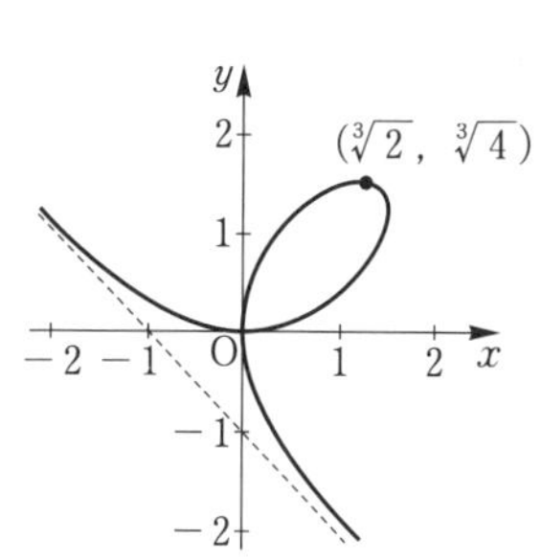

なお，曲線 $x^3-3axy+y^3=0$ は **デカルトの正葉線** と呼ばれ，右の図は $a=1$ の場合である。このとき $\dfrac{dy}{dx}=0$（接線の傾きが0）となるのは①より $x^2-y=0$，つまり $y=x^2$ のときである。この条件をもつ曲線 $x^3-3xy+y^3=0$ 上の点の x 座標は，$x^3-3x\cdot x^2+(x^2)^3=0$，つまり $x^3(x^3-2)=0$ より $x=0,\ \sqrt[3]{2}$ と求められる。極大点は $(\sqrt[3]{2},\ \sqrt[3]{4})$ である。

練習13 次の方程式の陰関数について，$\dfrac{dy}{dx}$ を求めよ。

(1) $x^2+2xy-y^2=1$　　(2) $\log(x^2+y^2)+\mathrm{Tan}^{-1}\dfrac{x}{y}=0$

例15 a を正の定数とする。極座標表示の方程式 $r^2=a^2\cos 2\theta$ の陰関数について，$\dfrac{dr}{d\theta}$ を求めよう。両辺を θ で微分して $2r\dfrac{dr}{d\theta}=-2a^2\sin 2\theta$

よって $\dfrac{dr}{d\theta}=-\dfrac{a^2\sin 2\theta}{r}$

なお，曲線 $r^2=a^2\cos 2\theta$ は，**レムニスケート（連珠形）** とよばれる右の図のような曲線である。

直交座標では，

$$(x^2+y^2)^2-a^2(x^2-y^2)=0$$

で表される。

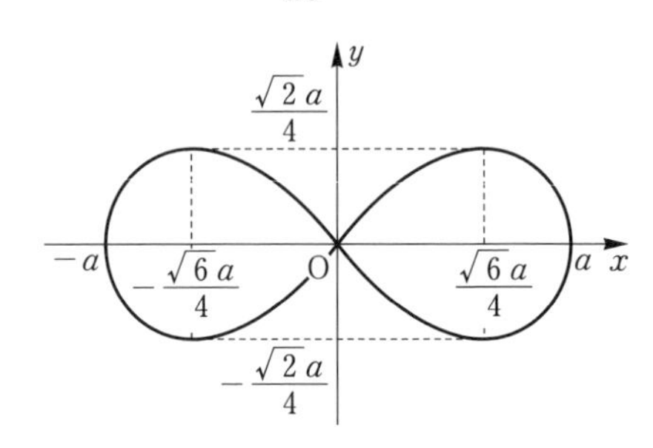

注意 一般的に，与えられた方程式が成り立つ範囲で考える。例15の場合は，$\cos 2\theta \geqq 0$ より次の範囲で考える。

$$0\leqq\theta\leqq\frac{\pi}{4},\quad \frac{3\pi}{4}\leqq\theta\leqq\frac{5\pi}{4},\quad \frac{7\pi}{4}\leqq\theta<2\pi$$

練習14 次の極座標の方程式の陰関数について，$\dfrac{dr}{d\theta}$ を求めよ。

(1) $r^2=\sin 2\theta$　　(2) $r^2=\cos 4\theta$

COLUMN 微分可能な陰関数の存在

関係式 $x^2+y^2-1=0$ の陰関数として，p.16では

(i) $y=\sqrt{1-x^2}$　　(ii) $y=-\sqrt{1-x^2}$

の2つをあげたが，極端な場合，次のような陰関数も考えられる。

$$\text{(iii)}\quad \phi(x)=\begin{cases}\sqrt{1-x^2} & (x\text{が有理数のとき})\\ -\sqrt{1-x^2} & (x\text{が無理数のとき})\end{cases}$$

(i)〜(iii)はいずれも $-1\leqq x\leqq 1$ を定義域とするが，(iii)は定義域全体で連続でなく，したがって，p.21で述べるように微分可能でもない。

本書では，$f(x, y)=0$ の陰関数として，微分可能なものを考える。ある条件のもとで微分可能な陰関数 $\phi(x)$ の存在を保証するのが，3章で述べる「陰関数定理」である。

節末問題

1. 次の媒介変数表示の関数について，グラフの概形をかけ。$a>0$ とする。

(1) $\begin{cases} x=t+1 \\ y=2t+1 \end{cases}$　(2) $\begin{cases} x=\sqrt{2}\sin t \\ y=\cos 2t \end{cases}$　(3) $\begin{cases} x=a\cos^3\theta \\ y=a\sin^3\theta \end{cases}$

2. 次の媒介変数表示の関数について，$\dfrac{dy}{dx}=0$ となる点 $(x,\ y)$ を求めよ。

(1) $\begin{cases} x=t^3+t \\ y=1-t^2 \end{cases}$　(2) $\begin{cases} x=e^t-e^{-t} \\ y=e^t+e^{-t} \end{cases}$

3. 次の極座標表示の関数のグラフの概形をかけ。また，xy 直交座標表示で表せ。

(1) $r=1-\cos\theta$　(2) $r=\dfrac{1}{\sin\theta}$　$(0<\theta<\pi)$

(3) $r=2\cos\theta$　$\left(-\dfrac{\pi}{2}\leqq\theta\leqq\dfrac{\pi}{2}\right)$

4. 次の xy 直交座標表示を極座標表示の関数に直せ。

(1) $(x^2+y^2)^2=x^2-y^2$　(2) $(x-1)^2+(y-1)^2=2$

(3) $x^{\frac{2}{3}}+y^{\frac{2}{3}}=a^{\frac{2}{3}}$　$(a>0)$

5. 次の極座標表示の関数について，$\dfrac{dy}{dx}$ を求めよ。

(1) $r=e^{\theta}$　(2) $r=\theta^{\theta}$　$(\theta>0)$

6. 次の関係式の陰関数について，$\dfrac{dy}{dx}$ を求めよ。

(1) $y^2=x(1-x)^2$　(2) $x^5-2xy+y^5=0$

7. 次の問いに答えよ。

(1) 媒介変数表示の関数 $x=x(t)$，$y=y(t)$ について，次を示せ。

$$\frac{d^2y}{dx^2}=\frac{\dfrac{d^2y}{dt^2}\dfrac{dx}{dt}-\dfrac{dy}{dt}\dfrac{d^2x}{dt^2}}{\left(\dfrac{dx}{dt}\right)^3}$$

(2) サイクロイド $x=t-\sin t$，$y=1-\cos t$ について，$\dfrac{d^2y}{dx^2}$ を求めよ。

◆2◆ 平均値の定理とその応用

1 連続関数の性質

1 連続関数

初めに，連続関数の定義を確認しておこう。

連続関数

[1] 関数 $f(x)$ が a を含む適当な開区間で定義されていて

$$\lim_{x \to a} f(x) = f(a)$$

が成り立つとき，$f(x)$ は **点 a で連続** または $x = a$ で連続という。

[2] 関数 $f(x)$ が区間 I の任意の点で連続のとき，$f(x)$ は **区間 I で連続** という。

連続関数の基本性質

[1] 関数 $f(x)$，$g(x)$ が $x = a$ で連続ならば，次の関数も $x = a$ で連続である。

① $cf(x)$ （c は定数）　② $f(x) \pm g(x)$

③ $f(x)g(x)$　④ $\dfrac{f(x)}{g(x)}$ （$g(a) \neq 0$）

[2] 関数 $f(x)$ が $x = a$ で連続，関数 $g(u)$ が $u = f(a)$ で連続ならば，合成関数 $g(f(x))$ は $x = a$ で連続である。

例1 (1) 定数関数および関数 $f(x) = x$ は，実数全体で連続

(2) 基本性質①，②，③と(1)より，x の整式は実数全体で連続

(3) 基本性質④と(2)より，x の有理式は，分母が 0 となる x 以外で連続

これまでに学んだ無理関数，指数関数，対数関数，三角関数，逆三角関数は，それぞれの定義域で連続である。たとえば $y = \sqrt{x}$ は $x \geqq 0$ で，$y = 2^x$ は実数全体で，$y = \log x$ は $x > 0$ で，$y = \sin x$ は実数全体で，$y = \mathrm{Cos}^{-1} x$ は $-1 \leqq x \leqq 1$ でそれぞれ連続である。

微分可能ならば連続

関数 $f(x)$ が $x=a$ で微分可能ならば，$f(x)$ は $x=a$ で連続である。

証明　$f(a+h)=\dfrac{f(a+h)-f(a)}{h}\cdot h+f(a)$ より

$$\lim_{h\to 0} f(a+h)=f'(a)\cdot 0+f(a)=f(a)$$ 終

逆は成り立たない。たとえば，$y=|x|$ は実数全体で連続だが，$x=0$ では微分可能でない。微分可能性の方が連続性よりも強い条件である。

連続関数
微分可能関数

連続関数については『新版微分積分Ⅰ』p. 59 で学んだ次の重要な性質が成り立つ。

中間値の定理

関数 $f(x)$ は区間 I で連続で，I 内の異なる２点 a，b $(a<b)$ について，$f(a)\neq f(b)$ とする。このとき $f(a)$ と $f(b)$ の間の任意の実数 k について

$$\boldsymbol{f(c)=k}$$

を満たす c $(a<c<b)$ が存在する。

中間値の定理は，両端の間の任意の高さ k に対し，グラフの高さが k になるような c が，a と b の間に存在するという主張である。そのような c は，１つとは限らず，複数存在する可能性がある。

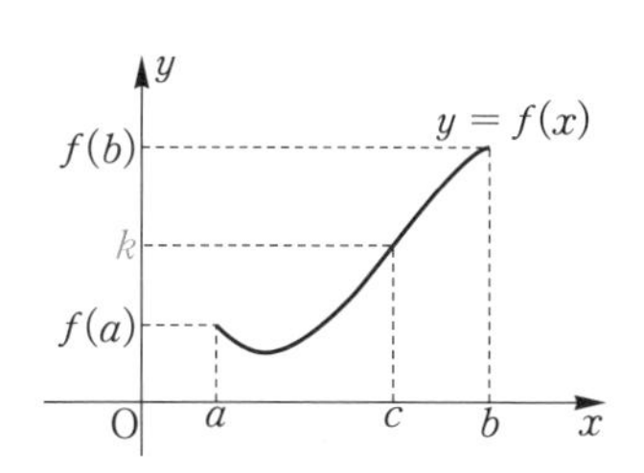

例２　関数 $y=f(x)=x^3-3x+1$ は $I=[-3,\ 3]$ で連続である。I 内の２点 $a=-2$，$b=2$ について $-1=f(-2)\neq f(2)=3$ であるが，$f(-2)$ と $f(2)$ の間の実数 $k=1$ について，$f(c)=1$ を満たす c $(-2<c<2)$ は３つ存在する。$c=0$，$\pm\sqrt{3}$ である。

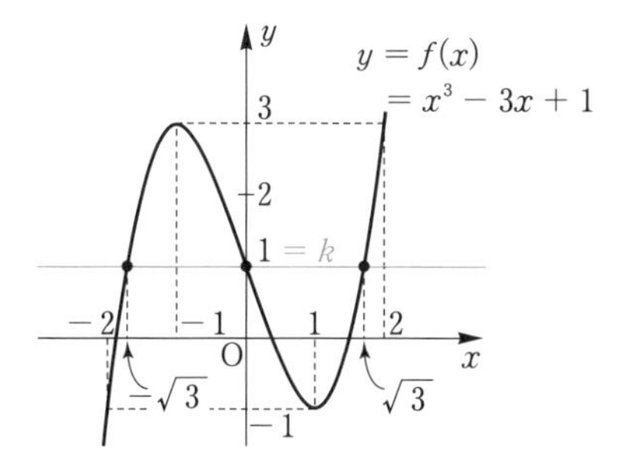

2 閉区間で連続な関数の性質

ある正の実数 M について，区間 I の任意の x に対し

$$|f(x)| \leqq M$$

となるとき，関数 $f(x)$ は I で **有界** であるという。

例3 任意の実数 x について $|\sin x| \leqq 1$ だから，$\sin x$ は実数全体で有界である。$\tan x$ は開区間 $\left(-\dfrac{\pi}{2},\ \dfrac{\pi}{2}\right)$ で有界ではない。

練習1 次の関数が実数全体で有界であることを示せ。

(1) $y = \mathrm{Tan}^{-1}x$　　(2) $y = e^{-x^2}$　　(3) $y = 1 - \cos x$

閉区間 I で連続な関数 $f(x)$ について，次の性質が成り立つ。証明は略す。

閉区間で連続な関数の有界性

関数 $f(x)$ が閉区間 I で連続ならば，$f(x)$ は I で有界である。

この性質から，次の重要性質が導かれる。証明は略す。

閉区間で連続な関数の最大値・最小値

関数 $f(x)$ が閉区間 I で連続ならば，$f(x)$ は I で最大値・最小値をもつ。

注意 I が開区間の場合，最大値・最小値を常にもつとは限らない。たとえば，$f(x) = \dfrac{1}{x}$ の場合，開区間 $(0,\ 1)$ で連続だが，$(0,\ 1)$ では最大値も最小値ももたない。

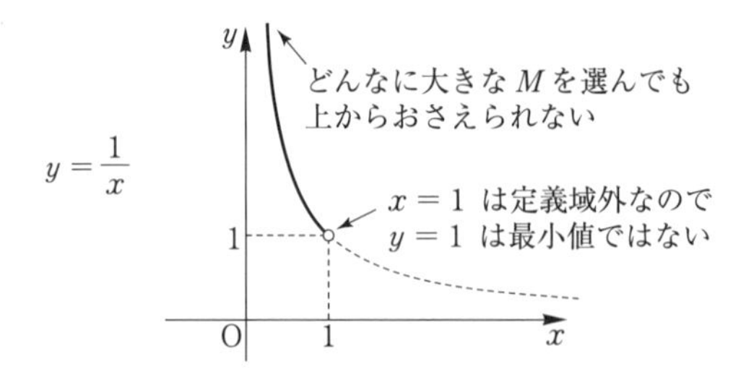

ロールの定理

関数 $f(x)$ が閉区間 $[a,\ b]$ で連続，開区間 $(a,\ b)$ で微分可能であり，$f(a)=f(b)$ ならば，次の式を満たす c が存在する。

$$\boldsymbol{f'(c)=0}\quad (a<c<b)$$

証明　閉区間 $[a,\ b]$ で連続より，$f(x)$ は $[a,\ b]$ で最大値・最小値をもつ。

(i)　$f(a)=f(b)$ が最大値かつ最小値の場合，$f(x)$ は定数関数であり，開区間 $(a,\ b)$ の任意の x について $f'(x)=0$ となる。

(ii)　$f(a)=f(b)$ が最大値でない場合，ある c $(a<c<b)$ で $f(c)$ が最大値をとり，分母・分子の符号を考えると，右・左からの極限値について，次の不等式が成り立つ。

$$\lim_{h\to+0}\frac{f(c+h)-f(c)}{h}\leqq 0\qquad \lim_{h\to-0}\frac{f(c+h)-f(c)}{h}\geqq 0$$

ここで，$f(x)$ は微分可能より，これら右・左からの極限値は存在し，どちらも $f'(c)$ に等しい。よって，$f'(c)=0$ であり，これがロールの定理の c である。

$f(a)=f(b)$ が最小値でない場合も同様。　終

注意　ロールの定理は，開区間 $(a,\ b)$ において接線が水平になる c が存在するという主張である。右の図の場合，c_1 と c_2 の 2 つが存在する。

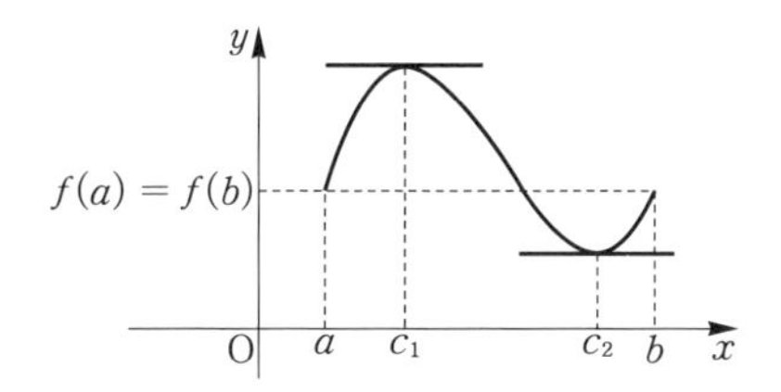

例題 1　関数 $f(x)=x^3-3x$，閉区間 $[-\sqrt{3},\ \sqrt{3}]$ についてロールの定理が成り立つことを確かめよ。

解　$f(x)$ は閉区間 $[-\sqrt{3},\ \sqrt{3}]$ で連続，開区間 $(-\sqrt{3},\ \sqrt{3})$ で微分可能であり，$f(\sqrt{3})=f(-\sqrt{3})=0$ である。また

$f'(c)=3c^2-3=3(c+1)(c-1)=0$ を解くと　$c=\pm1$

これらの値は，開区間 $(-\sqrt{3},\ \sqrt{3})$ に含まれる。

練習 2　関数 $f(x)=x^3-2x^2$，閉区間 $[0,\ 2]$ についてロールの定理が成り立つことを確かめよ。

2 平均値の定理

ここでは平均値の定理（『新版微分積分Ⅰ』p. 90）を掘り下げて考えてみよう。

平均値の定理(Ⅰ)

関数 $f(x)$ が閉区間 $[a,\ b]$ で連続，開区間 $(a,\ b)$ で微分可能ならば

$$\frac{\boldsymbol{f(b)-f(a)}}{\boldsymbol{b-a}}=\boldsymbol{f'(c)}$$

を満たす c $(a<c<b)$ が存在する。

証明　関数 $y=f(x)$ と1次関数 $y=\dfrac{f(b)-f(a)}{b-a}(x-a)+f(a)$（グラフは下図の直線AB）の差の関数 $F(x)$ を

$$F(x)=f(x)-\left\{\frac{f(b)-f(a)}{b-a}(x-a)+f(a)\right\}$$

で定めると，$F(x)$ は閉区間 $[a,\ b]$ で連続，開区間 $(a,\ b)$ で微分可能であり，

$$F(a)=f(a)-\{0+f(a)\}=0,$$

$$F(b)=f(b)-\{f(b)-f(a)+f(a)\}=0$$

だから，$F(x)$ はロールの定理の仮定を満たしている。

$$F'(x)=f'(x)-\frac{f(b)-f(a)}{b-a}$$

であるから，ロールの定理より $F'(c)=f'(c)-\dfrac{f(b)-f(a)}{b-a}=0$ を満たす c $(a<c<b)$ が存在する。　終

平均値の定理は，接線の傾きが，a から b までの平均変化率に等しくなる c が a と b の間に存在するという主張である。すなわち，右図のように，グラフ両端を結ぶ線分に平行な接線は $x=c$ で引ける。

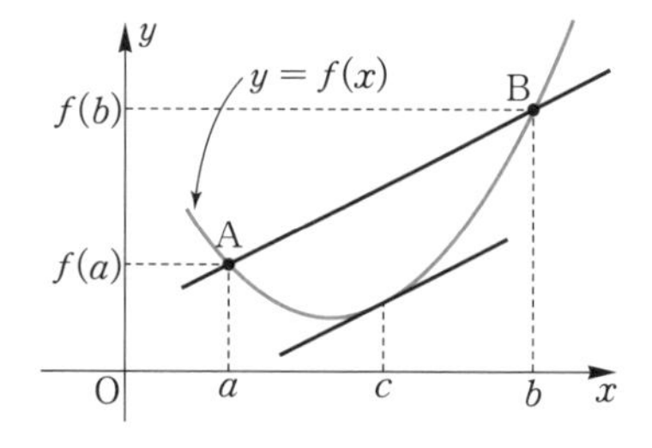

平均値の定理の c は，1つとは限らず，複数存在する可能性がある。

例題 2　a, b は定数で $a < b$ とする。関数 $f(x) = x^2$ について，区間 $[a,\ b]$ における平均値の定理(I)が成り立つような c の値を求めよ。

解　$f(x)$ は閉区間 $[a,\ b]$ で連続，開区間 $(a,\ b)$ で微分可能だから，平均値の定理(I)より，$\dfrac{f(b)-f(a)}{b-a} = f'(c)$ となる c が存在する。このとき $f'(x) = 2x$ だから

$$\frac{b^2-a^2}{b-a} = 2c \quad より \quad c = \frac{a+b}{2}$$

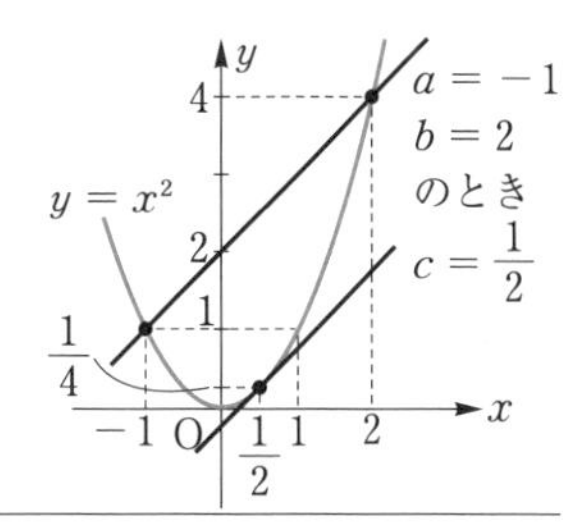

注意　c は区間 $(a,\ b)$ の中点である。

練習3　関数 $f(x) = x^3$ について，区間 $[-1,\ 2]$ における平均値の定理(I)が成り立つような c の値を求めよ。

$h = b - a$，$\theta = \dfrac{c-a}{b-a}$ とおいて，平均値の定理(I)を書き直そう。

平均値の定理(II)

関数 $f(x)$ が区間 I で微分可能ならば，I 内の点 a，$a+h$ について

$$\boldsymbol{f(a+h) = f(a) + f'(a+\theta h)h}$$

を満たす θ $(0 < \theta < 1)$ が存在する。

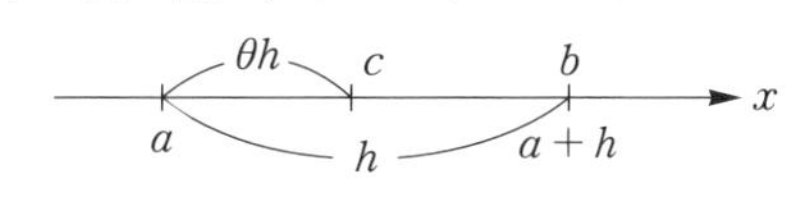

注意　$f(x)$ が微分可能ならば，$f(x)$ は連続である (p. 21)。よって，平均値の定理を考える区間 $[a,\ a+h]$ あるいは $[a+h,\ a]$ については，それを含む適当な開区間で微分可能性の仮定があればよい。

さらに，$x = a + h$ とおくことで，次のようにも述べられる。

平均値の定理(III)

関数 $f(x)$ が区間 I で微分可能ならば，I 内の点 a，x について

$$\boldsymbol{f(x) = f(a) + f'(a+\theta(x-a))(x-a)}$$

を満たす θ $(0 < \theta < 1)$ が存在する。

関数の増加・減少

区間 I で常に $f'(x)>0$ ならば，$f(x)$ は I で単調増加
区間 I で常に $f'(x)<0$ ならば，$f(x)$ は I で単調減少

証明　I 内に2点 $x_1<x_2$ を任意にとる。平均値の定理(I)より

$$f(x_2)-f(x_1)=f'(c)(x_2-x_1)$$

を満たす c $(x_1<c<x_2)$ が存在する。I で $f'(x)>0$ ならば，$f'(c)>0$ だから $f(x_2)>f(x_1)$ となる。x_1，x_2 は任意だから，$f(x)$ は I で増加する。$f'(x)<0$ の場合も同様にして減少が示される。　終

さらに，平均値の定理(I)から，次の重要な定理が得られる。

定数関数であるための条件

任意の x について $f'(x)=0 \iff f(x)$ は定数関数

証明　($\Longrightarrow$) $x_1<x_2$ であるような任意の x_1，x_2 について平均値の定理(I)より

$$f(x_2)=f(x_1)+f'(c)(x_2-x_1)$$

を満たす c $(x_1<c<x_2)$ が存在する。仮定より，$f'(c)=0$ だから，$f(x_2)=f(x_1)$ であり，x_1，x_2 は任意だから，$f(x)$ は定数関数である。

($\Longleftarrow$) $f(x)$ が定数関数なので任意の x，h $(\neq 0)$ について $f(x)=f(x+h)$ であるから　$f'(x)=\lim_{h\to 0}\dfrac{f(x+h)-f(x)}{(x+h)-x}=0$　終

例題 3　「任意の x について $f'(x)=g'(x) \iff f(x)-g(x)$ は定数関数」を証明せよ。

証明　$F(x)=f(x)-g(x)$ とおくと，$F(x)$ が定数関数である必要十分条件は，任意の x について $F'(x)=0$，すなわち，$f'(x)=g'(x)$　終

練習4　a を定数とする。例題3を利用して $f'(x)=a$ ならば，$f(x)=ax+b$ (b は定数) であることを証明せよ。

3 不定形の極限値

1 コーシーの平均値の定理

コーシーの平均値の定理

関数 $f(x)$, $g(x)$ について，閉区間 $[a,\ b]$ で連続，開区間 $(a,\ b)$ で微分可能かつ $f'(x) \neq 0$ ならば

$$\frac{g(b)-g(a)}{f(b)-f(a)} = \frac{g'(c)}{f'(c)}$$

を満たす c $(a < c < b)$ が存在する。

証明　平均値の定理(I)より，$\dfrac{f(b)-f(a)}{b-a} = f'(d)$ となる d $(a < d < b)$ が存在し，開区間 $(a,\ b)$ で $f'(x) \neq 0$ なので $f(b)-f(a) \neq 0$

ここで，$\dfrac{g(b)-g(a)}{f(b)-f(a)} = k$ ……① とおくと

$$g(b)-g(a)-k\{f(b)-f(a)\} = 0 \quad \text{……②}$$

これより，$F(x) = g(b)-g(x)-k\{f(b)-f(x)\}$ ……③ とおくと，$F(b)=0$ かつ $F(a)=0$ なので，ロールの定理より，$F'(c)=0$ となる c $(a<c<b)$ が存在する。

③より $F'(x) = -g'(x)+kf'(x)$ だから $F'(c) = -g'(c)+kf'(c) = 0$

よって $k = \dfrac{g'(c)}{f'(c)}$ となり，①より定理を得る。　終

注意　コーシーの平均値の定理は，平均値の定理の媒介変数表示版である。$t=a$ から $t=b$ まで変化するときの x に対する y の平均変化率が，$\dfrac{g(b)-g(a)}{f(b)-f(a)}$ (図の直線ABの傾き) であり，$t=c$ に対応する点 $(f(c),\ g(c))$ における接線の傾き $\dfrac{dy}{dx}$ が，$\dfrac{g'(c)}{f'(c)}$ である。

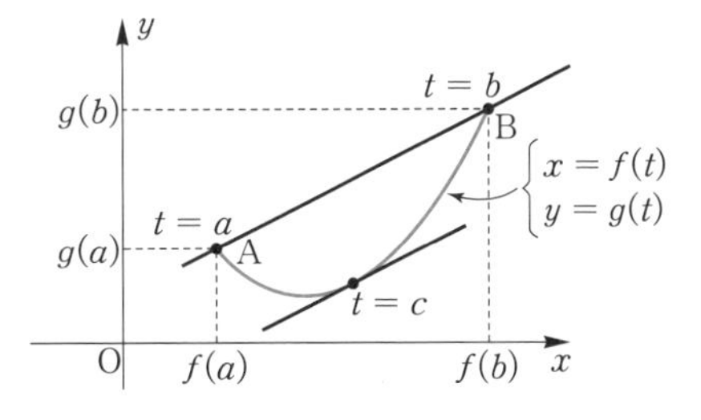

2 ロピタルの定理

$\displaystyle\lim_{x\to 0}\frac{\sin x}{x}$ のような極限値は，分母も分子も 0 に収束する，いわば $\dfrac{0}{0}$ の形であるため，何か工夫しないと求められない。同じことが $\dfrac{\infty}{\infty}$，$\infty-\infty$，$\infty\cdot 0$，0^0，∞^0 などの形になる関数の極限値についてもいえる。これらを **不定形の極限値** という。不定形の極限値を求めるには，下で述べる**ロピタルの定理** が便利である。

$\dfrac{0}{0}$ の不定形について考えてみよう。

関数 $f(x)$，$g(x)$ は，a を含む適当な区間で連続，a 以外で微分可能で，a 以外で $f'(x)\neq 0$ とする。a の十分近くの b について，コーシーの平均値の定理より $\dfrac{g(b)-g(a)}{f(b)-f(a)}=\dfrac{g'(c)}{f'(c)}$ となる c が a と b の間に存在する。さらに，$f(a)=g(a)=0$ と仮定すると，$\dfrac{g(b)}{f(b)}=\dfrac{g'(c)}{f'(c)}$ $(a<c<b)$ となる。

$b\to a$ のとき $c\to a$ だから，$\displaystyle\lim_{c\to a}\frac{g'(c)}{f'(c)}$ が存在すれば

$$\lim_{b\to a}\frac{g(b)}{f(b)}=\lim_{c\to a}\frac{g'(c)}{f'(c)}$$

となる。左辺の b を x に，右辺の c を x に取り換えると，次の定理を得る。

ロピタルの定理 $\left(\dfrac{0}{0}\text{ の不定形の場合}\right)$

関数 $f(x)$，$g(x)$ が，a を含む適当な区間で連続，a 以外で微分可能であり，a 以外で $f'(x)\neq 0$ とする。このとき，$f(a)=g(a)=0$，したがって $\displaystyle\lim_{x\to a}f(x)=0$，$\displaystyle\lim_{x\to a}g(x)=0$ であり，極限値 $\displaystyle\lim_{x\to a}\frac{g'(x)}{f'(x)}$ が存在するならば

$$\boldsymbol{\lim_{x\to a}\frac{g(x)}{f(x)}=\lim_{x\to a}\frac{g'(x)}{f'(x)}}$$

注意　次の場合にも定理が成り立ち，これらもまとめて **ロピタルの定理** という。

(1) $\displaystyle\lim_{x\to a}f(x)=\pm\infty$，$\displaystyle\lim_{x\to a}g(x)=\pm\infty$ で，$\displaystyle\lim_{x\to a}\frac{g'(x)}{f'(x)}$ が存在する場合

(2) 定理の $\displaystyle\lim_{x\to a}$ が $\displaystyle\lim_{x\to\infty}$，$\displaystyle\lim_{x\to-\infty}$，$\displaystyle\lim_{x\to a+0}$，$\displaystyle\lim_{x\to a-0}$ の場合

例題 4 次の不定形の極限値を求めよ。

(1) $\displaystyle\lim_{x\to 0}\frac{1-\cos x}{x}$　(2) $\displaystyle\lim_{x\to\infty}\frac{x^2}{e^x}$　(3) $\displaystyle\lim_{x\to +0} x\log x$

解 (1) $x\to 0$ のとき分母 $\to 0$，分子 $\to 0$ なので，ロピタルの定理より

$$\lim_{x\to 0}\frac{1-\cos x}{x}=\lim_{x\to 0}\frac{(1-\cos x)'}{(x)'}=\lim_{x\to 0}\frac{\sin x}{1}=0$$

(2) $x\to\infty$ のとき，次の第1，2式とも分母 $\to\infty$，分子 $\to\infty$ なので，ロピタルの定理より

$$\lim_{x\to\infty}\frac{x^2}{e^x}=\lim_{x\to\infty}\frac{2x}{e^x}=\lim_{x\to\infty}\frac{2}{e^x}=0$$

(3) $x\to +0$ のとき，次の第2式で分母 $\to\infty$，分子 $\to\infty$ なので，ロピタルの定理より

$$\lim_{x\to +0} x\log x=\lim_{x\to +0}\frac{\log x}{\dfrac{1}{x}}=\lim_{x\to +0}\frac{\dfrac{1}{x}}{-\dfrac{1}{x^2}}=\lim_{x\to +0}(-x)=0$$

練習5 次の不定形の極限値を求めよ。

(1) $\displaystyle\lim_{x\to\infty}\frac{\log x}{x}$　(2) $\displaystyle\lim_{x\to 0}\frac{\mathrm{Sin}^{-1}x}{x}$　(3) $\displaystyle\lim_{x\to 0}\frac{1-\cos x}{x^2}$

節末問題

1. a を定数とする。関数 $f(x)=x^2-(2a+1)x+a^2$ について，区間 $[a,\ a+1]$ におけるロールの定理が成り立つ c の値を求めよ。

2. a を定数とする。$f'(x)=ax$ ならば，$f(x)=\dfrac{1}{2}ax^2+b$（b は定数）を証明せよ。

3. 関数 $f(x)=3x+1,\ g(x)=x^2$ について，区間 $[0,\ 1]$ におけるコーシーの平均値の定理が成り立つ c の値を求めよ。

4. 次の不定形の極限値を求めよ。

(1) $\displaystyle\lim_{x\to 0}\frac{\sin 2x}{e^x-e^{-x}}$　(2) $\displaystyle\lim_{x\to\infty}\frac{\sqrt{x^3}}{e^x}$　(3) $\displaystyle\lim_{x\to\infty} xe^{-x^2}$

3 テイラーの定理とその応用

1 関数の近似

1 微分係数

初めに，微分係数の定義を確認しておこう。$f(x)$ は，a を含む適当な開区間で定義された関数とする。

微分係数(I)

次の極限値が存在するとき，$f(x)$ は $\boldsymbol{x=a}$ **で微分可能** といい，$f'(a)$ を $f(x)$ の $x=a$ における **微分係数** という。

$$\boldsymbol{f'(a)=\lim_{h\to 0}\frac{f(a+h)-f(a)}{h}}$$

微分係数の定義は次の関数 $R(x)$ を用いて書き直せる。A を定数とする。

$$R(x)=f(x)-\{f(a)+A(x-a)\} \quad \cdots\cdots①$$

条件 $\displaystyle\lim_{x\to a}\frac{R(x)}{x-a}=0$，すなわち，$\displaystyle\lim_{h\to 0}\frac{R(a+h)}{h}=0$ を満たせば，①より $R(a+h)=f(a+h)-\{f(a)+Ah\}$ なので

$$\lim_{h\to 0}\frac{f(a+h)-f(a)}{h}=\lim_{h\to 0}\frac{R(a+h)+Ah}{h}=A+\lim_{h\to 0}\frac{R(a+h)}{h}=A$$

極限値が存在することから，$f(x)$ は $x=a$ で微分可能であり，$f'(a)=A$ である。逆に，$f(x)$ が $x=a$ で微分可能で，$A=f'(a)$ ならば，

$$\lim_{x\to a}\frac{R(x)}{x-a}=\lim_{x\to a}\frac{f(x)-f(a)-A(x-a)}{x-a}=\lim_{x\to a}\left(\frac{f(x)-f(a)}{x-a}-A\right)$$
$$=\lim_{x\to a}\{f'(a)-A\}=0$$

微分係数(II)

ある数 A が存在し，関数 $R(x)=f(x)-\{f(a)+A(x-a)\}$ が次の条件を満たすとき，A を $\boldsymbol{f'(a)}$ で表し，$f(x)$ の a における **微分係数** という。

$$\boldsymbol{\lim_{x\to a}\frac{R(x)}{x-a}=0}$$

2 1次近似式

関数 $f(x)$ は区間 I で微分可能で，a，x は I 内の点とする。

$$R_2(x)=f(x)-\{f(a)+f'(a)(x-a)\} \quad \cdots\cdots①$$

で関数 $R_2(x)$ を定めると，$f(x)$ の微分可能性から微分係数(II)の条件を満たし

$$\lim_{x\to a}R_2(x)=\lim_{x\to a}\frac{R_2(x)}{x-a}(x-a)=0\cdot 0=0 \quad \cdots\cdots①'$$

これは，x が a に十分近ければ $R_2(x)$ は0に近いことを意味するから

$$\boldsymbol{f(x)\fallingdotseq f(a)+f'(a)(x-a)} \quad \cdots\cdots②$$

この式の右辺を $f(x)$ の $x=a$ における **1次近似式** という。$R_2(x)$ は，1次近似の誤差を表す関数に相当する。

注意　1次近似式については，『新版微分積分 I』の2章3節（p. 107）でも $f(a+h)\fallingdotseq f(a)+f'(a)h$ の形で述べられている。

例1　$\sqrt{x}$ の $x=1$ における1次近似式は

$$\sqrt{x}\fallingdotseq 1+\frac{1}{2}(x-1)$$

である。これによって $\sqrt{1.1}$ の近似値を求めると

$$\sqrt{1.1}\fallingdotseq 1+\frac{1}{2}\times(1.1-1)=\frac{21}{20}=\mathbf{1.05}$$

となる。なお，実際の値は $\sqrt{1.1}=\mathbf{1.0}48808\cdots$ であるから，小数第1位まで一致している。

練習1　$\sqrt{x}$ の $x=1$ における1次近似式を用いて，次の近似値を求めよ。

(1) $\sqrt{1.2}$　　(2) $\sqrt{1.01}$　　(3) $\sqrt{0.9}$

練習2　次の関数について，$x=1$ における1次近似式を求めよ。

(1) e^x　　(2) $\log x$　　(3) $\mathrm{Tan}^{-1}x$

①，②より $R_2(x)$ は1次近似式の誤差であるが，これを2次関数で表すことを以下で考えてみよう。$f(x)$ は I で2回微分可能とする。$R_2(x)$ を①で定めると，$R_2(a)=0$ であり，$R_2(x)$ は微分可能で　$R_2'(x)=f'(x)-f'(a)$ ……③

また，$P_1(x)=x-a$，$P_2(x)=(x-a)^2$ ……④ とおく。

コーシーの平均値の定理より，c_1，c が存在して，次のように式変形できる。

$$\frac{R_2(x)}{P_2(x)}=\frac{R_2(x)-R_2(a)}{P_2(x)-P_2(a)}=\frac{R_2'(c_1)}{P_2'(c_1)}\quad(a<c_1<x)$$

←①，④より $P_2(a)=R_2(a)=0$

$$=\frac{1}{2}\cdot\frac{R_2'(c_1)-R_2'(a)}{P_1(c_1)-P_1(a)}$$

← $P_2'(x)=2(x-a)=2P_1(x)$ ③，④より $P_1(a)=R_2'(a)=0$

$$=\frac{1}{2}\cdot\frac{R_2''(c)}{P_1'(c)}\quad(a<c<c_1)$$

$$=\frac{1}{2}f''(c)$$

←③より $R_2''(x)=f''(x)$，④より $P_1'(x)=1$

よって，

$$R_2(x)=\frac{1}{2}f''(c)P_2(x)=\frac{1}{2}f''(c)(x-a)^2 \quad \cdots\cdots⑤$$

これが1次近似式②の誤差である。ただし $a<c<x$ である。

3 2次近似式

関数 $f(x)$ は区間 I で2回微分可能で，a，x は I 内の点とする。①，⑤より

$$f(x)=f(a)+f'(a)(x-a)+\frac{f''(c)}{2}(x-a)^2\quad(a<c<x)$$

と表せるが，c は a の近くの点だから，右辺の c を a にかえたものが $f(x)$ の近似になると考えられる。そこで，その誤差を $R_3(x)$ とおき，$x\to a$ のとき $R_3(x)\to 0$ となることを確かめてみよう。

$$R_3(x)=f(x)-\left\{f(a)+f'(a)(x-a)+\frac{f''(a)}{2}(x-a)^2\right\} \quad \cdots\cdots⑥$$

①より　$R_3(x)=R_2(x)-\dfrac{f''(a)}{2}(x-a)^2$

$f(x)$ の微分可能性から①′ より $\displaystyle\lim_{x\to a}R_2(x)=0$ なので

$$\lim_{x\to a}R_3(x)=\lim_{x\to a}\left\{R_2(x)-\frac{f''(a)}{2}(x-a)^2\right\}=0-0=0$$

よって，x が a に十分近ければ誤差 $R_3(x)$ は0に近く，⑥より次の近似が成り立つ。

$$\boldsymbol{f(x)\fallingdotseq f(a)+f'(a)(x-a)+\frac{f''(a)}{2}(x-a)^2} \quad \cdots\cdots⑦$$

この式の右辺を $f(x)$ の $x=a$ における **2次近似式** という。

例2 ⑦より $\sqrt{x}$ の $x=1$ における2次近似式は次のようになる。

$$\sqrt{x} \fallingdotseq 1+\frac{1}{2}(x-1)-\frac{1}{8}(x-1)^2$$

$x=1.1$ として $\sqrt{1.1}$ の近似値を求めると

$$\sqrt{1.1} \fallingdotseq 1+\frac{1}{2}\times 0.1-\frac{1}{8}\times 0.01=\frac{839}{800}=\mathbf{1.048}75$$

なお，実際の値は $\sqrt{1.1}=\mathbf{1.048}808\cdots$ なので，小数第3位まで一致している。例1（p. 31）の1次近似より，2次近似の方が，精度が高い。

練習3 $\sqrt{x}$ の $x=1$ における2次近似式を用いて，次の近似値を求めよ。

(1) $\sqrt{1.2}$　　(2) $\sqrt{0.9}$

練習4 次の関数について，$x=0$ における2次近似式を求めよ。

(1) e^x　　(2) $\sin x$　　(3) $\cos x$

⑥より $R_3(x)$ は2次近似式の誤差であるが，これを3次関数で表すことを以下で考えてみよう。$f(x)$ は I で3回微分可能で，a, x は I 内の点とする。⑥より

$$R_3(a)=R_3'(a)=R_3''(a)=0 \quad \cdots\cdots ⑧$$

また $n=1$, 2, 3 について $P_n(x)=(x-a)^n$ ……⑨ とおくと，コーシーの平均値の定理より，c_1, c_2, c が存在して，次のように式変形できる。

$$\frac{R_3(x)}{P_3(x)}=\frac{R_3(x)-R_3(a)}{P_3(x)-P_3(a)}=\frac{R_3'(c_1)}{P_3'(c_1)} \quad (a<c_1<x)$$

$$=\frac{1}{3}\cdot\frac{R_3'(c_1)-R_3'(a)}{P_2(c_1)-P_2(a)}$$
←⑨より $P_3'(x)=3(x-a)^2=3P_2(x)$
⑧，⑨より $R_3'(a)=P_2(a)=0$

$$=\frac{1}{3}\cdot\frac{R_3''(c_2)}{P_2'(c_2)} \quad (a<c_2<c_1)$$

$$=\frac{1}{3\cdot 2}\cdot\frac{R_3''(c_2)-R_3''(a)}{P_1(c_2)-P_1(a)}$$
←⑨より $P_2'(x)=2(x-a)=2P_1(x)$
⑧，⑨より $R_3''(a)=P_1(a)=0$

$$=\frac{1}{3!}\cdot\frac{R_3'''(c)}{P_1'(c)} \quad (a<c<c_2)$$

$$=\frac{1}{3!}f'''(c)$$
←⑥より $R_3'''(x)=f'''(x)$，⑨より $P_1'(x)=1$

よって　$R_3(x)=\dfrac{1}{3!}f'''(c)P_3(x)=\dfrac{1}{3!}f'''(c)(x-a)^3$

これが2次近似式⑦の誤差である。ただし $a<c<x$ である。

2 テイラーの定理

関数 $f(x)$ は区間 I で n 回微分可能で，a，x は I 内の点とする。p. 31～32 で1次近似式，2次近似式を得たのと同様にして，3次近似式，4次近似式，……，n 次近似式が得られる。

実際，$k-1$ 次近似式（$2 \leqq k \leqq n$）

$$f(x) \fallingdotseq f(a) + \frac{f'(a)}{1!}(x-a) + \frac{f''(a)}{2!}(x-a)^2 + \cdots + \frac{f^{(k-1)}(a)}{(k-1)!}(x-a)^{k-1} \quad \cdots\cdots①$$

まで得たとき，$k-1$ 次近似の誤差関数 $R_k(x)$ が次の式で定義される。

$$R_k(x) = f(x) - \left\{ f(a) + \sum_{r=1}^{k-1} \frac{f^{(r)}(a)}{r!}(x-a)^r \right\}$$

$R_k(a) = R_k'(a) = \cdots = R_k^{(k)}(a) = 0$ に注意し，$P_k(x) = (x-a)^k$ とすると，コーシーの平均値の定理より，c_1，c_2，…，c_{k-1}，c が存在し

$$\frac{R_k(x)}{P_k(x)} = \frac{R_k(x) - R_k(a)}{P_k(x) - P_k(a)} = \frac{R_k'(c_1)}{P_k'(c_1)} \qquad (a < c_1 < x)$$

$$= \frac{1}{k} \cdot \frac{R_k'(c_1) - R_k'(a)}{P_{k-1}(c_1) - P_{k-1}(a)} = \frac{1}{k} \cdot \frac{R_k''(c_2)}{P_{k-1}'(c_2)} \qquad (a < c_2 < c_1)$$

$$= \frac{1}{k(k-1)} \cdot \frac{R_k''(c_2) - R_k''(a)}{P_{k-2}(c_2) - P_{k-2}(a)}$$

$$= \frac{1}{k(k-1)} \cdot \frac{R_k^{(3)}(c_3)}{P_{k-2}'(c_3)} \qquad (a < c_3 < c_2)$$

$$= \cdots\cdots = \frac{1}{k!} \cdot \frac{R_k^{(k)}(c)}{P_1'(c)}$$

$$= \frac{1}{k!} f^{(k)}(c) \qquad (a < c < c_{k-1})$$

のように式変形できる。よって

$$R_k(x) = \frac{f^{(k)}(c)}{k!}(x-a)^k$$

となる c が a と x の間に存在する。右辺の c を a にかえ，$k-1$ 次近似式①に加えると，k 次近似式が得られる。

テイラーの定理(I)

関数 $f(x)$ が区間 I で n 回微分可能ならば，I 内の点 a，x について

$$\boldsymbol{f(x)=f(a)+f'(a)(x-a)+\frac{f''(a)}{2!}(x-a)^2}$$

$$\boldsymbol{+\cdots+\frac{f^{(n-1)}(a)}{(n-1)!}(x-a)^{n-1}+R_n(x)}$$

ただし，$\boldsymbol{R_n(x)=\frac{f^{(n)}(c)}{n!}(x-a)^n}$

を満たす c が a と x の間に存在する。

注意　上記の形に表された誤差関数 $R_n(x)$ は，**ラグランジュの剰余** とよばれる。
これ以外には，コーシーの剰余の形式がよく知られている。

テイラーの定理で，$n=1$ の場合を考えると

$$f(x)=f(a)+f'(c)(x-a)$$

となり，p. 24 の平均値の定理(I)で b を x におきかえた式を得る。

テイラーの定理において，$n=2$，3 の場合，右辺から $R_n(x)$ を除いたものが，$f(x)$ の $x=a$ における 1 次近似式，2 次近似式である。

平均値の定理のときと同様，$\theta=\dfrac{c-a}{x-a}$ とおくと，次のように書き直せる。

$n=1$ の場合は p. 25 の平均値の定理(III)である。

テイラーの定理(II)

関数 $f(x)$ が a を含む適当な開区間で n 回微分可能ならば

$$\boldsymbol{f(x)=f(a)+f'(a)(x-a)+\frac{f''(a)}{2!}(x-a)^2}$$

$$\boldsymbol{+\cdots+\frac{f^{(n-1)}(a)}{(n-1)!}(x-a)^{n-1}+R_n(x)}$$

ただし，$\boldsymbol{R_n(x)=\frac{f^{(n)}(a+\theta(x-a))}{n!}(x-a)^n}$

を満たす θ $(0<\theta<1)$ が存在する。

例3 $f(x)=\sqrt{x}$, $a=1$, $n=4$ としてテイラーの定理(II)を考えると

$$\sqrt{x}=1+\frac{1}{2}(x-1)-\frac{1}{8}(x-1)^2+\frac{1}{16}(x-1)^3+R_4(x)$$

ただし, $R_4(x)=-\dfrac{5}{128(\sqrt{1+\theta(x-1)})^7}(x-1)^4 \quad (0<\theta<1)$

$\sqrt{x}$ の $x=1$ における4次近似式として最初の4項を用い, $x=1.1$ とすると

$$\sqrt{1.1} \fallingdotseq 1+\frac{1}{20}-\frac{1}{800}+\frac{1}{16000}=\frac{16781}{16000}=1.0488125$$

という近似値を得る。このとき誤差を評価すると

$$|R_4(1.1)|=\frac{5}{128\left(\sqrt{1+\dfrac{\theta}{10}}\right)^7}\left(\frac{1}{10}\right)^4<\frac{5}{128\times10^4}=0.00000390625$$

ゆえに　$\mathbf{1.0488}0859375<\sqrt{1.1}<\mathbf{1.0488}125$

よって, この近似値は, 小数点以下第4位まで正しい。 ← p. 33 例2

練習5 $f(x)=\sqrt{x}$, $a=1$, $n=3$ としてテイラーの定理を考えることにより, $\sqrt{1.1}$ の近似値を求め, さらに誤差を評価せよ。

テイラーの定理で, とくに, $a=0$ の場合を **マクローリンの定理** という。

マクローリンの定理

関数 $f(x)$ が $x=0$ を含む適当な開区間で n 回微分可能ならば

$$\boldsymbol{f(x)=f(0)+f'(0)x+\frac{f''(0)}{2!}x^2+\cdots+\frac{f^{(n-1)}(0)}{(n-1)!}x^{n-1}+R_n(x)}$$

ただし, $\boldsymbol{R_n(x)=\dfrac{f^{(n)}(\theta x)}{n!}x^n}$

を満たす θ $(0<\theta<1)$ が存在する。

注意　たとえば $f(x)=\sqrt{x}$ や $f(x)=\sqrt{2x-x^2}$ の場合は $x=0$ で微分可能ではないので, マクローリンの定理は適用できない。

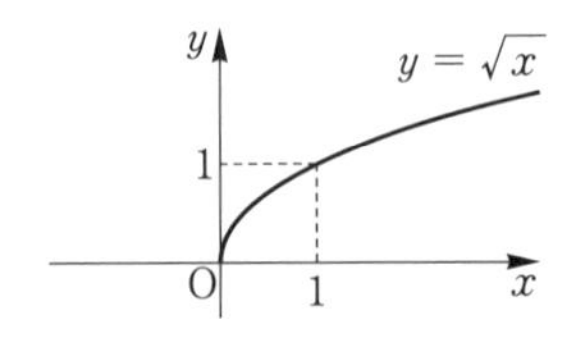

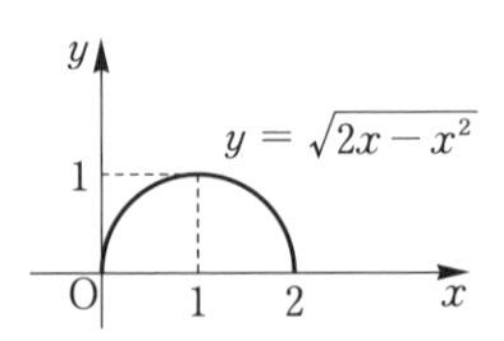

3 テイラー展開

1 テイラー展開

関数 $f(x)$ は a を含む適当な開区間で，任意の自然数 n について，n 回微分可能とする。$f(x)$ の $x=a$ における n 次近似式を

$$S_n(x)=f(a)+f'(a)(x-a)+\cdots+\frac{f^{(n)}(a)}{n!}(x-a)^n$$

とおくと，テイラーの定理より，次のような c が a と x の間に存在する。

$$f(x)=S_n(x)+R_{n+1}(x) \qquad \text{ただし，} R_{n+1}(x)=\frac{f^{(n+1)}(c)}{(n+1)!}(x-a)^{n+1}$$

$S_n(x)$ は無限級数 $\displaystyle\sum_{n=0}^{\infty}\frac{f^{(n)}(a)}{n!}(x-a)^n$ の部分和だから，

$$\lim_{n\to\infty}R_{n+1}(x)=0 \quad \cdots\cdots①$$

ならば $\displaystyle\sum_{n=0}^{\infty}\frac{f^{(n)}(a)}{n!}(x-a)^n=\lim_{n\to\infty}S_n(x)=\lim_{n\to\infty}\{f(x)-R_{n+1}(x)\}=f(x)$

が成り立つ。すなわち，$f(x)$ を無限級数の形に表すことができる。これを $f(x)$ の $x=a$ における **テイラー展開** という。

テイラー展開

$$\boldsymbol{f(x)=f(a)+f'(a)(x-a)+\frac{f''(a)}{2!}(x-a)^2+\cdots+\frac{f^{(n)}(a)}{n!}(x-a)^n+\cdots\cdots}$$

例4 $f(x)=\log x$ について $f'(x)=\dfrac{1}{x}$，$f''(x)=-\dfrac{1}{x^2}$，$f'''(x)=\dfrac{2}{x^3}$，

$f^{(4)}(x)=-\dfrac{3!}{x^4}$，…… だから，$\log x$ の $x=1$ におけるテイラー展開は，①が知られているので次のようになる。

$$\log x=(x-1)-\frac{1}{2}(x-1)^2+\frac{1}{3}(x-1)^3-\frac{1}{4}(x-1)^4+\cdots+\frac{(-1)^{n+1}}{n}(x-1)^n+\cdots\cdots$$

練習6 $f(x)=e^{x-1}$ の $x=1$ におけるテイラー展開を，①を既知として求めよ。

テイラー展開で，とくに $a=0$ の場合を **マクローリン展開** という。

マクローリン展開

$$f(x)=f(0)+f'(0)x+\frac{f''(0)}{2!}x^2+\cdots+\frac{f^{(n)}(0)}{n!}x^n+\cdots\cdots$$

例5 $f(x)=\dfrac{1}{1-x}$ のとき，$f'(x)=\dfrac{1}{(1-x)^2}$，$f''(x)=\dfrac{2}{(1-x)^3}$，

$f'''(x)=\dfrac{3!}{(1-x)^4}$，…… すなわち，$f^{(n)}(x)=\dfrac{n!}{(1-x)^{n+1}}$ であり，

$f^{(n)}(0)=n!$ である。よって，$\dfrac{1}{1-x}$ のマクローリン展開は，p. 37 の①が既知なので次のようになる。

$$\frac{1}{1-x}=1+x+x^2+x^3+\cdots\cdots \quad (|x|<1)$$

練習7 $f(x)=\dfrac{1}{x+1}$ $(-1<x<1)$ のマクローリン展開を，p. 37 の①を既知として求めよ。

例5のマクローリン展開 $\dfrac{1}{1-x}=1+x+x^2+x^3+\cdots$ は，初項1，公比 x の等比級数の和であり，x の範囲によって次のようになる。

x の範囲	右辺の級数	$\dfrac{1}{1-x}$ のマクローリン展開
$\lvert x\rvert \geqq 1$	収束しない	定義されない
$\lvert x\rvert < 1$	収束する	定義される

一般に，$f(x)$ のマクローリン展開について，次のいずれかが成り立つ。

(i) $x=0$ でのみ収束

(ii) 任意の x で収束

(iii) $|x|<R$ で収束，かつ，$|x|>R$ で発散となるような実数 $R>0$ が存在する

(iii)のとき，このような R を **収束半径** という。なお，(i)，(ii)の場合は，収束半径をそれぞれ $R=0$，$R=\infty$ と定める。

2 いろいろなマクローリン展開

(1)　$f(x)=e^x$

任意の n について $f^{(n)}(x)=e^x$ であり

$$f(0)=f'(0)=f''(0)=\cdots=1$$

だから，e^x のマクローリン展開は

$$\boldsymbol{e^x=1+x+\frac{1}{2!}x^2+\frac{1}{3!}x^3+\cdots\cdots}$$

なお，収束半径は $R=\infty$ である。

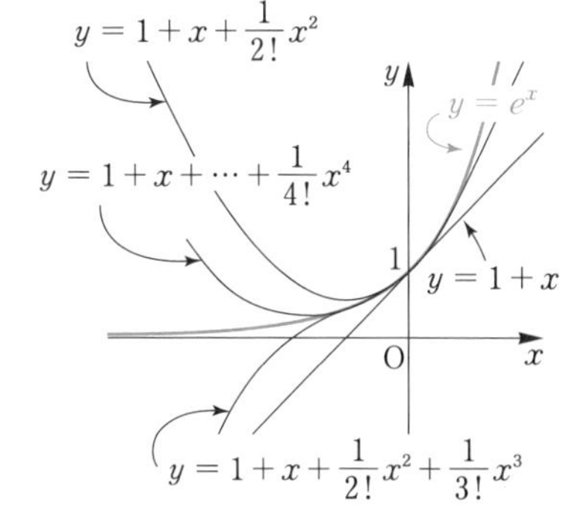

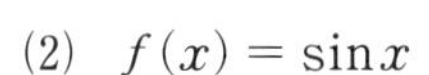

(2)　$f(x)=\sin x$

$$f'(x)=\cos x,\ f''(x)=-\sin x,\ f'''(x)=-\cos x,\ f^{(4)}(x)=\sin x$$

のように4回微分するともとに戻り，以下，この4つの繰り返しである。

$$\sin 0=0,\ \cos 0=1,\ -\sin 0=0,\ -\cos 0=-1$$

だから，$\sin x$ のマクローリン展開は次のようになる。

$$\boldsymbol{\sin x=x-\frac{1}{3!}x^3+\frac{1}{5!}x^5-\frac{1}{7!}x^7+\cdots\cdots}$$

なお，収束半径は $R=\infty$ である。

(3)　$f(x)=\cos x$

$$f'(x)=-\sin x,\ f''(x)=-\cos x,\ f'''(x)=\sin x,\ f^{(4)}(x)=\cos x$$

のように4回微分するともとに戻り，以下，この4つの繰り返しである。

$$\cos 0=1,\ -\sin 0=0,\ -\cos 0=-1,\ \sin 0=0$$

だから，$\cos x$ のマクローリン展開は次のようになる。

$$\boldsymbol{\cos x=1-\frac{1}{2!}x^2+\frac{1}{4!}x^4-\frac{1}{6!}x^6+\cdots\cdots}$$

なお，この $f(x)$ の収束半径も $R=\infty$ である。

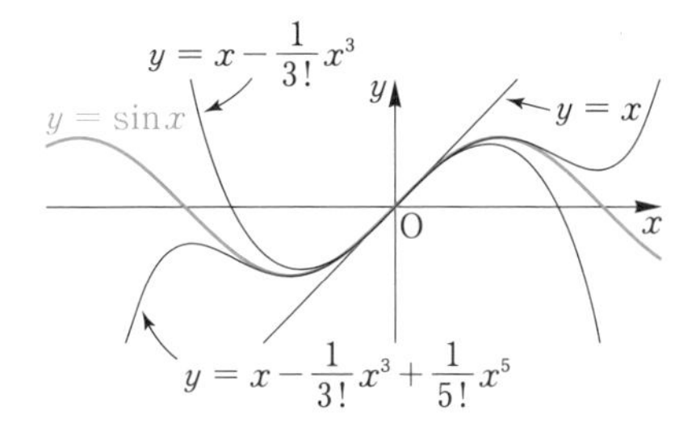

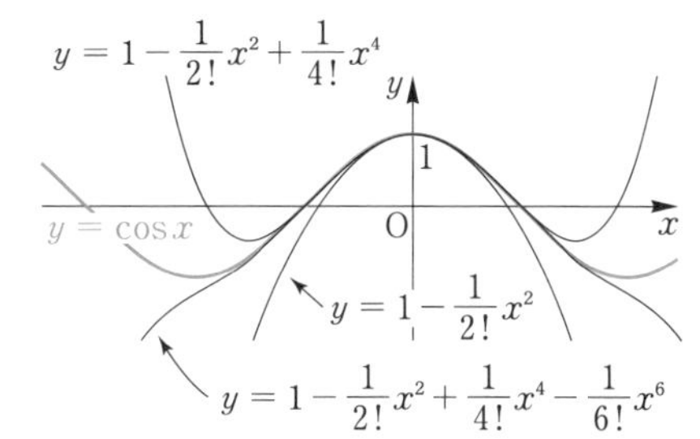

いろいろなマクローリン展開

$$e^x = 1 + x + \frac{1}{2!}x^2 + \frac{1}{3!}x^3 + \cdots = \sum_{n=0}^{\infty} \frac{1}{n!}x^n$$

$$\sin x = x - \frac{1}{3!}x^3 + \frac{1}{5!}x^5 - \frac{1}{7!}x^7 + \cdots = \sum_{n=0}^{\infty} \frac{(-1)^n}{(2n+1)!}x^{2n+1}$$

$$\cos x = 1 - \frac{1}{2!}x^2 + \frac{1}{4!}x^4 - \frac{1}{6!}x^6 + \cdots = \sum_{n=0}^{\infty} \frac{(-1)^n}{(2n)!}x^{2n}$$

$$\frac{1}{1-x} = 1 + x + x^2 + x^3 + \cdots = \sum_{n=0}^{\infty} x^n \quad (|x| < 1)$$

$$\log(1+x) = x - \frac{1}{2}x^2 + \frac{1}{3}x^3 - \frac{1}{4}x^4 + \cdots = \sum_{n=1}^{\infty} (-1)^{n-1}\frac{x^n}{n}$$

$$(-1 < x \leqq 1)$$

すでにわかっているマクローリン展開を利用することで，与えられた関数のマクローリン展開を求められる場合がある。

例6 $\sqrt{e^x}$ のマクローリン展開を求めよう。$\sqrt{e^x} = e^{\frac{x}{2}}$ だから

$$e^t = 1 + t + \frac{1}{2!}t^2 + \frac{1}{3!}t^3 + \cdots\cdots$$

に $t = \dfrac{x}{2}$ を代入すると

$$\sqrt{e^x} = e^{\frac{x}{2}} = 1 + \frac{x}{2} + \frac{1}{2!}\left(\frac{x}{2}\right)^2 + \frac{1}{3!}\left(\frac{x}{2}\right)^3 + \cdots\cdots$$

$$= 1 + \frac{1}{2}x + \frac{1}{2^2 \cdot 2!}x^2 + \frac{1}{2^3 \cdot 3!}x^3 + \cdots\cdots$$

例7 $\sin^2 x$ のマクローリン展開を求めよう。半角の公式より

$$\sin^2 x = \frac{1 - \cos 2x}{2}$$

$$= \frac{1}{2}\left\{1 - \left(1 - \frac{1}{2!}(2x)^2 + \frac{1}{4!}(2x)^4 - \frac{1}{6!}(2x)^6 + \cdots\right)\right\}$$

$$= \frac{2}{2!}x^2 - \frac{2^3}{4!}x^4 + \frac{2^5}{6!}x^6 + \cdots\cdots$$

練習8 次の関数のマクローリン展開を求めよ。

(1) $\dfrac{1}{e^x}$ (2) $\cos^2 x$ (3) $2\sin x \cos x$ (4) $\dfrac{1}{2-x}$

4 関数の極値の判定

1 極値の判定

次の定理により，増減表を作成することなく極値の判定ができる。

極値の判定

関数 $f(x)$ は a を含む開区間で n 回微分可能，$f^{(n)}(x)$ が $x=a$ で連続，$f'(a)=f''(a)=\cdots=f^{(n-1)}(a)=0$，$f^{(n)}(a)\neq 0$ とする。

(i) **n が偶数** のとき，$f(x)$ は極値をもち

$\boldsymbol{f^{(n)}(a)>0}$ ならば $f(a)$ が **極小値**

$\boldsymbol{f^{(n)}(a)<0}$ ならば $f(a)$ が **極大値**

(ii) **n が奇数** のとき，$f(a)$ は **極値でない**

証明　$f'(a)=f''(a)=\cdots=f^{(n-1)}(a)=0$ より，テイラーの定理で $x=a+h$ の場合を考えると，次を満たす θ $(0<\theta<1)$ が存在する。

$$f(a+h)-f(a)=\frac{f^{(n)}(a+\theta h)}{n!}h^n \quad \cdots\cdots①$$

$f^{(n)}(x)$ は $x=a$ で連続で，$f^{(n)}(a)\neq 0$ だから，$|h|$ が十分小さいとき，$f^{(n)}(a+\theta h)$ は $f^{(n)}(a)$ と同符号である。よって

(i) n が偶数のとき

$f^{(n)}(a)>0$ ならば①の右辺は正だから，$f(a+h)>f(a)$，すなわち，$f(a)$ は極小値である。

$f^{(n)}(a)<0$ ならば①の右辺は負だから，$f(a+h)<f(a)$，すなわち，$f(a)$ は極大値である。

(ii) n が奇数のとき

$f^{(n)}(a)>0$ ならば①の右辺は h と同符号である。つまり $h>0$ のときは $f(a+h)-f(a)>0$，となり $f(x)$ は $x=a$ で増加である。$h<0$ のときは $f(a+h)-f(a)<0$ となり，やはり $f(x)$ は $x=a$ で増加である。

一方，$f^{(n)}(a)<0$ ならば①の右辺は h と異符号だから，$f^{(n)}(a)>0$ のときと同様にして $f(x)$ は $x=a$ で減少であるといえる。

よって，$f(a)$ は極値でない。　終

とくに，$n=2$ の場合，次のようになる。

極値の判定（$n=2$ の場合）

関数 $f(x)$ は a を含む開区間で2回微分可能，$f''(x)$ が $x=a$ で連続，$f'(a)=0$，$f''(a)\neq 0$ とする。このとき，

$f''(a)>0$ ならば $f(a)$ が **極小値**

$f''(a)<0$ ならば $f(a)$ が **極大値**

例8 $f(x)=2x^3-3x^2+2$ の極値を調べよう。

$$f'(x)=6x^2-6x=6x(x-1)$$

したがって，$f'(x)=0$ となるのは，$x=0$，1 のときである。また，

$$f''(x)=12x-6=6(2x-1)$$

より，$x=0$，1 における $f''(x)$ の符号と $f(x)$ の値は

$$f''(0)=-6<0 \qquad f(0)=2$$

$$f''(1)=6>0 \qquad f(1)=1$$

よって，$f(x)$ は，$x=0$ のとき極大値2，$x=1$ のとき極小値1をとる。

練習9 次の関数の極値を調べよ。

(1) $f(x)=x^2-4x$　　(2) $f(x)=x^3-3x+2$

(3) $f(x)=xe^x$　　(4) $f(x)=\dfrac{1}{x^2+1}$

2 凹凸の判定

凹凸についても同様の判定法がある。

凹凸の判定

n を2以上の偶数とする。関数 $f(x)$ は a を含む開区間で n 回微分可能，$f^{(n)}(x)$ が $x=a$ で連続，$f''(a)=f'''(a)=\cdots=f^{(n-1)}(a)=0$ とする。このとき，$y=f(x)$ のグラフは

$f^{(n)}(a)>0$ ならば $x=a$ で **下に凸**

$f^{(n)}(a)<0$ ならば $x=a$ で **上に凸**

証明　$f''(a)=f'''(a)=\cdots=f^{(n-1)}(a)=0$ より，テイラーの定理(II)で $x=a+h$ の場合を考えると，次を満たす θ $(0<\theta<1)$ が存在する。

$$f(a+h)-f(a)-f'(a)h=\frac{f^{(n)}(a+\theta h)}{n!}h^n \quad \cdots\cdots②$$

$f^{(n)}(x)$ は $x=a$ で連続で，$f^{(n)}(a)\neq 0$ だから，$|h|$ が十分小さいとき $f^{(n)}(a+\theta h)$ は $f^{(n)}(a)$ と同符号である。

(i)　$f^{(n)}(a)>0$ の場合，n は偶数より，②の右辺は正である。すなわち

$$f(a+h)-f(a)-f'(a)h>0$$

よって

$$f(x)>f'(a)(x-a)+f(a) \quad \cdots\cdots③$$

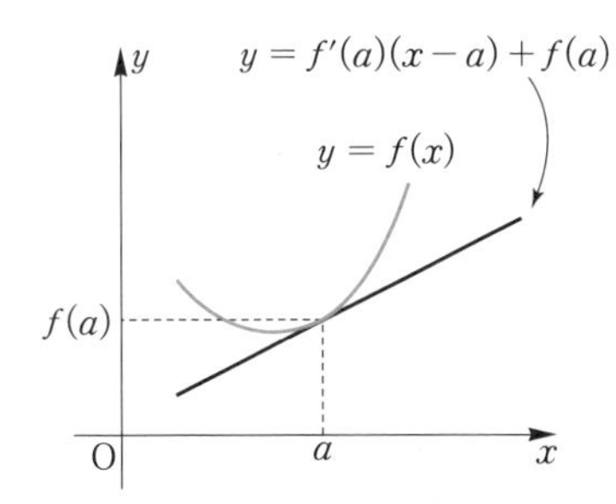

不等式③は，接線 $y=f'(a)(x-a)+f(a)$ よりも曲線 $y=f(x)$ が上側にあることを意味している。このとき曲線 $y=f(x)$ は，図のように，$x=a$ で下に凸である。

(ii)　$f^{(n)}(a)<0$ の場合も，同様にして，次のことがいえる。

$$f(x)<f'(a)(x-a)+f(a)$$

つまり，$f(x)$ は $x=a$ で上に凸であることが示せる。　終

とくに，$n=2$ の場合，次のようになる。

凹凸の判定（$n=2$ の場合）

関数 $f(x)$ は a を含む開区間で2回微分可能，$f''(x)$ は $x=a$ で連続とする。このとき，$y=f(x)$ のグラフは

$f''(a)>0$ ならば $x=a$ で **下に凸**

$f''(a)<0$ ならば $x=a$ で **上に凸**

練習10　次の関数について，$x=0$ におけるグラフの凹凸を調べよ。

(1)　$f(x)=x^2-x$　　(2)　$f(x)=x^3-3x^2+1$

(3)　$f(x)=\sqrt{x+1}$　　(4)　$f(x)=\cos x-x\sin x$

(5)　$f(x)=x\log(x+1)$　　(6)　$f(x)=e^{-x^2+1}$

節末問題

1. 次の関数の $x=1$ における2次近似式を求めよ。

(1) $f(x)=\dfrac{1}{x}$　　(2) $f(x)=\sqrt[3]{x}$

2. テイラーの定理において，$f(x)=\log x$，$a=1$，$n=4$ の場合を考えることにより，$\log 1.1$ の近似値を求め，さらに誤差を評価せよ。

3. 次の関数の極値を調べよ。

(1) $f(x)=\log(x^2+1)$　　(2) $f(x)=\sqrt{x}+\dfrac{1}{\sqrt{x}}$

4. 次の関数について，カッコ内の x における凹凸を判定せよ。

(1) $f(x)=\dfrac{1}{1+\sqrt{x}}$ $(x=1)$　　(2) $f(x)=\dfrac{e^x}{x}$ $(x=-1)$

5. 次の関数について，$x=1$ におけるテイラー展開を求めよ。

(1) $f(x)=e^{-x}$　　(2) $f(x)=\dfrac{1}{x^2}$　　(3) $f(x)=\dfrac{1}{\sqrt{x}}$

6. 次の関数のマクローリン展開を求めよ。

(1) $f(x)=\dfrac{1}{\sqrt{e^x}}$　　(2) $f(x)=\dfrac{1}{1-x}+\dfrac{1}{1+x}$

(3) $f(x)=\dfrac{1}{2x+3}$　　(4) $f(x)=\sqrt{2}\sin\left(x+\dfrac{\pi}{4}\right)$

研究　オイラーの公式

e^z のマクローリン展開

$$e^z=1+z+\frac{1}{2!}z^2+\frac{1}{3!}z^3+\frac{1}{4!}z^4+\frac{1}{5!}z^5+\cdots$$

において，z が複素数の場合を考える。とくに，純虚数 $z=iy$ の場合，$\sin y$，$\cos y$ のマクローリン展開を利用すると次のように表せる。

$$e^{iy} = 1 + iy + \frac{1}{2!}(iy)^2 + \frac{1}{3!}(iy)^3 + \frac{1}{4!}(iy)^4 + \frac{1}{5!}(iy)^5 + \cdots$$
$$= 1 + iy - \frac{1}{2!}y^2 - i\frac{1}{3!}y^3 + \frac{1}{4!}y^4 + i\frac{1}{5!}y^5 - \cdots$$
$$= \left(1 - \frac{1}{2!}y^2 + \frac{1}{4!}y^4 - \cdots\right) + i\left(y - \frac{1}{3!}y^3 + \frac{1}{5!}y^5 - \cdots\right)$$
$$= \cos y + i \sin y$$

これを **オイラーの公式** という。

オイラーの公式

任意の実数 y に対し　　$\boldsymbol{e^{iy} = \cos y + i \sin y}$

続いて，複素数 z，w に対し，積

$$e^z e^w = \left(1 + z + \frac{z^2}{2} + \frac{z^3}{3!} + \cdots\right)\left(1 + w + \frac{w^2}{2} + \frac{w^3}{3!} + \cdots\right)$$

を考えてみる。右辺を展開すると，左右のカッコから項を1つずつとって積を作ったものが並ぶ。そのうち，z と w の掛かっている個数が合わせて n 個であるものは

$$\frac{z^r}{r!} \cdot \frac{w^{n-r}}{(n-r)!} = \frac{1}{n!} \cdot \frac{n!}{r!(n-r)!} \cdot z^r w^{n-r} = \frac{1}{n!} {}_n\mathrm{C}_r z^r w^{n-r}$$

（ただし，$r = 0$，1，2，…，n）

の形に表せる。これら $n+1$ 個の和は，二項定理より　← 17

$$\sum_{r=0}^{n} \frac{1}{n!} {}_n\mathrm{C}_r z^r w^{n-r} = \frac{1}{n!}(z + w)^n$$

となる。これを $n = 0$，1，2，… として和をとったものが $e^z e^w$ だから

$$e^z e^w = 1 + (z + w) + \frac{(z + w)^2}{2} + \frac{(z + w)^3}{3!} + \cdots = e^{z+w}$$

すなわち，複素数 z，w についても，指数法則が成り立つ。

指数法則とオイラーの公式により，複素数 $z = x + iy$ については

$$e^z = e^{x+iy} = e^x e^{iy} = e^x(\cos y + i \sin y)$$

と表される。

演習　次の値を求めよ。

(1) $e^{\pi i}$　　(2) $e^{\frac{\pi}{4}i}$　　(3) $e^{1+\frac{\pi}{2}i}$

研究　正項級数の収束・発散

任意の n について $a_n \geqq 0$ である級数 $\sum_{n=1}^{\infty} a_n$ を **正項級数** という。正項級数の収束・発散の判定について，以下のことが知られている。

比較判定法

2つの正項級数 $\sum_{n=1}^{\infty} a_n$，$\sum_{n=1}^{\infty} b_n$ について，任意の n に対し $a_n \leqq kb_n$ であるような正数 k が存在するとき

$\sum_{n=1}^{\infty} b_n$ が収束するならば $\sum_{n=1}^{\infty} a_n$ は**収束**

$\sum_{n=1}^{\infty} a_n$ が発散するならば $\sum_{n=1}^{\infty} b_n$ は**発散**

コーシーの根号判定法

正項級数 $\sum_{n=1}^{\infty} a_n$ について，$\lim_{n \to \infty} \sqrt[n]{a_n} = r$ が存在するとき

$r < 1$ ならば $\sum_{n=1}^{\infty} a_n$ は**収束**

$r > 1$ ならば $\sum_{n=1}^{\infty} a_n$ は**発散**

ダランベールの判定法

正項級数 $\sum_{n=1}^{\infty} a_n$ について，$a_n \neq 0$ で，$\lim_{n \to \infty} \frac{a_{n+1}}{a_n} = r$ が存在するとき

$r < 1$ ならば $\sum_{n=1}^{\infty} a_n$ は**収束**

$r > 1$ ならば $\sum_{n=1}^{\infty} a_n$ は**発散**

注意　コーシー，ダランベールの判定法において $r = 1$ の場合，級数が収束することも発散することもあって，この方法では判定できない。

第 2 章

積分法

1

定積分と不定積分

2

定積分の応用

長方形の和による近似の極限値によって面積を定義するアイデアがリーマン積分である。面積，長さ，体積は，ここにおいて初めて定義されるものである。

リーマン積分は Σ と $\lim$ の面倒な計算であるが，微分積分法の基本定理により，定積分へと書き換えられることを理解し応用を考える。

1 定積分と不定積分

1 リーマン積分

ここで学ぶリーマン積分の考え方は，区分求積法（『新版微分積分 I』p. 153）の考え方を一般化したものである。

1 リーマン積分

曲線 $y=f(x)$ と x 軸および2直線 $x=a$, $x=b$ で囲まれた図形 D の面積 S について考えよう。ただし，$a<b$ とする。

関数 $f(x)$ は閉区間 $[a,\ b]$ で $f(x) \geqq 0$ とする。閉区間 $[a,\ b]$ を n 分割したものを $\varDelta$ で表し，その分点を順に

$$a=x_0<x_1<x_2<\cdots<x_{n-1}<x_n=b$$

とおく。各小区間 $[x_{k-1},\ x_k]$ $(k=1,\ 2,\ \cdots,\ n)$ から任意に1つずつ代表点 ξ_k をとり，図のように，n 個の長方形を考える（図は4分割の例）。

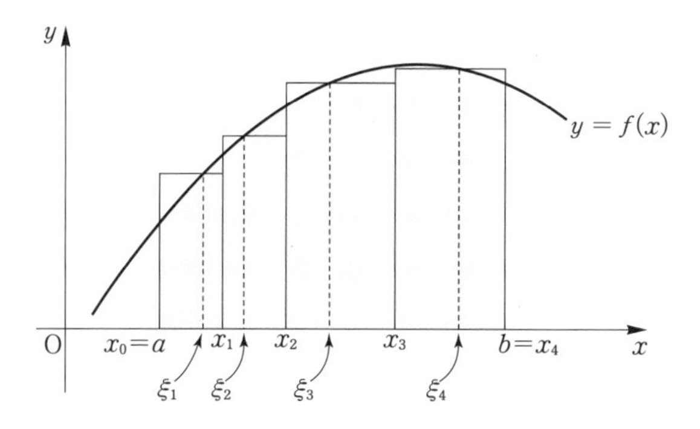

各小区間 $[x_{k-1},\ x_k]$ の幅を $\varDelta x_k=x_k-x_{k-1}$ とおくと，k 番目の長方形の面積は $f(\xi_k)\varDelta x_k$ である。n 個の長方形の面積の和を $S(\varDelta)$ とおくと，$S(\varDelta)$ は D の面積 S の近似となる。すなわち次のように表せる。

$$S \fallingdotseq S(\varDelta)=\sum_{k=1}^{n} f(\xi_k)\varDelta x_k$$

右辺を $f(x)$ の区間 $[a,\ b]$ の分割 $\varDelta$ についての **リーマン和** という。

この近似の誤差は，図形 D から長方形がはみ出たり，欠けたりしていることが原因である。

分割Δを細かくすれば誤差は限りなく0に近づき，面積の値が定まると予想される。

たとえば，次の図は，x_{k-1}とx_kの間に新しい分点をとることで分割を細かくしていったものだが，このような図形について，誤差が0に近づく様子がわかる。

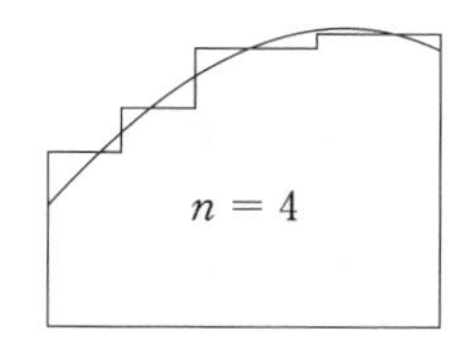

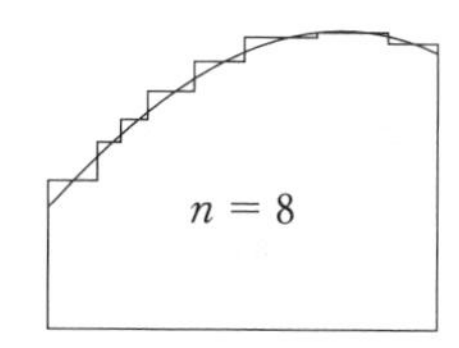

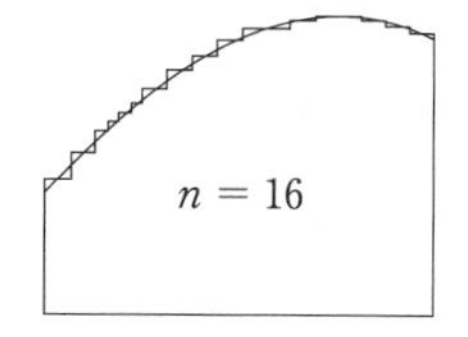

分割Δにおける各小区間の幅Δx_kの最大値を$|\Delta|$とする。極限値

$$\lim_{|\Delta| \to 0} S(\Delta) = \lim_{|\Delta| \to 0} \sum_{k=1}^{n} f(\xi_k)\Delta x_k$$

が存在するとき，$f(x)$は区間$[a,\ b]$で **リーマン積分可能** といい，その極限値S_fを関数$f(x)$の区間$[a,\ b]$における **リーマン積分**，またはaからbまでの **リーマン積分** という。

リーマン積分

$$S_f = \lim_{|\Delta| \to 0} \sum_{k=1}^{n} f(\xi_k)\Delta x_k$$

$f(x) \leqq 0$ の場合も，上の式でリーマン積分が定義される。ただし，この場合，$S_f \leqq 0$ となるから，リーマン積分は，x軸より下側の面積を負値とする，符号つき面積を表す。通常の意味の面積は，次のように絶対値をつけて考えればよい。

図形の面積

曲線 $y = f(x)$ とx軸および2直線 $x = a$，$x = b$ で囲まれた図形Dの面積Sは

$$S = \lim_{|\Delta| \to 0} \sum_{k=1}^{n} |f(\xi_k)|\Delta x_k$$

$b < a$ の場合，bからaまでのリーマン積分S_fが存在するときには，aからbまでのリーマン積分を$-S_f$と定める。また，$a = b$ の場合，リーマン積分は0と定める。

2 リーマン積分の性質

a, b, c は定数で $a<b<c$ とする。$f(x)$ は閉区間 $[a,\ c]$, $[a,\ b]$, $[b,\ c]$ でリーマン積分可能とし，そのリーマン積分をそれぞれ S_f, S_{f_1}, S_{f_2} とおく。区間 $[a,\ b]$, $[b,\ c]$ をそれぞれ m, n 分割したものを

$$\varDelta_1 : a=x_0,\ x_1,\ \cdots,\ x_{m-1},\ x_m=b$$

$$\varDelta_2 : b=x_m,\ x_{m+1},\ \cdots,\ x_{m+n-1},\ x_{m+n}=c$$

とし，$[a,\ c]$ の分割 $\varDelta$ は，$\varDelta_1$ と $\varDelta_2$ を合わせたものを考えると

$$\begin{aligned} S_f &= \lim_{|\varDelta|\to 0}\sum_{k=1}^{m+n} f(\xi_k)\varDelta x_k \\ &= \lim_{|\varDelta|\to 0}\left\{\sum_{k=1}^{m} f(\xi_k)\varDelta x_k + \sum_{k=m+1}^{m+n} f(\xi_k)\varDelta x_k\right\} \\ &= S_{f_1}+S_{f_2} \end{aligned}$$

すなわち，次の性質が成り立つ。

リーマン積分の性質(I)

$$\boldsymbol{S_f = S_{f_1} + S_{f_2}}$$

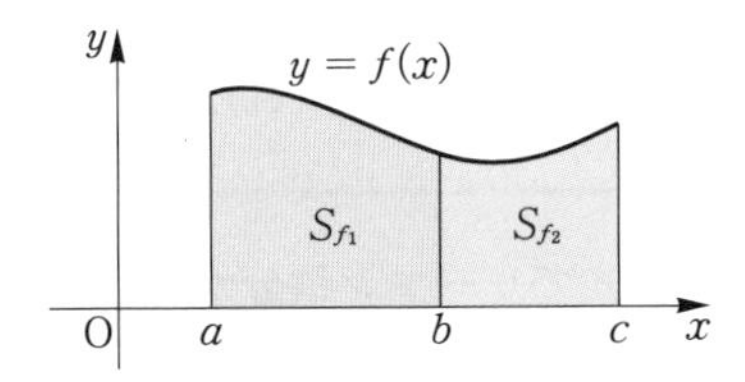

いま，閉区間 $[a,\ b]$ における $f(x)$ のリーマン積分を S_f のように表すと，$cf(x)$ のリーマン積分 S_{cf}, $f(x)\pm g(x)$ のリーマン積分 $S_{f\pm g}$, $g(x)$ のリーマン積分 S_g について次の性質が成り立つ。

リーマン積分の性質(II)

[1] $\boldsymbol{S_{cf}=cS_f}$ （c は定数）

[2] $\boldsymbol{S_{f\pm g}=S_f\pm S_g}$ （複号同順）

[3] $\boldsymbol{f(x)\geqq g(x)}$ **ならば** $\boldsymbol{S_f\geqq S_g}$

証明　[1]　$S_{cf}=\lim_{|\varDelta|\to 0}\sum_{k=1}^{n} cf(\xi_k)\varDelta x_k = c\lim_{|\varDelta|\to 0}\sum_{k=1}^{n} f(\xi_k)\varDelta x_k = cS_f$

[2]　$S_{f\pm g}=\lim_{|\varDelta|\to 0}\sum_{k=1}^{n}\{f(\xi_k)\pm g(\xi_k)\}\varDelta x_k$

$$=\lim_{|\varDelta|\to 0}\left\{\sum_{k=1}^{n} f(\xi_k)\varDelta x_k \pm \sum_{k=1}^{n} g(\xi_k)\varDelta x_k\right\} = S_f \pm S_g$$

終

練習1　リーマン積分の性質(II)の[3]を証明せよ。

3　連続関数のリーマン積分

閉区間 $[a,\ b]$ で連続な関数 $f(x)$ はリーマン積分可能である。これは証明すべきことがらではあるが省略する。連続関数のようにリーマン積分の存在があらかじめわかる場合には，次の方法で計算を簡略化してよい。

(1)　分割を n 等分で考える

(2)　代表点 ξ_k のとり方を小区間 $[x_{k-1},\ x_k]$ の右端 x_k とする

(1)では，任意の k について $\varDelta x_k = \dfrac{b-a}{n}$ だから，番号 k を省き $\varDelta x$ で表してよい。よって，$\varDelta x = \dfrac{b-a}{n}$ となる。

また，$|\varDelta|\to 0$ と $n\to\infty$ は同じことだから，分割数 n を増やしたときの極限として考えてよい。

さらに，(1)，(2)を組み合わせて，代表点 ξ_k を次のようにとってよい。

$$\xi_k = x_k = a + k\varDelta x = a + \frac{k(b-a)}{n}$$

連続関数のリーマン積分

$$S_f = \lim_{n\to\infty}\sum_{k=1}^{n} f(x_k)\varDelta x$$

例1 定数関数 $f(x)=c$ の場合，任意の k について $f(x_k)=c$ だから，区間 $[a,\ b]$ におけるリーマン積分 S_f は

$$S_f=\lim_{n\to\infty}\sum_{k=1}^{n}f(x_k)\varDelta x=\lim_{n\to\infty}\sum_{k=1}^{n}\left\{c\cdot\frac{b-a}{n}\right\}$$

$$=\lim_{n\to\infty}\left\{\frac{c(b-a)}{n}\cdot n\right\}=c(b-a)$$

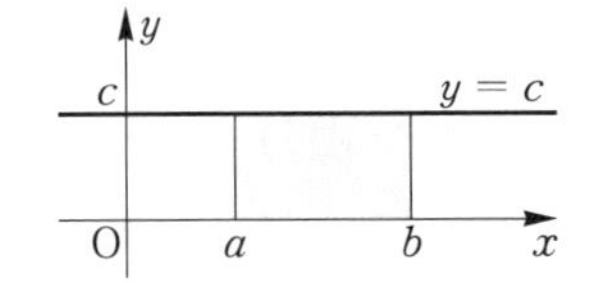

例2 $f(x)=x$ について，区間 $[a,\ b]$ におけるリーマン積分は

$$\varDelta x=\frac{b-a}{n},\ x_k=a+\frac{k(b-a)}{n} \quad \text{より}$$

$$\sum_{k=1}^{n}f(x_k)\varDelta x=\sum_{k=1}^{n}\left\{a+\frac{k(b-a)}{n}\right\}\frac{b-a}{n}$$

$$=\frac{a(b-a)}{n}\cdot n+\frac{(b-a)^2}{n^2}\cdot\frac{1}{2}n(n+1)$$ ←**18**

$$=a(b-a)+\frac{(b-a)^2}{2}\left(1+\frac{1}{n}\right)$$

これから

$$S_f=\lim_{n\to\infty}\sum_{k=1}^{n}f(x_k)\varDelta x=a(b-a)+\frac{(b-a)^2}{2}=\frac{b^2-a^2}{2}$$

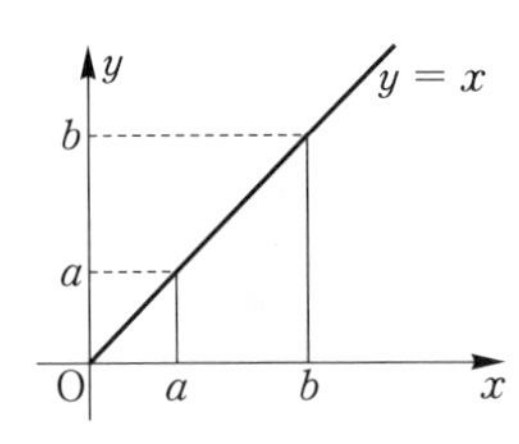

練習2 定義に基づき，$f(x)$ の区間 $[a,\ b]$ におけるリーマン積分 S_f を求めよ。

(1) $f(x)=x+1$ (2) $f(x)=2x$

例3 $f(x)=x^2$ の区間 $[0,\ 1]$ におけるリーマン積分を求めよう。

$$\Delta x=\frac{1-0}{n}=\frac{1}{n},\ x_k=0+\frac{k}{n}=\frac{k}{n}\quad \text{より}$$

$$S_f=\lim_{n\to\infty}\sum_{k=1}^{n}f(x_k)\Delta x=\lim_{n\to\infty}\sum_{k=1}^{n}\left(\frac{k}{n}\right)^2\frac{1}{n}$$

$$=\lim_{n\to\infty}\left\{\frac{1}{n^3}\cdot\frac{1}{6}n(n+1)(2n+1)\right\}$$ ←**19**

$$=\lim_{n\to\infty}\frac{1}{6}\left(1+\frac{1}{n}\right)\left(2+\frac{1}{n}\right)=\frac{1}{3}$$

練習3 定義に基づき，$f(x)$ の区間 $[0,\ 1]$ におけるリーマン積分を求めよ。

(1) $f(x)=x^2+1$　　(2) $f(x)=(x+1)^2$

練習4 累乗の和の公式 $\displaystyle\sum_{k=1}^{n}k^3=\left\{\frac{1}{2}n(n+1)\right\}^2$ を利用して，$f(x)=x^3$ の次の区間におけるリーマン積分を求めよ。

(1) $[0,\ 1]$　　(2) $[1,\ 2]$

次の定理がいえる。

積分の平均値の定理

関数 $f(x)$ が閉区間 $[a,\ b]$ で連続ならば，$[a,\ b]$ におけるリーマン積分 S_f について

$$\boldsymbol{S_f=f(c)(b-a)}$$

を満たす c $(a<c<b)$ が存在する。

証明　$f(x)$ は，区間 $[a,\ b]$ で連続より，最大値 M，最小値 m をもつ（p. 22 参照）。$m\leqq f(x)\leqq M$ だから，リーマン積分の性質(II)の[3]より，$S_m\leqq S_f\leqq S_M$，すなわち $m(b-a)\leqq S_f\leqq M(b-a)$ となり，$m\leqq\dfrac{S_f}{b-a}\leqq M$ である。よって，中間値の定理（p. 21）より，$f(c)=\dfrac{S_f}{b-a}$ となる c，すなわち $S_f=f(c)(b-a)$ となる c $(a<c<b)$ が存在する。 終

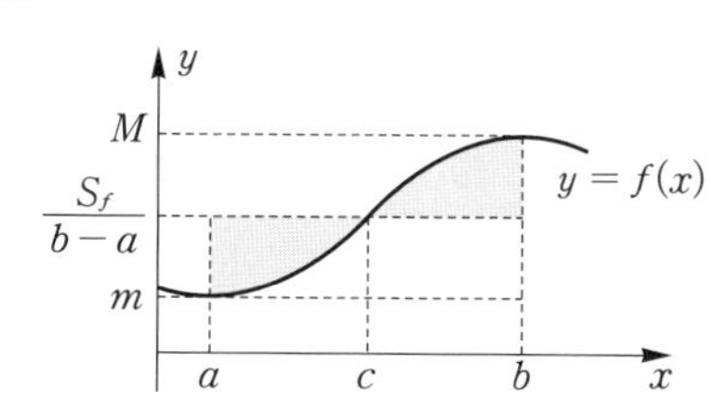

2 微分積分法の基本定理

1 定積分の定義の確認

定積分の定義を確認しておこう。『新版微分積分Ｉ』では $f(x)$ を連続関数とし，その原始関数の１つを $F(x)$ とするとき，$F(x)$ の a から b までの変化量 $F(b)-F(a)$ を関数 $f(x)$ の a から b までの **定積分** といい，次の式で表した。

$$\int_a^b f(x)\,dx$$

ここで，定積分 $\int_a^b f(x)\,dx$ は，原始関数 $F(x)$ のとり方によらず定まる。実際，$f(x)$ の原始関数 $G(x)$ を任意にとると，ある定数 C によって

$$G(x)=F(x)+C$$

と表される（p. 26 例題 3）。よって

$$G(b)-G(a)=\{F(b)+C\}-\{F(a)+C\}=F(b)-F(a)$$

2 微分積分法の基本定理

$f(x)$ を閉区間 $[a,\ b]$ で連続な関数とする。$[a,\ b]$ 内の x に対し，$f(x)$ の a から x までのリーマン積分を $S_f(x)$ とする。開区間 $(a,\ b)$ 内の x に対し，$|h|$ が十分小さければ $a<x+h<b$ であり，$S_f(x+h)$ が考えられる。

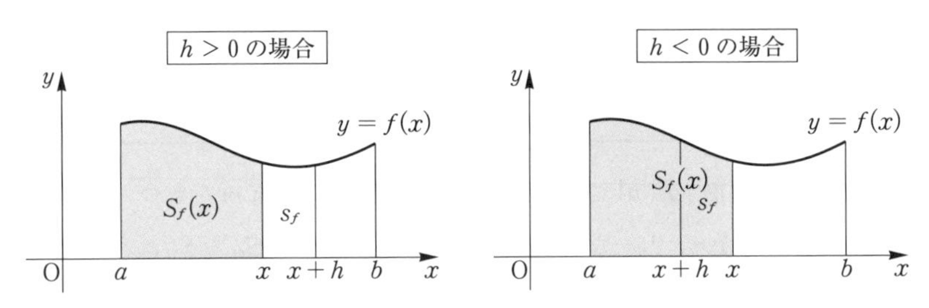

$f(x)$ の x から $x+h$ までのリーマン積分を s_f とおくと，リーマン積分の性質(I)（p. 50）より

(i) $h>0$ のとき　$S_f(x+h)=S_f(x)+s_f$

(ii) $h<0$ のとき　$S_f(x)=S_f(x+h)-s_f$

よって，h の符号によらず $S_f(x+h)-S_f(x)=s_f$ が成り立つ。積分の平均値の定理 (p. 53) より，$s_f=f(c)h$ を満たす c が x と $x+h$ の間に存在するから

$$\frac{S_f(x+h)-S_f(x)}{h}=f(c)$$

とすると，$h\to 0$ のとき $c\to x$ であり，関数 $f(x)$ は連続だから

$$S'_f(x)=\lim_{h\to 0}\frac{S_f(x+h)-S_f(x)}{h}=\lim_{c\to x}f(c)$$
$$=f(x) \qquad \cdots\cdots①$$

となる。すなわち，$f(x)$ の区間 $[a, x]$ におけるリーマン積分 $S_f(x)$ は $f(x)$ の原始関数であるという重要な事実を得る。これを **微分積分法の基本定理** という。

$S_f(x)$ の定義より $S_f(a)=0$ だから，定積分の定義より

$$S_f(b)=S_f(b)-S_f(a)=\Big[S_f(x)\Big]_a^b$$
$$=\int_a^b f(x)\,dx \qquad \cdots\cdots②$$

すなわち，関数 $f(x)$ の区間 $[a, b]$ におけるリーマン積分は，その定積分に等しい。よって，以後，このリーマン積分と定積分を区別しない。どちらも

$$\int_a^b \boldsymbol{f(x)\,dx}$$

で表す。このとき，微分積分法の基本定理は①，②に対応してそれぞれ次のように表される。

微分積分法の基本定理

[1] 関数 $f(x)$ が a を含む区間 I で連続とする。x が I 内の任意の点であるとき

$$\boldsymbol{\frac{d}{dx}\int_a^x f(x)\,dx=f(x)}$$

[2] 関数 $F(x)$ が a を含む区間 I で連続な導関数 $F'(x)$ をもつとする。x が I 内の任意の点であるとき

$$\boldsymbol{\int_a^x F'(x)\,dx=F(x)-F(a)=\Big[F(x)\Big]_a^x}$$

したがって，リーマン積分は，微分積分法の基本定理により，定積分を計算して求めればよいことになる。すなわち次の例 4 のように計算してよい。

例4 (1) 定数関数 $f(x)=c$ の区間 $[a,\ b]$ におけるリーマン積分 S_f は

$$S_f=\lim_{n\to\infty}\sum_{k=1}^{n}f(x_k)\varDelta x=\int_a^b c\,dx=\Big[cx\Big]_a^b=c(b-a)$$

(2) $f(x)=x$ の区間 $[a,\ b]$ におけるリーマン積分 S_f は

$$S_f=\lim_{n\to\infty}\sum_{k=1}^{n}f(x_k)\varDelta x=\int_a^b x\,dx=\left[\frac{1}{2}x^2\right]_a^b=\frac{b^2-a^2}{2}$$

(3) $f(x)=x^2$ の区間 $[0,\ 1]$ におけるリーマン積分 S_f は

$$S_f=\lim_{n\to\infty}\sum_{k=1}^{n}f(x_k)\varDelta x=\int_0^1 x^2\,dx=\left[\frac{1}{3}x^3\right]_0^1=\frac{1}{3}$$

練習5 次の $f(x)$ について，区間 $[1,\ 2]$ におけるリーマン積分を求めよ。

(1) $f(x)=x^3$　(2) $f(x)=\dfrac{1}{x^2}$　(3) $f(x)=\sqrt{x}$

3 偶関数・奇関数の定積分

偶関数 $y=f(x)$ のグラフは，y 軸について線対称である。よって

$$\int_{-a}^{a}f(x)\,dx=2\int_0^a f(x)\,dx$$

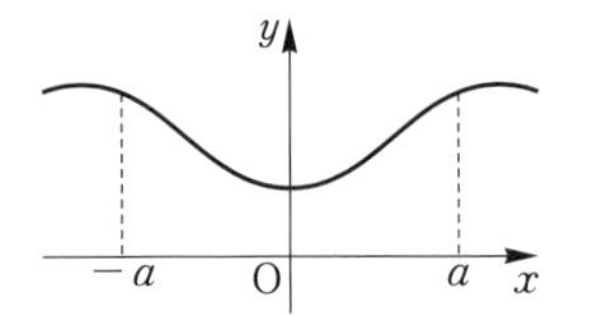

奇関数 $y=f(x)$ のグラフは，原点について点対称である。よって

$$\int_{-a}^{a}f(x)=0$$

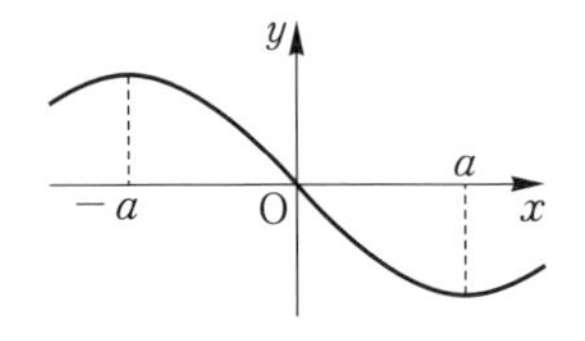

まとめると次のようになる。

偶関数・奇関数の定積分

$$\int_{-a}^{a}f(x)\,dx=\begin{cases}2\displaystyle\int_0^a f(x)\,dx & (f(x)\text{ は偶関数})\\ 0 & (f(x)\text{ は奇関数})\end{cases}$$

練習6 次の定積分を求めよ。

(1) $\displaystyle\int_{-2}^{2}(x^2+2x+1)\,dx$　(2) $\displaystyle\int_{-\frac{\pi}{2}}^{\frac{\pi}{2}}\cos x\,dx$

3 いろいろな不定積分

ここでは，『新版微分積分 I』に引き続いて，少し複雑な関数の不定積分の計算を紹介する。

1 有理関数の不定積分

整式 $A(x)$，$B(x)$ により，$f(x)=\dfrac{A(x)}{B(x)}$ という有理式の形に表される関数 $f(x)$ を **有理関数** という。いま，$A(x)$ を $B(x)$ で割ったときの商を $Q(x)$，余りを $R(x)$ とすると

$$A(x)=B(x)Q(x)+R(x) \quad (R(x) \text{ の次数} < B(x) \text{ の次数})$$

によって，有理関数は次のように一意的に表すことができる。

$$f(x)=\frac{A(x)}{B(x)}=\frac{B(x)Q(x)+R(x)}{B(x)}=Q(x)+\frac{R(x)}{B(x)}$$

有理関数の積分を計算するときには，このことを利用して，分子の次数を分母の次数より小さくしてから計算する。

例題 1　(1) $\displaystyle\int\frac{x^2+2x+2}{x+1}dx$　　(2) $\displaystyle\int\frac{x^3+3x}{x^2+1}dx$

解　(1) $\dfrac{x^2+2x+2}{x+1}=\dfrac{(x+1)^2+1}{x+1}=x+1+\dfrac{1}{x+1}$ だから

$$\int\frac{x^2+2x+2}{x+1}dx=\int\left(x+1+\frac{1}{x+1}\right)dx$$

$$=\frac{1}{2}x^2+x+\log|x+1|+C$$

(2) $\dfrac{x^3+3x}{x^2+1}=x+\dfrac{2x}{x^2+1}$ だから

$$\int\frac{x^3+3x}{x^2+1}dx=\int\left(x+\frac{2x}{x^2+1}\right)dx=\frac{1}{2}x^2+\log(x^2+1)+C$$

練習 7　次の不定積分を求めよ。

(1) $\displaystyle\int\frac{x^3-4x-1}{x-2}dx$　　(2) $\displaystyle\int\frac{2x^3-x^2+2x}{x^2+1}dx$

例題 2　(1) $\displaystyle\int\frac{x-2}{x^2-x}dx$　　(2) $\displaystyle\int\frac{x^2-x}{x^3+x^2+x+1}dx$

解 (1) $\dfrac{x-2}{x^2-x}=\dfrac{x-2}{x(x-1)}=\dfrac{a}{x}+\dfrac{b}{x-1}$ とおく。　← **1**

分母を払うと $x-2=a(x-1)+bx$ であり，両辺を比較すると

$a+b=1$，$a=2$，すなわち $a=2$，$b=-1$ を得る。よって

$\dfrac{x-2}{x^2-x}=\dfrac{2}{x}-\dfrac{1}{x-1}$ と部分分数に分解できる。したがって

$$\int\frac{x-2}{x^2-x}dx=\int\left(\frac{2}{x}-\frac{1}{x-1}\right)dx$$

$$=2\log|x|-\log|x-1|+C$$　← **25**

$$=\log\frac{x^2}{|x-1|}+C$$　← **6**

(2) $P(x)=x^3+x^2+x+1$ とおく。$P(-1)=0$ だから因数定理より，

$P(x)$ は $x+1$ で割り切れ，$P(x)=(x+1)(x^2+1)$ となる。　← **2**

$\dfrac{x^2-x}{x^3+x^2+x+1}=\dfrac{a}{x+1}+\dfrac{bx+c}{x^2+1}$ とおき，分母を払うと

$x^2-x=a(x^2+1)+(bx+c)(x+1)$ ……①

右辺 $=(a+b)x^2+(b+c)x+a+c$ であるから，両辺を比較して，

$a+b=1$，$b+c=-1$，$a+c=0$ すなわち $a=1$，$b=0$，$c=-1$

(a，b，c は次のように求めることもできる。①に $x=-1$ を代入すると $2=2a$ より $a=1$，$x=0$ を代入すると $0=a+c$ より $c=-1$，$x=1$ を代入すると $0=2a+2(b+c)$ より $b=0$)

よって　$\dfrac{x^2-x}{x^3+x^2+x+1}=\dfrac{1}{x+1}-\dfrac{1}{x^2+1}$ が成り立つ。したがって

$$\int\frac{x^2-x}{x^3+x^2+x+1}dx=\int\left(\frac{1}{x+1}-\frac{1}{x^2+1}\right)dx$$

$$=\log|x+1|-\mathrm{Tan}^{-1}x+C$$　← **25** **28**

練習 8　次の不定積分を求めよ。

(1) $\displaystyle\int\frac{3}{x^2+x-2}dx$　　(2) $\displaystyle\int\frac{x^2-4x-1}{x^3-2x^2+x-2}dx$

例題 3 (1) $\displaystyle\int\frac{x^2+3x-3}{(x+1)(x^2-2x+2)}dx$ (2) $\displaystyle\int\frac{1}{(x-1)(x-2)^2}dx$

解 (1) $\dfrac{x^2+3x-3}{(x+1)(x^2-2x+2)}=\dfrac{a}{x+1}+\dfrac{bx+c}{x^2-2x+2}$ とおく。分母を払い，両辺を比較すると，$a=-1$，$b=2$，$c=-1$，よって

$$\frac{x^2+3x-3}{(x+1)(x^2-2x+2)}=-\frac{1}{x+1}+\frac{2x-1}{x^2-2x+2}$$

$$=-\frac{1}{x+1}+\frac{2x-2}{x^2-2x+2}+\frac{1}{(x-1)^2+1}$$

$$\int\frac{x^2+3x-3}{(x+1)(x^2-2x+2)}dx$$

$$=-\log|x+1|+\log(x^2-2x+2)+\mathrm{Tan}^{-1}(x-1)+C$$

←**25** **28** **30**

$$=\log\frac{x^2-2x+2}{|x-1|}+\mathrm{Tan}^{-1}(x-1)+C$$

←**6**

(2) $\dfrac{1}{(x-1)(x-2)^2}=\dfrac{a}{x-1}+\dfrac{b}{x-2}+\dfrac{c}{(x-2)^2}$ とおく。分母を払い，両辺を比較すると，$a=1$，$b=-1$，$c=1$，よって

$$\int\frac{1}{(x-1)(x-2)^2}dx=\int\left\{\frac{1}{x-1}-\frac{1}{x-2}+\frac{1}{(x-2)^2}\right\}dx$$

$$=\log|x-1|-\log|x-2|-\frac{1}{x-2}+C$$

$$=\log\left|\frac{x-1}{x-2}\right|-\frac{1}{x-2}+C$$

練習9 次の不定積分を求めよ。

(1) $\displaystyle\int\frac{-x^2+3x+3}{(x-1)(x^2+2x+2)}dx$ (2) $\displaystyle\int\frac{-3x+1}{(x+1)(x-1)^2}dx$

(3) $\displaystyle\int\frac{2x+1}{x(x-1)(x-2)}dx$

練習10 $a\neq 0$ のとき，巻末公式集の公式 **28** を用いて次の公式を証明せよ。

$$\int\frac{1}{x^2+a^2}dx=\frac{1}{a}\mathrm{Tan}^{-1}\frac{x}{a}+C$$

2 三角関数の有理式の不定積分

三角関数と定数に四則演算を行って得られる式（すなわち，三角関数の有理式）の不定積分は，変数変換により，有理関数の不定積分に直すことができる。ここでは $\tan\dfrac{x}{2}=t$ とおき，三角関数を t の有理式で表す方法を考えよう。

$$\sin x=\sin\left(2\cdot\frac{x}{2}\right)=2\sin\frac{x}{2}\cos\frac{x}{2}$$ ← 10 (1)

$$=2\cdot\frac{\sin\frac{x}{2}}{\cos\frac{x}{2}}\cdot\cos^2\frac{x}{2}$$

$$=2\tan\frac{x}{2}\cdot\frac{1}{1+\tan^2\frac{x}{2}}$$ ← 8

$$=\frac{2t}{1+t^2}$$

$$\cos x=\cos\left(2\cdot\frac{x}{2}\right)=2\cos^2\frac{x}{2}-1$$

$$=2\cdot\frac{1}{1+\tan^2\frac{x}{2}}-1$$ ← 8

$$=\frac{2}{1+t^2}-\frac{1+t^2}{1+t^2}$$

$$=\frac{1-t^2}{1+t^2}$$

$$\tan x=\frac{\sin x}{\cos x}=\frac{\frac{2t}{1+t^2}}{\frac{1-t^2}{1+t^2}}=\frac{2t}{1-t^2}$$

$$\frac{dt}{dx}=\left(\tan\frac{x}{2}\right)'=\frac{1}{2}\cdot\frac{1}{\cos^2\frac{x}{2}}=\frac{1}{2}\left(1+\tan^2\frac{x}{2}\right)=\frac{1+t^2}{2}$$ ← 8

以上のことから，次の式の成り立つことがわかった。

$$\boldsymbol{\sin x=\frac{2t}{1+t^2},\quad \cos x=\frac{1-t^2}{1+t^2},\quad \tan x=\frac{2t}{1-t^2},}$$

$$\boldsymbol{dx=\frac{2}{1+t^2}dt}$$

例題 4 不定積分$\displaystyle\int\frac{1}{\cos x}dx$を求めよ。

解 $t=\tan\dfrac{x}{2}$ とおくと，$\cos x=\dfrac{1-t^2}{1+t^2}$，$dx=\dfrac{2}{1+t^2}dt$ より

$$\int\frac{1}{\cos x}dx=\int\frac{1+t^2}{1-t^2}\cdot\frac{2}{1+t^2}dt=\int\frac{2}{1-t^2}dt$$

$$=\int\left(\frac{1}{1-t}+\frac{1}{1+t}\right)dt \qquad \leftarrow 1$$

$$=-\log|1-t|+\log|1+t|+C \qquad \leftarrow 25$$

$$=\log\left|\frac{1+t}{1-t}\right|+C=\log\left|\frac{1+\tan\frac{x}{2}}{1-\tan\frac{x}{2}}\right|+C \qquad \leftarrow 6$$

練習 11 次の不定積分を求めよ。

(1) $\displaystyle\int\frac{1}{\sin x}dx$　　(2) $\displaystyle\int\frac{1}{1+\sin x}dx$

3 無理関数の不定積分

無理関数の不定積分を具体的に計算することは，つねにできるとは限らない。ここでは，置換積分や部分積分によって計算できるようないくつかの例をあげる。

まず，aを正の定数とするとき

$$\left(\mathrm{Sin}^{-1}\frac{x}{a}\right)'=\frac{1}{\sqrt{1-\left(\frac{x}{a}\right)^2}}\cdot\left(\frac{x}{a}\right)'=\frac{1}{a}\cdot\frac{1}{\sqrt{1-\left(\frac{x}{a}\right)^2}} \qquad \leftarrow 24\ 28$$

$$=\frac{1}{\sqrt{a^2-x^2}}$$

よって，次の公式を得る。

不定積分の公式(I)

$$\int\frac{1}{\sqrt{a^2-x^2}}dx=\mathrm{Sin}^{-1}\frac{x}{a}+C$$

例題 5 不定積分 $I=\int\frac{1}{\sqrt{4x-4x^2}}dx$ を求めよ。

解 $\int\frac{1}{\sqrt{4x-4x^2}}dx=\int\frac{1}{\sqrt{1-(2x-1)^2}}dx$ より，$t=2x-1$ とおくと，

$\frac{dt}{dx}=2$ だから　$dx=\frac{1}{2}dt$

よって　$I=\int\frac{1}{\sqrt{1-t^2}}\cdot\frac{1}{2}dt=\frac{1}{2}\mathrm{Sin}^{-1}t+C$

$$=\frac{1}{2}\mathrm{Sin}^{-1}(2x-1)+C$$

練習12 次の不定積分を求めよ。

(1) $\int\frac{1}{\sqrt{2x-x^2}}dx$　　(2) $\int\frac{1}{\sqrt{3-2x-x^2}}dx$

次に，不定積分 $I=\int\sqrt{a^2-x^2}\,dx$ を求めよう（a は正の定数）。

$$I=\int 1\cdot\sqrt{a^2-x^2}\,dx$$

$$=x\sqrt{a^2-x^2}-\int x\cdot\frac{-x}{\sqrt{a^2-x^2}}dx$$ ←**31**

$$=x\sqrt{a^2-x^2}-\int\frac{(a^2-x^2)-a^2}{\sqrt{a^2-x^2}}dx$$

$$=x\sqrt{a^2-x^2}-\int\left\{\sqrt{a^2-x^2}-\frac{a^2}{\sqrt{a^2-x^2}}\right\}dx$$

$$=x\sqrt{a^2-x^2}-I+a^2\mathrm{Sin}^{-1}\frac{x}{a}$$ ←p. 61 不定積分の公式(I)

よって　$I=\frac{1}{2}\left\{x\sqrt{a^2-x^2}+a^2\mathrm{Sin}^{-1}\frac{x}{a}\right\}+C$

不定積分の公式(II)

$$\int\sqrt{a^2-x^2}\,dx=\frac{1}{2}\left\{x\sqrt{a^2-x^2}+a^2\mathrm{Sin}^{-1}\frac{x}{a}\right\}+C\quad(a>0)$$

例題 6 不定積分 $I=\int\sqrt{3+4x-4x^2}\,dx$ を求めよ。

解 $\int\sqrt{3+4x-4x^2}\,dx=\int\sqrt{4-(2x-1)^2}\,dx$ より，$t=2x-1$ とおくと，

$\dfrac{dt}{dx}=2$ だから　$dx=\dfrac{1}{2}dt$

$$I=\int\sqrt{4-t^2}\cdot\frac{1}{2}dt=\frac{1}{4}\left\{t\sqrt{4-t^2}+4\mathrm{Sin}^{-1}\frac{t}{2}\right\}+C$$

$$=\frac{1}{4}\left\{(2x-1)\sqrt{3+4x-4x^2}+4\mathrm{Sin}^{-1}\frac{2x-1}{2}\right\}+C$$

練習13 次の不定積分を求めよ。

(1) $\int\sqrt{2x-x^2}\,dx$　　(2) $\int\sqrt{8-2x-x^2}\,dx$

さらに，不定積分 $\int\dfrac{1}{\sqrt{x^2+A}}dx$ を求める $(A\neq 0)$。

$\sqrt{x^2+A}=t-x$ とおき，両辺を2乗して x について解くと $x=\dfrac{t^2-A}{2t}$

だから，$\dfrac{dx}{dt}=\dfrac{2t\cdot 2t-(t^2-A)\cdot 2}{4t^2}=\dfrac{t^2+A}{2t^2}$ であり，

$$dx=\frac{t^2+A}{2t^2}dt$$

を得る。また，$\sqrt{x^2+A}=t-x=t-\dfrac{t^2-A}{2t}=\dfrac{t^2+A}{2t}$ であるから

$$\int\frac{1}{\sqrt{x^2+A}}dx=\int\frac{2t}{t^2+A}\cdot\frac{t^2+A}{2t^2}dt$$

$$=\int\frac{1}{t}dt=\log|t|+C=\log|x+\sqrt{x^2+A}|+C$$ ←**25**

不定積分の公式(III)

$$\int\frac{1}{\sqrt{x^2+A}}dx=\log|x+\sqrt{x^2+A}|+C\quad(A\neq 0)$$

例題 7 不定積分 $I=\int\frac{1}{\sqrt{9x^2+6x+2}}dx$ を求めよ。

解 $\int\frac{1}{\sqrt{9x^2+6x+2}}dx=\int\frac{1}{\sqrt{(3x+1)^2+1}}dx$ より，$t=3x+1$ とおくと $\frac{dt}{dx}=3$ だから　$dx=\frac{1}{3}dt$

$$I=\int\frac{1}{\sqrt{t^2+1}}\cdot\frac{1}{3}dt=\frac{1}{3}\log|t+\sqrt{t^2+1}|+C$$

$$=\frac{1}{3}\log|3x+1+\sqrt{9x^2+6x+2}|+C$$

練習14 次の不定積分を求めよ。

(1) $\int\frac{1}{\sqrt{x^2-4x+5}}dx$　　(2) $\int\frac{1}{\sqrt{x^2+2x-1}}dx$

最後に不定積分 $I=\int\sqrt{x^2+A}\,dx$ を求めよう（$A\neq 0$）。

$$I=\int 1\cdot\sqrt{x^2+A}\,dx$$

$$=x\sqrt{x^2+A}-\int x\cdot\frac{x}{\sqrt{x^2+A}}dx$$

$$=x\sqrt{x^2+A}-\int\frac{(x^2+A)-A}{\sqrt{x^2+A}}dx$$

$$=x\sqrt{x^2+A}-\int\left\{\sqrt{x^2+A}-\frac{A}{\sqrt{x^2+A}}\right\}dx$$

$$=x\sqrt{x^2+A}-I+A\log|x+\sqrt{x^2+A}|$$

←── p. 63 不定積分の公式(Ⅲ)

よって　$I=\frac{1}{2}\left\{x\sqrt{x^2+A}+A\log|x+\sqrt{x^2+A}|\right\}+C$

➡ 不定積分の公式(Ⅳ)

$$\int\sqrt{x^2+A}\,dx=\frac{1}{2}\left\{x\sqrt{x^2+A}+A\log|x+\sqrt{x^2+A}|\right\}+C\quad(A\neq 0)$$

例題 8 不定積分 $I=\int\sqrt{4x^2+8x+12}\,dx$ を求めよ。

解 $\int\sqrt{4x^2+8x+12}\,dx=2\int\sqrt{(x+1)^2+2}\,dx$ より，$t=x+1$ とおくと

$\dfrac{dt}{dx}=1$ だから　$dx=dt$

$$I=2\int\sqrt{t^2+2}\,dt=2\cdot\frac{1}{2}\left\{t\sqrt{t^2+2}+2\log\left|t+\sqrt{t^2+2}\right|\right\}+C$$

$$=(x+1)\sqrt{x^2+2x+3}+2\log\left|x+1+\sqrt{x^2+2x+3}\right|+C$$

練習15 次の不定積分を求めよ。

(1) $\int\sqrt{x^2+2x+4}\,dx$　　(2) $\int\sqrt{4x(x-2)}\,dx$

節末問題

1. 次の $f(x)$ について，指定された区間におけるリーマン積分を求めよ。

(1) $f(x)=\dfrac{1}{x}$　$[1,\ 2]$　　(2) $f(x)=e^x$　$[0,\ 1]$

2. 次の定積分を求めよ。

(1) $\int_{-\frac{\pi}{4}}^{\frac{\pi}{4}}\tan x\,dx$　　(2) $\int_{-\pi}^{\pi}|\sin x|\,dx$　　(3) $\int_{-\frac{\pi}{2}}^{\frac{\pi}{2}}x\cos x\,dx$

3. 次の不定積分を求めよ。

(1) $\int\dfrac{x^4+5x^2+5}{x^2+4}\,dx$　　(2) $\int\dfrac{2x^3+x^2-2x}{x^2-1}\,dx$

(3) $\int\dfrac{1}{1+\cos x}\,dx$　　(4) $\int\dfrac{1}{4\sin x+3\cos x}\,dx$

(5) $\int\dfrac{10-x^2}{\sqrt{9-x^2}}\,dx$　　(6) $\int\dfrac{x^2+3}{\sqrt{x^2+2}}\,dx$

4. $a>0$ のとき次の公式を証明せよ。

$$\int\frac{1}{x^2-a^2}\,dx=\frac{1}{2a}\log\left|\frac{x-a}{x+a}\right|+C$$

2 定積分の応用

1 図形の面積

1 直交座標による図形の面積

曲線 $y=f(x)$ と x 軸および 2 直線 $x=a$, $x=b$ で囲まれた図形の面積 S は $S=\lim_{|\Delta|\to 0}\sum_{k=1}^{n}|f(\xi_k)|\Delta x_k$ で与えられた (p. 49)。ここで，$f(x)$ は連続とする。$|f(x)|$ も連続だからリーマン積分可能で (p. 51)，右辺は次のような定積分で表される。

図形の面積

$$\boldsymbol{S=\int_a^b|f(x)|dx=\int_a^b|y|dx} \quad (a<b)$$

練習1 曲線 $y=x^2-1$ と x 軸および 2 直線 $x=0$, $x=2$ で囲まれた図形の面積を求めよ。

2 媒介変数表示の図形の面積

媒介変数表示の曲線

$$x=f(t),\ y=g(t)$$

の $t=\alpha$ から $t=\beta$ までの部分と x 軸および直線 $x=f(\alpha)$, $x=f(\beta)$ で囲まれた図形の面積 S について考えよう。

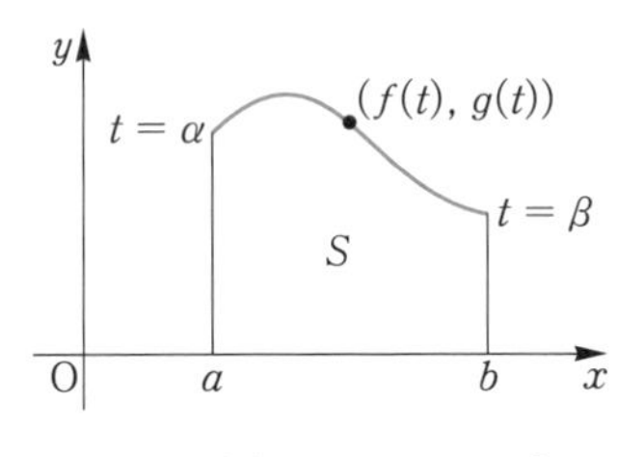

関数 $f'(t)$, $g(t)$ は α, β $(\alpha<\beta)$ を含む区間で連続で，$f'(t)$ の符号は一定とする。また，$a=f(\alpha)$, $b=f(\beta)$ とする。

(i) $f'(t)>0$ ならば，$x=f(t)$ は増加するから $a<b$ である。よって，定積分の置換積分法により

$$S=\int_a^b|y|dx=\int_\alpha^\beta|g(t)|f'(t)\,dt$$

$$=\int_\alpha^\beta|g(t)f'(t)|dt$$

(ii) $f'(t)<0$ ならば，$x=f(t)$ は減少するから $a>b$ であり，同様にして

$$S=\int_b^a |y|\,dx=\int_\beta^\alpha |g(t)|f'(t)\,dt=-\int_\alpha^\beta |g(t)|f'(t)\,dt$$

$$=\int_\alpha^\beta |g(t)f'(t)|\,dt$$

(i)，(ii) より，次の公式が成り立つ。

媒介変数表示の図形の面積

$$\boldsymbol{S=\int_\alpha^\beta |g(t)f'(t)|\,dt=\int_\alpha^\beta \left|y\frac{dx}{dt}\right|dt} \quad (\alpha<\beta)$$

例1 a を正の定数とするとき，サイクロイド（p. 8）

$$x=a(t-\sin t),\ y=a(1-\cos t)$$

の $t=0$ から $t=2\pi$ までの部分と x 軸で囲まれた図形の面積 S を求めよう。$\dfrac{dx}{dt}=a(1-\cos t)$ だから

$$S=\int_0^{2\pi} a^2(1-\cos t)^2\,dt$$

$$=a^2\int_0^{2\pi}(1-2\cos t+\cos^2 t)\,dt$$

$$=a^2\int_0^{2\pi}\left(1-2\cos t+\frac{1+\cos 2t}{2}\right)dt \qquad \leftarrow \text{10 (1)}$$

$$=a^2\left[t-2\sin t+\frac{1}{2}\left(t+\frac{1}{2}\sin 2t\right)\right]_0^{2\pi} \qquad \leftarrow \text{26}$$

$$=3\pi a^2$$

練習2 a を正の定数とするとき，次の媒介変数表示の図形の面積を求めよ。

(1) 曲線 $x=\dfrac{1}{2}t^2$，$y=t$ $(1\leqq t\leqq\sqrt{2})$ と x 軸および２直線 $x=\dfrac{1}{2}$，$x=1$ で囲まれた図形

(2) 曲線 $x=a\cos t$，$y=a\sin t$ $(0\leqq t\leqq\pi)$ と x 軸で囲まれた図形

(3) 曲線 $x=1-t$，$y=\log t$ $(1\leqq t\leqq e)$ と x 軸および $x=1-e$ で囲まれた図形

3 極座標表示の図形の面積

極座標表示の曲線 $r=f(\theta)$ の，$\theta=\alpha$ から $\theta=\beta$ までの部分と半直線 $\theta=\alpha$，$\theta=\beta$ で囲まれた図形 D の面積 S を考えよう。

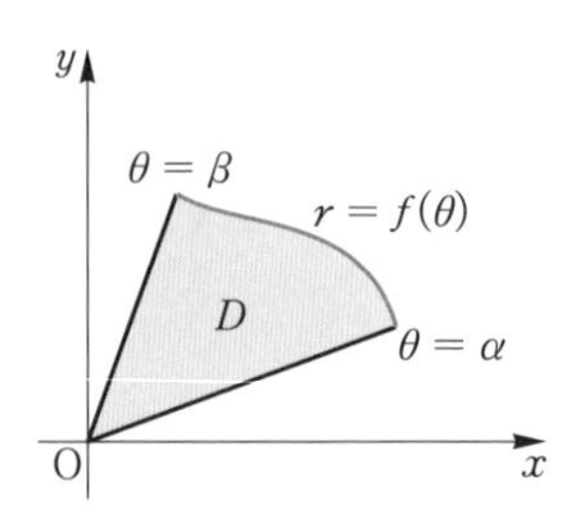

関数 $f(\theta)$ は連続とする。閉区間 $[\alpha,\ \beta]$ を n 等分し，その分点を順に

$$\alpha=\theta_0<\theta_1<\theta_2<\cdots<\theta_{n-1}<\theta_n=\beta$$

とする。θ_k に対応する曲線上の点を P_k とすると，D は，右の図の $\mathrm{OP}_{k-1}\mathrm{P}_k$ のような n 個の図形 D_1，…，D_n に分割される。各小区間 $[\theta_{k-1},\ \theta_k]$ の幅は k によらず等しいので，これを $\varDelta\theta$ とおく。各 D_k の面積は，半径 $f(\theta_k)$，中心角 $\varDelta\theta$ の扇形の面積

$$\frac{1}{2}\{f(\theta_k)\}^2\varDelta\theta$$

で近似できるから，次の近似を得る。

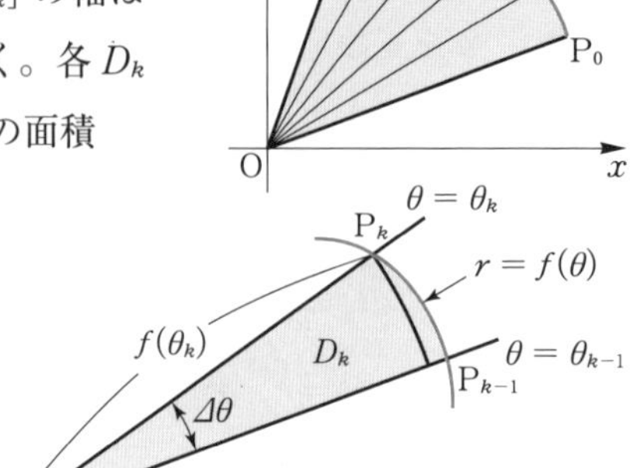

$$S\fallingdotseq\frac{1}{2}\sum_{k=1}^{n}\{f(\theta_k)\}^2\varDelta\theta$$

この近似の誤差は，曲線と扇形の弧との隙間が原因であり，n を大きくすれば誤差は限りなく 0 に近づくと考えられる。そこで，次の極限を考える。

$$\lim_{n\to\infty}\frac{1}{2}\sum_{k=1}^{n}\{f(\theta_k)\}^2\varDelta\theta$$

$f(\theta)$ の連続性から，$\dfrac{1}{2}\{f(\theta)\}^2$ はリーマン積分可能で (p. 51)，右辺は次のような定積分で表される。この値が，求める面積 S である。

極座標表示の図形の面積

$$S=\frac{1}{2}\int_{\alpha}^{\beta}\{f(\theta)\}^2\,d\theta$$

例2 a を正の定数とする。アルキメデスの螺線 (p. 14)

$$r = a\theta \quad (0 \leqq \theta \leqq \pi)$$

と x 軸で囲まれた図形の面積 S を求めると

$$S = \frac{1}{2}\int_0^{\pi}(a\theta)^2\,d\theta = \frac{a^2}{2}\left[\frac{1}{3}\theta^3\right]_0^{\pi} = \frac{1}{6}\pi^3 a^2$$

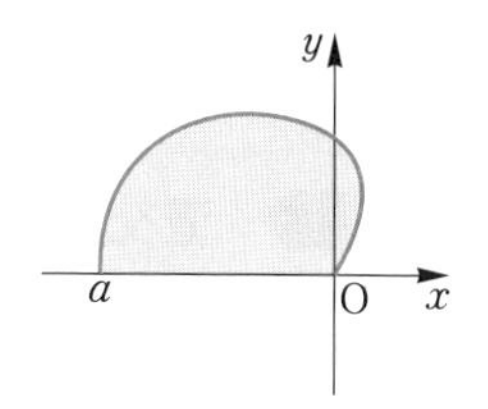

例題 1 a を正の定数とする。カージオイド (p. 14)

$$r = a(1 + \cos\theta) \quad (0 \leqq \theta \leqq 2\pi)$$

で囲まれる図形の面積 S を求めよ。

解

$$S = \frac{1}{2}\int_0^{2\pi} a^2(1+\cos\theta)^2\,d\theta$$

$$= \frac{a^2}{2}\int_0^{2\pi}(1 + 2\cos\theta + \cos^2\theta)\,d\theta$$

$$= \frac{a^2}{2}\int_0^{2\pi}\left(1 + 2\cos\theta + \frac{1+\cos 2\theta}{2}\right)d\theta$$

$$= \frac{a^2}{2}\left[\theta + 2\sin\theta + \frac{1}{2}\left(\theta + \frac{1}{2}\sin 2\theta\right)\right]_0^{2\pi}$$

$$= \frac{3}{2}\pi a^2$$

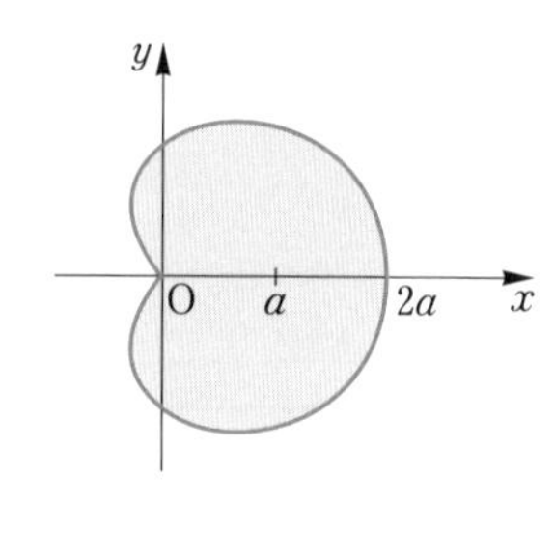

練習3 次の極座標表示の図形の面積を求めよ。ただし，a は正の定数である。

(1) 曲線 $r = a$ $(0 \leqq \theta \leqq 2\pi)$ で囲まれた図形

(2) 曲線 $r = \dfrac{1}{\cos\theta}$ $\left(-\dfrac{\pi}{4} \leqq \theta \leqq \dfrac{\pi}{4}\right)$ と 2 つの半直線 $\theta = \pm\dfrac{\pi}{4}$ で囲まれた図形

(3) 曲線 $r = \sin 2\theta$ $\left(0 \leqq \theta \leqq \dfrac{\pi}{2}\right)$ で囲まれた図形

(4) 曲線 $r = \dfrac{1}{1+\cos\theta}$ $\left(0 \leqq \theta \leqq \dfrac{\pi}{2}\right)$ と x 軸，y 軸で囲まれた図形

2 曲線の長さ

1 直交座標による曲線の長さ

曲線 $y=f(x)$ の $x=a$ から $x=b$ までの長さ L について考えよう。

関数 $f(x)$ は a, b を含む区間で連続な導関数をもつとする。$a<b$ とし，閉区間 $[a,\ b]$ を n 分割したものを $\varDelta$ で表し，その分点を順に

$$a=x_0<x_1<x_2<\cdots<x_{n-1}<x_n=b$$

とおく。分点 x_k に対応する曲線上の点を $\mathrm{P}_k(x_k,\ f(x_k))$ とし，図のように，n 個の線分を考える（図では4分割）。

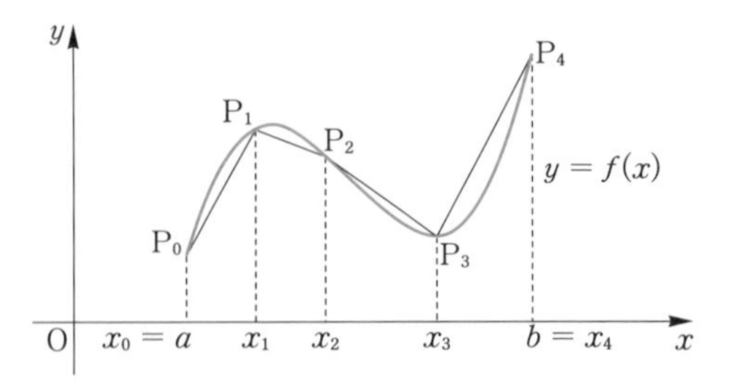

各小区間 $[x_{k-1},\ x_k]$ の幅を $\varDelta x_k=x_k-x_{k-1}$ とおく。k 番目の線分 $\mathrm{P}_{k-1}\mathrm{P}_k$ の長さ $|\mathrm{P}_{k-1}\mathrm{P}_k|$ は，2点間の距離の公式より

$$|\mathrm{P}_{k-1}\mathrm{P}_k|=\sqrt{(x_k-x_{k-1})^2+\{f(x_k)-f(x_{k-1})\}^2}$$
$$=\sqrt{1+\left\{\frac{f(x_k)-f(x_{k-1})}{x_k-x_{k-1}}\right\}^2}\varDelta x_k$$

である。さらに，p. 24 の平均値の定理(I)より

$$\frac{f(x_k)-f(x_{k-1})}{x_k-x_{k-1}}=f'(c_k)$$

となる c_k が x_{k-1} と x_k の間に存在するから，次のように表せる。

$$|\mathrm{P}_{k-1}\mathrm{P}_k|=\sqrt{1+\{f'(c_k)\}^2}\varDelta x_k$$

これら n 個の線分の長さの和 $L(\varDelta)$ は L の近似となる，すなわち

$$L\fallingdotseq L(\varDelta)=\sum_{k=1}^{n}\sqrt{1+\{f'(c_k)\}^2}\varDelta x_k$$

ここで，分割 $\varDelta$ を細かくするとき誤差が限りなく0に近づくならば，折れ線の長さは曲線の長さのよい近似となる。そこで，分割 $\varDelta$ における小区間の幅 $\varDelta x_k$

の最大値を $|\varDelta|$ とし，次の極限を考える。

$$\lim_{|\varDelta|\to 0} L(\varDelta) = \lim_{|\varDelta|\to 0} \sum_{k=1}^{n} \sqrt{1+\{f'(c_k)\}^2}\,\varDelta x_k$$

右辺は関数 $\sqrt{1+\{f'(x)\}^2}$ の a から b までのリーマン積分であり，次のような定積分で表される。この値を，曲線 $y=f(x)$ の $x=a$ から $x=b$ までの長さ L と定める。

直交座標による曲線の長さ

$$\boldsymbol{L=\int_a^b \sqrt{1+\{f'(x)\}^2}\,dx}$$

例3　a を正の定数とするとき，曲線 $y=\dfrac{a}{2}\left(e^{\frac{x}{a}}+e^{-\frac{x}{a}}\right)$ を **カテナリー（懸垂線）** という。b を正の定数とし，カテナリーの $x=-b$ から $x=b$ までの長さ L を求めよう。

$y'=\dfrac{1}{2}\left(e^{\frac{x}{a}}-e^{-\frac{x}{a}}\right)$ だから

$$\begin{aligned}1+(y')^2 &= \frac{4}{4}+\frac{1}{4}\left(e^{\frac{2x}{a}}-2e^{\frac{x}{a}-\frac{x}{a}}+e^{-\frac{2x}{a}}\right)\\ &= \frac{1}{4}\left(e^{\frac{2x}{a}}+2+e^{-\frac{2x}{a}}\right)\\ &= \frac{1}{4}\left(e^{\frac{x}{a}}+e^{-\frac{x}{a}}\right)^2\end{aligned}$$

よって

$$\begin{aligned}L &= \int_{-b}^{b}\sqrt{1+(y')^2}\,dx\\ &= \frac{1}{2}\int_{-b}^{b}\left(e^{\frac{x}{a}}+e^{-\frac{x}{a}}\right)dx\\ &= \frac{1}{2}\Big[a\left(e^{\frac{x}{a}}-e^{-\frac{x}{a}}\right)\Big]_{-b}^{b}\\ &= a\left(e^{\frac{b}{a}}-e^{-\frac{b}{a}}\right)\end{aligned}$$

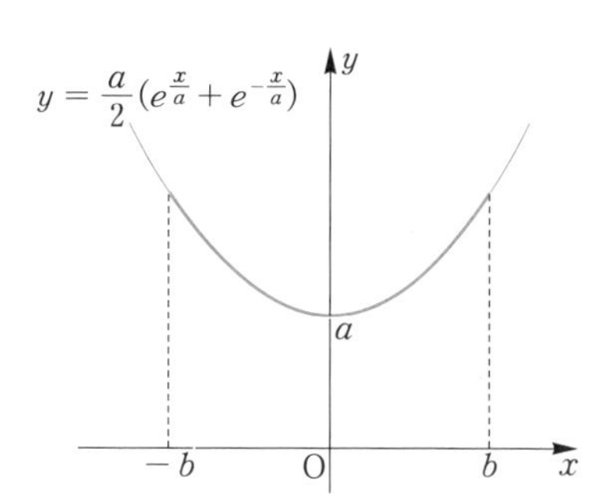

注意　カテナリーは，線密度一定な紐を，両端を固定して，自然に垂らしたときにできる曲線である。

例題 2 $y=\dfrac{1}{2}x^2$ について，$x=0$ から $x=1$ までの長さ L を求めよ。

解 $y'=x$ だから，不定積分の公式(IV)（p. 64）より

$$L=\int_0^1\sqrt{1+x^2}\,dx=\frac{1}{2}\Big[x\sqrt{x^2+1}+\log|x+\sqrt{x^2+1}|\Big]_0^1$$

$$=\frac{1}{2}\{\sqrt{2}+\log(1+\sqrt{2})\}$$

練習4 次の曲線について，$x=0$ から $x=1$ までの長さ L を求めよ。

(1) $y=x$ (2) $y=x^2$ (3) $y=\dfrac{e^x+e^{-x}}{2}$

次の式で定義される関数 $\cosh x$，$\sinh x$ をそれぞれ **ハイパボリックサイン，ハイパボリックコサイン** という。

$$\boldsymbol{\sinh x=\frac{e^x-e^{-x}}{2},\qquad \cosh x=\frac{e^x+e^{-x}}{2}}$$

さらに，次のような関数も定義される。

$$\tanh x=\frac{\sinh x}{\cosh x},\qquad \mathrm{cosech}\,x=\frac{1}{\sinh x},$$

$$\mathrm{sech}\,x=\frac{1}{\cosh x},\qquad \coth x=\frac{\cosh x}{\sinh x}$$

これら6つをまとめて **双曲線関数** という。p. 71 例3のカテナリーは，双曲線関数 $y=a\cosh\dfrac{x}{a}$ のグラフである。

練習5 次の関係式を証明せよ。

(1) $(\sinh x)'=\cosh x$ (2) $(\cosh x)'=\sinh x$

(3) $(\tanh x)'=\dfrac{1}{\cosh^2 x}$ (4) $\cosh^2 x-\sinh^2 x=1$

注意 $y=\sinh x$，$y=\tanh x$ は奇関数で，$y=\cosh x$ は偶関数となる。

2 媒介変数表示の曲線の長さ

媒介変数表示の曲線

$$x = f(t),\ y = g(t)$$

の $t=\alpha$ から $t=\beta$ までの長さLについて考えよう。

関数$f(t)$, $g(t)$はα, βを含む区間で連続な導関数をもつとする。閉区間$[\alpha,\ \beta]$をn分割したものを$\varDelta$で表し，その分点を順に

$$\alpha = t_0 < t_1 < t_2 < \cdots < t_{n-1} < t_n = \beta$$

とし，t_kに対応する曲線上の点を$\mathrm{P}_k(x(t_k),\ y(t_k))$とする。

$\varDelta t_k = t_k - t_{k-1}$ とおくと，p. 24の平均値の定理(I)より

$$f(t_k) - f(t_{k-1}) = f'(\xi_k)\varDelta t_k \qquad g(t_k) - g(t_{k-1}) = g'(\eta_k)\varDelta t_k$$

となるξ_k, η_kがt_{k-1}とt_kの間に存在し，k番目の線分の長さ$|\mathrm{P}_{k-1}\mathrm{P}_k|$は，次のように表せる。

$$\begin{aligned}|\mathrm{P}_{k-1}\mathrm{P}_k| &= \sqrt{\{f(t_k)-f(t_{k-1})\}^2+\{g(t_k)-g(t_{k-1})\}^2}\\ &= \sqrt{\{f'(\xi_k)\}^2+\{g'(\eta_k)\}^2}\,\varDelta t_k\end{aligned}$$

さらに，$g'(t)$の連続性より，$\varDelta t_k$が十分小さければ $g'(\xi_k) \fallingdotseq g'(\eta_k)$ であるから，次の近似を得る。

$$|\mathrm{P}_{k-1}\mathrm{P}_k| \fallingdotseq \sqrt{\{f'(\xi_k)\}^2+\{g'(\xi_k)\}^2}\,\varDelta t_k$$

これらの和$L(\varDelta)$はLの近似で，分割$\varDelta$を細かくすると誤差が限りなく0に近づくとしよう。このとき，$\varDelta t_k$の最大値を$|\varDelta|$とし，次の極限を考える。

$$\lim_{|\varDelta|\to 0} L(\varDelta) = \lim_{|\varDelta|\to 0}\sum_{k=1}^{n}\sqrt{\{f'(\xi_k)\}^2+\{g'(\xi_k)\}^2}\,\varDelta t_k$$

右辺は，$f'(t)$, $g'(t)$の連続性から，次のような定積分で表される。この値を，媒介変数表示の曲線 $x=f(t)$, $y=g(t)$ の $t=\alpha$ から $t=\beta$ までの長さLと定める。

媒介変数表示の曲線の長さ

$$\boldsymbol{L = \int_\alpha^\beta \sqrt{\{f'(t)\}^2+\{g'(t)\}^2}\,dt}$$

例4　a を正の定数とする。サイクロイド（p. 8）

$$x = a(t - \sin t), \quad y = a(1 - \cos t)$$

の $t = 0$ から $t = 2\pi$ までの長さ L を求めよう。

$$\frac{dx}{dt} = a(1 - \cos t), \quad \frac{dy}{dt} = a\sin t$$

だから，半角の公式より

$$L = \int_0^{2\pi} \sqrt{a^2(1 - \cos t)^2 + a^2\sin^2 t}\, dt = a\int_0^{2\pi} \sqrt{2(1 - \cos t)}\, dt$$

$$= a\int_0^{2\pi} \sqrt{4\sin^2 \frac{t}{2}}\, dt$$ ←10 (1)

ここで，$0 \leqq t \leqq 2\pi$ のとき，$\sin\dfrac{t}{2} \geqq 0$ だから

$$L = 2a\int_0^{2\pi} \sin\frac{t}{2}\, dt = 2a\left[-2\cos\frac{t}{2}\right]_0^{2\pi} = 8a$$ ←26

練習6　a を正の定数とする。次の媒介変数表示の曲線の長さを求めよ。

(1)　$x = a\cos t$，$y = a\sin t$　$(0 \leqq t \leqq 2\pi)$

(2)　$x = \dfrac{1}{2}t^2$，$y = \dfrac{1}{3}t^3$　$(0 \leqq t \leqq 1)$

(3)　$x = e^t\cos t$，$y = e^t\sin t$　$(0 \leqq t \leqq 2\pi)$

3　極座標表示の曲線の長さ

極座標表示の曲線 $r = f(\theta)$ の $\theta = \alpha$ から $\theta = \beta$ までの長さ L について考えよう。

関数 $f(\theta)$ は α，β を含む区間で連続な導関数をもつとする。直交座標と極座標の関係 $x = r\cos\theta$，$y = r\sin\theta$（p. 13）より

$$x = f(\theta)\cos\theta, \quad y = f(\theta)\sin\theta$$

という媒介変数表示の関数を得る。これをもとに，曲線の長さを求めると

$$\frac{dx}{d\theta} = f'(\theta)\cos\theta - f(\theta)\sin\theta, \quad \frac{dy}{d\theta} = f'(\theta)\sin\theta + f(\theta)\cos\theta$$

より

$$\left(\frac{dx}{d\theta}\right)^2 + \left(\frac{dy}{d\theta}\right)^2 = \{f'(\theta)\}^2 + \{f(\theta)\}^2$$

したがって，次を得る。

極座標変数表示の曲線の長さ

$$\boldsymbol{L=\int_{\alpha}^{\beta}\sqrt{\{f(\theta)\}^2+\{f'(\theta)\}^2}\,d\theta}$$

例5 aを正の定数とする。アルキメデスの螺線 (p. 14) $r=a\theta$ の $\theta=0$ から $\theta=2\pi$ までの長さLを求めよう。$f'(\theta)=a$ だから,

$$L=\int_0^{2\pi}\sqrt{(a\theta)^2+a^2}\,d\theta=a\int_0^{2\pi}\sqrt{\theta^2+1}\,d\theta$$

$$=\frac{a}{2}\Big[\theta\sqrt{\theta^2+1}+\log|\theta+\sqrt{\theta^2+1}|\Big]_0^{2\pi}$$ ← p. 64 不定積分の公式(IV)

$$=\frac{a}{2}\{2\pi\sqrt{4\pi^2+1}+\log(2\pi+\sqrt{4\pi^2+1})\}$$

例題 3 aを正の定数とする。カージオイド (p. 14)

$$r=a(1+\cos\theta)\quad(0\leqq\theta\leqq2\pi)$$

の長さLを求めよ。

解 カージオイドはx軸について線対称だから, $0\leqq\theta\leqq\pi$ の長さを2倍すればよい。$r'=-a\sin\theta$ だから,

$$L=2\int_0^{\pi}\sqrt{a^2(1+\cos\theta)^2+a^2\sin^2\theta}\,d\theta$$

$$=2a\int_0^{\pi}\sqrt{2(1+\cos\theta)}\,d\theta=2a\int_0^{\pi}\sqrt{4\cos^2\frac{\theta}{2}}\,d\theta$$ ← **10** (1)

ここで, $0\leqq\theta\leqq\pi$ のとき, $\cos\frac{\theta}{2}\geqq0$ だから

$$L=4a\int_0^{\pi}\cos\frac{\theta}{2}\,d\theta=4a\Big[2\sin\frac{\theta}{2}\Big]_0^{\pi}=8a$$ ← **26**

練習7 次の極座標表示の曲線の長さを求めよ。ただし, aは正の定数である。

(1) $r=a\quad(0\leqq\theta\leqq2\pi)$

(2) $r=\dfrac{1}{\cos\theta}\quad\left(-\dfrac{\pi}{4}\leqq\theta\leqq\dfrac{\pi}{4}\right)$

(3) $r=e^{-\theta}\quad(0\leqq\theta\leqq\pi)$

3 立体の体積

1 断面積が与えられた立体の体積

下図のように，x 軸に垂直な平面による断面積 $S(x)$ が与えられた立体の体積 V について考えよう。

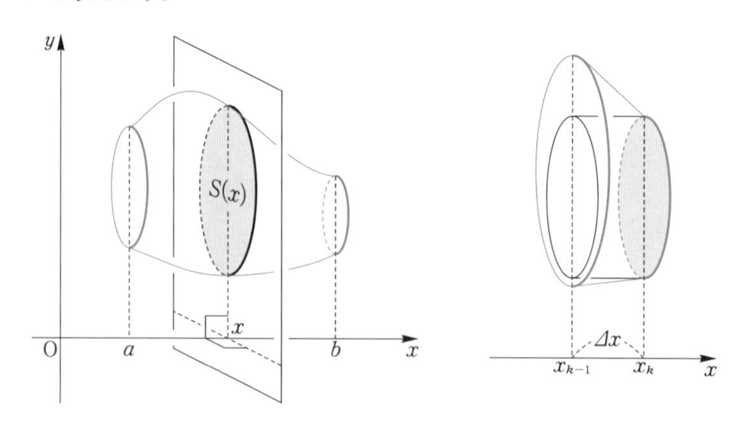

関数 $S(x)$ は連続とする。閉区間 $[a,\ b]$ を n 等分し，その分点を順に

$$a = x_0 < x_1 < x_2 < \cdots < x_{n-1} < x_n = b$$

とする。各小区間 $[x_{k-1},\ x_k]$ の幅は k によらず等しいので，これを Δx とおく。このとき，小区間 $[x_{k-1},\ x_k]$ にある小立体の体積は，底面積 $S(x_k)$，高さ Δx の柱体（上右図）の体積 $S(x_k)\Delta x$ で近似できるから，次の近似を得る。

$$V \fallingdotseq \sum_{k=1}^{n} S(x_k)\Delta x$$

この近似の誤差は，小立体と柱体との隙間が原因であり，n を大きくするとき誤差が限りなく 0 に近づくならば，体積が定まる。そこで，次の極限を考える。

$$\lim_{n\to\infty}\sum_{k=1}^{n} S(x_k)\Delta x$$

$S(x)$ の連続性から，$S(x)$ はリーマン積分可能で (p. 51)，上のリーマン積分は次のような定積分で表される。この値が，求める体積 V である。

断面積が与えられた立体の体積

$$\boldsymbol{V = \int_a^b S(x)\,dx}$$

練習8 ある立体を x 軸に垂直な平面で切ると，その断面は，曲線 $y=1-x^2$ 上の点 $(x,\ 1-x^2)$ と x 軸上の点 $(x,\ 0)$ とを直径の両端とする円である。この立体の $0\leqq x\leqq 1$ の部分の体積 V を求めよ。

2 回転体の体積

$f(x)$ は連続で，$f(x)\geqq 0$ とする。曲線 $y=f(x)$ と x 軸および 2 直線 $x=a$，$x=b$ で囲まれる図形を x 軸のまわりに回転して得られる回転体の体積を V とする。この場合，x 軸に垂直な平面による断面は円であり，その断面積は $\pi\{f(x)\}^2$ だから，次の公式を得る。

回転体の体積

$$\boldsymbol{V=\pi\int_a^b\{f(x)\}^2dx}$$

例題 4 $a\geqq 1$ とする。円 $x^2+(y-a)^2=1$ を x 軸のまわりに回転して得られる回転体の体積 V を求めよ。

解 円の方程式を y について解くと，$y=a\pm\sqrt{1-x^2}$ となる。この回転体はドーナツ形で，$y=a+\sqrt{1-x^2}$ の回転体の体積から $y=a-\sqrt{1-x^2}$ の回転体の体積を引けばよい。

$$V=\pi\int_{-1}^1(a+\sqrt{1-x^2})^2dx-\pi\int_{-1}^1(a-\sqrt{1-x^2})^2dx$$

$$=4\pi a\int_{-1}^1\sqrt{1-x^2}\,dx=4\pi a\cdot\frac{1}{2}\Big[x\sqrt{1-x^2}+\mathrm{Sin}^{-1}x\Big]_{-1}^1$$

← p. 62 不定積分の公式(II)

$$=2\pi a\left(\frac{\pi}{2}+\frac{\pi}{2}\right)=2\pi^2a$$

練習9 次の図形を x 軸のまわりに回転して得られる回転体の体積を求めよ。

(1) 2つの曲線 $y=x^2$，$y=\sqrt{x}$ で囲まれた図形

(2) 半円 $y=\sqrt{1-x^2}$ と放物線 $y=1-x^2$ で囲まれた図形

(3) p. 71 のカテナリー $y=e^{\frac{x}{2}}+e^{-\frac{x}{2}}$，$x$ 軸，$x=1$，$x=-1$ で囲まれた図形

3 媒介変数表示の回転体の体積

媒介変数表示の曲線

$$x=f(t),\quad y=g(t)$$

の $t=\alpha$ から $t=\beta$ までの部分と x 軸および直線 $x=f(\alpha)$, $x=f(\beta)$ で囲まれた図形を x 軸のまわりに回転して得られる回転体の体積 V について考えよう。関数 $f'(t)$, $g(t)$ は α, β を含む区間で連続で，$f'(t)$ の符号は一定とする。また，$a=f(\alpha)$, $b=f(\beta)$ とおく。

(i) $f'(t)>0$ ならば，$x=f(t)$ は増加するから $a<b$ である。よって，定積分の置換積分法により

$$V=\pi\int_a^b y^2\,dx=\pi\int_\alpha^\beta \{g(t)\}^2 f'(t)\,dt$$ ←29

$$=\pi\int_\alpha^\beta \{g(t)\}^2 |f'(t)|\,dt$$

(ii) $f'(t)<0$ のとき，$x=f(t)$ は減少するから $a>b$ であり，同様にして

$$V=\pi\int_b^a y^2\,dx=\pi\int_\beta^\alpha \{g(t)\}^2 f'(t)\,dt$$ ←29

$$=-\pi\int_\alpha^\beta \{g(t)\}^2 f'(t)\,dt$$

$$=\pi\int_\alpha^\beta \{g(t)\}^2 |f'(t)|\,dt$$

媒介変数表示の回転体の体積

$$V=\pi\int_\alpha^\beta \{g(t)\}^2|f'(t)|\,dt=\pi\int_\alpha^\beta y^2\left|\frac{dx}{dt}\right|dt$$

サイクロイド (p. 8)

$$x=a(t-\sin t),\quad y=a(1-\cos t)$$

の回転体の体積を，次の例題で求めてみよう。

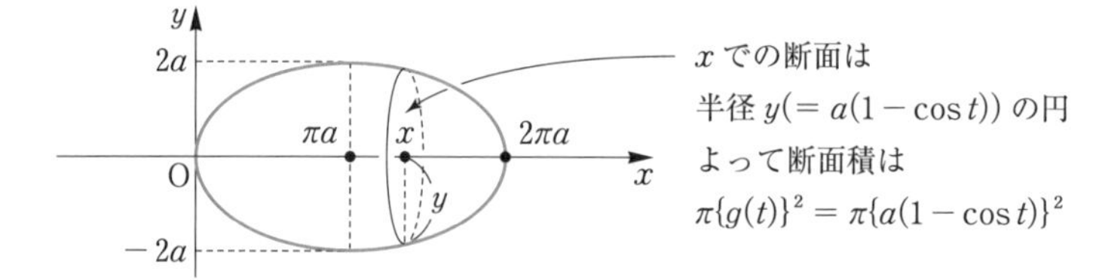

例題 5　a を正の定数とする。サイクロイド

$$x = a(t - \sin t), \quad y = a(1 - \cos t)$$

の $t=0$ から $t=2\pi$ までの部分と x 軸で囲まれた図形を x 軸のまわりに回転して得られる回転体の体積 V を求めよ。

解　$\dfrac{dx}{dt} = a(1-\cos t) \geqq 0$ であり，

$$V = \pi\int_0^{2\pi} a^2(1-\cos t)^2 \cdot a(1-\cos t)\,dt$$

$$= 8\pi a^3 \int_0^{2\pi} \sin^6 \frac{t}{2}\,dt$$

← 10 (1)

ここで，$u = \dfrac{t}{2}$ とおくと，$dt = 2du$ だから

t	$0 \longrightarrow 2\pi$
u	$0 \longrightarrow \pi$

$$V = 16\pi a^3 \int_0^{\pi} \sin^6 u\,du$$

さらに，関数 $v = \sin^6 u$ のグラフは直線 $u = \dfrac{\pi}{2}$ について線対称より，

区間 $\left[0, \dfrac{\pi}{2}\right]$ で積分したものを 2 倍すればよいから

$$V = 32\pi a^3 \int_0^{\frac{\pi}{2}} \sin^6 u\,du$$

$$= 32\pi a^3 \cdot \frac{5}{6} \cdot \frac{3}{4} \cdot \frac{1}{2} \cdot \frac{\pi}{2}$$

← 32

$$= 5\pi^2 a^3$$

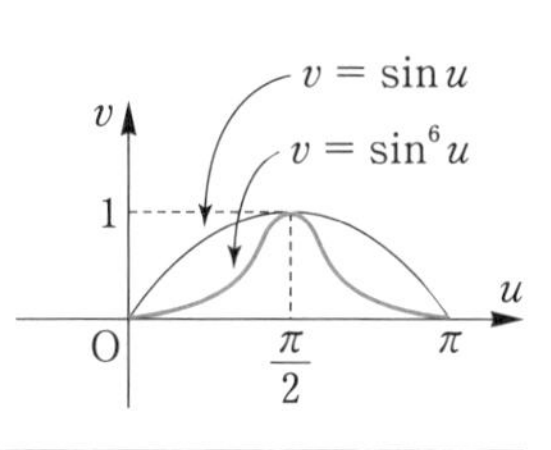

練習 10　次の図形を x 軸のまわりに回転して得られる回転体の体積を求めよ。

(1)　媒介変数表示の曲線 $x = a(t+\sin t)$，$y = a(1+\cos t)$ の $t=-\pi$ から $t=\pi$ までの部分と x 軸で囲まれた図形。ただし，a は正の定数。

(2)　媒介変数表示の曲線 $x = a\sin t$，$y = a\cos t$ の $t = -\dfrac{\pi}{2}$ から $t = \dfrac{\pi}{2}$ までの部分と x 軸で囲まれた図形。ただし，a は正の定数。

4 広義積分

1 有限区間における広義積分

これまでは，$f(x)$ が閉区間 $[a,\ b]$ で連続な場合に定積分 $\int_a^b f(x)\,dx$ を考えてきた。ここでは，端点 a，b で不連続な場合を考えてみる。

(i) 左端 a で不連続な場合

ε を十分小さい正数とし，左端 a から幅 ε だけ余白をとって定積分 $\int_{a+\varepsilon}^b f(x)\,dx$ を考える（右図の青色の部分）。この余白の面積が限りなく 0 に近づくとき，すなわち，$\varepsilon \to +0$ のとき $\int_{a+\varepsilon}^b f(x)\,dx$ の極限値が存在するならば，その値を $\int_a^b f(x)\,dx$ で表す。すなわち

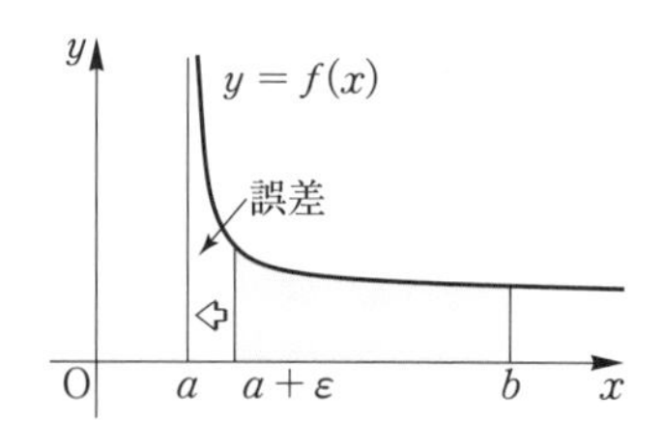

$$\int_a^b \boldsymbol{f(x)\,dx} = \lim_{\varepsilon \to +0} \int_{a+\varepsilon}^b \boldsymbol{f(x)\,dx}$$

(ii) 右端 b で不連続な場合

右端 b から幅 ε だけ余白をとった定積分 $\int_a^{b-\varepsilon} f(x)\,dx$ を考え（右図の青色の部分），これが $\varepsilon \to +0$ のとき極限値をもつならば，その値を $\int_a^b f(x)\,dx$ で表す。すなわち

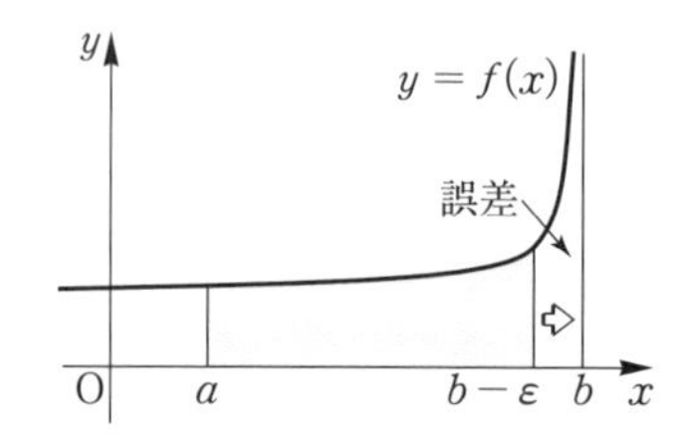

$$\int_a^b \boldsymbol{f(x)\,dx} = \lim_{\varepsilon \to +0} \int_a^{b-\varepsilon} \boldsymbol{f(x)\,dx}$$

(i)，(ii)のように拡張された定積分を，有限区間における **広義積分** という。

注意　広義積分が定義されない場合もある。たとえば，$\int_\varepsilon^1 \frac{1}{x}\,dx = -\log\varepsilon$ は，$\varepsilon \to +0$ のとき ∞ に発散するので $\int_0^1 \frac{1}{x}\,dx$ は存在しない。

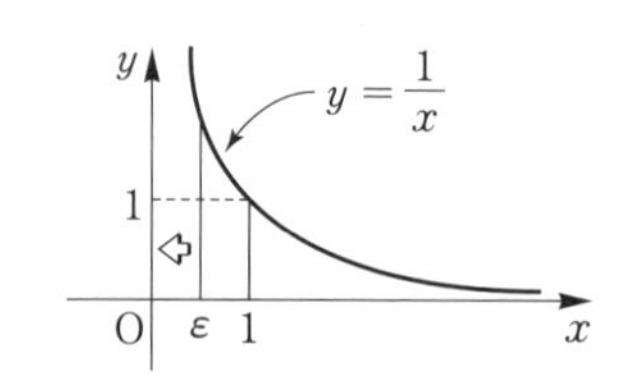

例6 (1) $\displaystyle\int_0^1 \frac{1}{\sqrt{x}}\,dx = \lim_{\varepsilon\to+0}\int_\varepsilon^1 \frac{1}{\sqrt{x}}\,dx$ ←── $\dfrac{1}{\sqrt{x}}$ は $x=0$ で不連続

$$= \lim_{\varepsilon\to+0}\Big[2\sqrt{x}\Big]_\varepsilon^1 = \lim_{\varepsilon\to+0}(2-2\sqrt{\varepsilon}) = 2$$

(2) $\displaystyle\int_0^1 \frac{1}{\sqrt{1-x}}\,dx = \lim_{\varepsilon\to+0}\int_0^{1-\varepsilon} \frac{1}{\sqrt{1-x}}\,dx$ ←── $\dfrac{1}{\sqrt{1-x}}$ は $x=1$ で不連続

$$= \lim_{\varepsilon\to+0}\Big[-2\sqrt{1-x}\Big]_0^{1-\varepsilon} = \lim_{\varepsilon\to+0}(-2\sqrt{\varepsilon}+2) = 2$$

練習11 次の広義積分を求めよ。

(1) $\displaystyle\int_{-1}^0 \frac{1}{\sqrt{x+1}}\,dx$ (2) $\displaystyle\int_0^1 \frac{1}{\sqrt{1-x^2}}\,dx$

例題 6 広義積分 $\displaystyle\int_0^1 x\log x\,dx$ を求めよ。

解 ε を小さい正数とする。部分積分法により ←31

$$\int_\varepsilon^1 x\log x\,dx = \left[\frac{1}{2}x^2\log x\right]_\varepsilon^1 - \int_\varepsilon^1 \frac{1}{2}x\,dx$$

$$= \frac{1}{2}\left(-\varepsilon^2\log\varepsilon - \left[\frac{1}{2}x^2\right]_\varepsilon^1\right)$$

$$= \frac{1}{2}\left(-\varepsilon^2\log\varepsilon - \frac{1}{2} + \frac{1}{2}\varepsilon^2\right)$$

ここで, $\displaystyle\lim_{\varepsilon\to+0}\varepsilon^2\log\varepsilon = \lim_{\varepsilon\to+0}\frac{\log\varepsilon}{\varepsilon^{-2}} = \lim_{\varepsilon\to+0}\frac{\varepsilon^{-1}}{-2\varepsilon^{-3}}$ ←── p. 28 ロピタルの定理

$$= \lim_{\varepsilon\to+0}\frac{\varepsilon^2}{-2} = 0$$

$$\int_0^1 x\log x\,dx = \lim_{\varepsilon\to+0}\int_\varepsilon^1 x\log x\,dx$$

$$= \lim_{\varepsilon\to+0}\frac{1}{2}\left(-\varepsilon^2\log\varepsilon - \frac{1}{2} + \frac{1}{2}\varepsilon^2\right) = -\frac{1}{4}$$

練習12 広義積分 $\displaystyle\int_0^1 \log x\,dx$ を求めよ。

2 無限区間における広義積分

有限区間における手法と同様に，無限区間における広義積分を考える。

(i) 積分区間が $[a,\ \infty)$ の場合

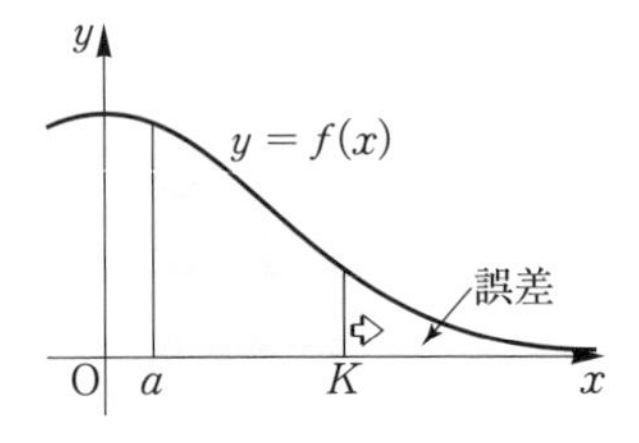

K を大きい正数とし，右端を K とした定積分 $\int_a^K f(x)\,dx$ を考える（右図の青色部分）。K 以降の余白の面積が限りなく 0 に近づくとき，すなわち $K\to\infty$ のとき，$\int_a^K f(x)\,dx$ の極限値が存在するならば，それを $\int_a^{\infty} f(x)\,dx$ で表す。

$$\int_a^{\infty} \boldsymbol{f(x)\,dx} = \lim_{K\to\infty}\int_a^K \boldsymbol{f(x)\,dx}$$

(ii) 積分区間が $(-\infty,\ b]$ の場合

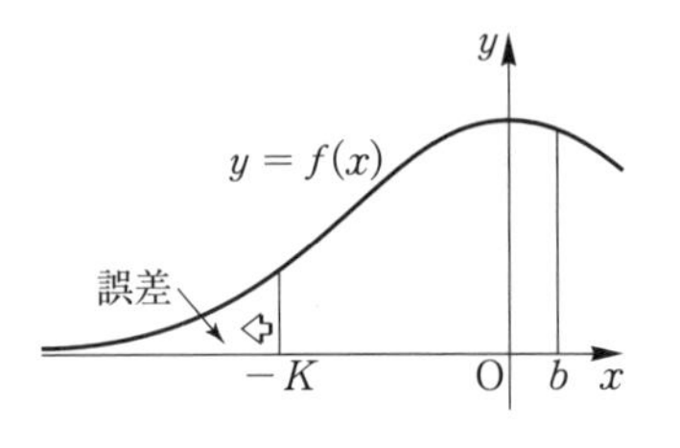

左端を $-K$ とした近似値 $\int_{-K}^{b} f(x)\,dx$ を考え（右図の青色部分），これが $K\to\infty$ のとき極限値をもつならば，それを $\int_{-\infty}^{b} f(x)\,dx$ で表す。

$$\int_{-\infty}^{b} \boldsymbol{f(x)\,dx} = \lim_{K\to\infty}\int_{-K}^{b} \boldsymbol{f(x)\,dx}$$

上の(i)，(ii)のように拡張された定積分を，無限区間における **広義積分** という。

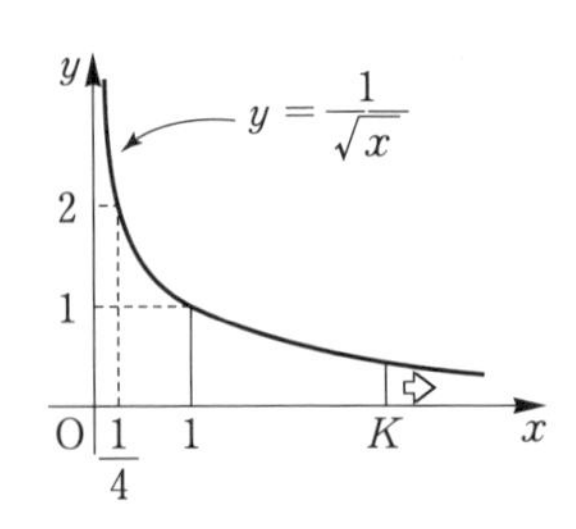

注意　無限区間における広義積分についても，定義されない場合がある。

たとえば $\int_1^K \frac{1}{\sqrt{x}}\,dx = 2\sqrt{K}-2$ は，$K\to\infty$ のとき ∞ に発散するので $\int_1^{\infty} \frac{1}{\sqrt{x}}\,dx$ は存在しない。

例7 (1) $\displaystyle\int_1^{\infty}\frac{1}{x^2}dx=\lim_{K\to\infty}\int_1^K\frac{1}{x^2}dx=\lim_{K\to\infty}\left[-\frac{1}{x}\right]_1^K=\lim_{K\to\infty}\left(-\frac{1}{K}+1\right)$

$=1$

(2) $\displaystyle\int_{-\infty}^{0}e^x dx=\lim_{K\to\infty}\int_{-K}^{0}e^x dx=\lim_{K\to\infty}\left[e^x\right]_{-K}^{0}=\lim_{K\to\infty}\left(1-\frac{1}{e^K}\right)$

$=1$

練習13 次の広義積分を求めよ。

(1) $\displaystyle\int_1^{\infty}\frac{1}{x^3}dx$　　(2) $\displaystyle\int_{-\infty}^{0}\frac{1}{1+x^2}dx$

例題7 広義積分$\displaystyle\int_0^{\infty}xe^{-x}dx$ を求めよ。

解 Kを大きい正数とする。部分積分法により　←31

$$\int_0^K xe^{-x}dx=\left[-xe^{-x}\right]_0^K+\int_0^K e^{-x}dx$$

$$=-\frac{K}{e^K}+\left[-e^{-x}\right]_0^K$$

$$=-\frac{K}{e^K}-\frac{1}{e^K}+1$$

ここで，$\displaystyle\lim_{K\to\infty}\frac{K}{e^K}=\lim_{K\to\infty}\frac{1}{e^K}$　←p. 28 ロピタルの定理

$=0$

より

$$\int_0^{\infty}xe^{-x}dx=\lim_{K\to\infty}\int_0^K xe^{-x}dx$$

$$=\lim_{K\to\infty}\left\{-\frac{K}{e^K}-\frac{1}{e^K}+1\right\}$$

$$=1$$

練習14 広義積分$\displaystyle\int_0^{\infty}x^2e^{-x}dx$ を求めよ。

注意 p. 148 では広義積分$\displaystyle\int_0^{\infty}e^{-x^2}dx$ を考える。

節末問題

1. 次の曲線，直線で囲まれた図形の面積を求めよ。

(1) 曲線 $y=\sqrt{x}-1$，2直線 $x=0$，$x=4$，x 軸

(2) 曲線 $y=\mathrm{Tan}^{-1}x$，直線 $x=1$，x 軸

2. a，b を正の定数とする。媒介変数表示の曲線 $x=a\cosh t$，$y=b\sinh t$ の $t=0$ から $t=1$ までの部分と直線 $x=a\cosh 1$ および x 軸で囲まれた図形の面積を求めよ。

3. 次の極座標表示の曲線の $\theta=0$ から $\theta=\dfrac{\pi}{2}$ の部分と2つの半直線 $\theta=0$，$\theta=\dfrac{\pi}{2}$ とで囲まれた図形の面積を求めよ。ただし，n は1以上の整数とする。

(1) 曲線 $r=\cos^2\theta$　　(2) 曲線 $r=\cos^n\theta$

4. 次の曲線の長さを求めよ。

(1) 曲線 $y=\dfrac{1}{3}\sqrt{x^3}$ の $x=0$ から $x=5$ までの長さ

(2) 媒介変数表示の曲線 $x=4\sqrt{2}\cos t$，$y=\sin 2t$ の $t=0$ から $t=\dfrac{\pi}{2}$ までの長さ

(3) 極座標表示の曲線 $r=\theta^2$ の $\theta=0$ から $\theta=\pi$ までの長さ

5. 曲線 $y=f(x)$ の $x=a$ から $x=b$ の部分が

$$x=g(t),\ y=h(t),\ a=g(\alpha),\ b=g(\beta)$$

と媒介変数表示できるとき，曲線の長さについて，次の関係式を確かめよ。

$$\int_a^b\sqrt{1+\{f'(x)\}^2}\,dx=\int_\alpha^\beta\sqrt{\{g'(t)\}^2+\{h'(t)\}^2}\,dt$$

6. 媒介変数表示の曲線 $x=\sin t$，$y=\sin t+\cos t$ の $t=0$ から $t=\dfrac{\pi}{2}$ の部分と2直線 $x=0$，$x=1$ および x 軸で囲まれる図形を x 軸のまわりに回転して得られる回転体の体積 V を求めよ。

第3章

偏微分

　前章までは変数が1つの関数について考えてきたが，本章と次章では変数が2つの関数，つまり2変数関数について考える。変数が3つ以上の関数で成り立つことは，2つのときの単純な拡張であることが多いので，本章では2変数関数の微分法の考え方とそれを用いて得られる結果について学び，極値問題などの応用に取り組む。

1 2変数関数と偏微分

1 2変数関数とそのグラフ

1 2変数関数

3つの変数 x, y, z があって，x と y の値を定めるとそれに対応して z の値が唯一つ定まるとき，z は2変数 x, y の関数である。これを **2変数関数** といい，x と y を **独立変数**，z を **従属変数** という。一般に z が x と y の関数であることを，f や g などの文字を用いて

$$\boldsymbol{z = f(x,\ y), \quad z = g(x,\ y)}$$

などと表す。また，x と y の関数を単に，$f(x,\ y)$ や $g(x,\ y)$ などとも表す。

関数 $z = f(x,\ y)$ において，$x = a$，$y = b$ に対応する z の値を $f(a,\ b)$ で表し，$f(a,\ b)$ を $x = a$，$y = b$ のときの **関数 $\boldsymbol{f(x,\ y)}$ の値** という。

例 1 $f(x,\ y) = 2x + y$ のとき，

$$f(1,\ 3) = 2 \times 1 + 3 = 5$$

$$f(a+1,\ 2b) = 2(a+1) + 2b = 2a + 2b + 2$$

練習1 次の関数 $f(x,\ y)$ に対して $f(-2,\ 1)$，$f(a,\ b-1)$ を求めよ。

(1) $f(x,\ y) = 3x + y + 1$　　(2) $f(x,\ y) = x^2 + 3y$

関数 $z = f(x,\ y)$ について，変数 x と y の組 $(x,\ y)$ の範囲を，この関数の **定義域** という。今まで学んできた1変数の関数ではその変域を数直線上の点の集まりとして表してきたが，2変数の関数ではその変域を座標平面上の点 $(x,\ y)$ の集まりとして表す。関数において定義域が示されていないとき，定義域はその関数の値が実数として定まる範囲でできるだけ広くとる。

また $(x,\ y)$ が定義域すべての点をとるとき，それらに対応する z の値のとりうる範囲をこの関数の **値域** という。

例2 $z=f(x,\ y)=\sqrt{1-x^2-y^2}$ の定義域は，xy 平面上における $0 \leqq 1-x^2-y^2$ つまり $x^2+y^2 \leqq 1$ を満たす点 $(x,\ y)$ 全体である。すなわち，原点中心で半径1の円の内部および周である。xy 平面上に定義域を図示すると右の図の青色部分となる。

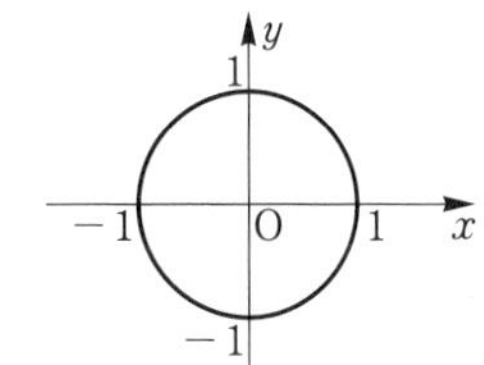

また，$0 \leqq \sqrt{1-x^2-y^2} \leqq 1$ であることより，z は0以上1以下のすべての値をとる。よって $z=f(x,\ y)=\sqrt{1-x^2-y^2}$ の値域は $0 \leqq z \leqq 1$ である。

練習2 次の関数の定義域を求めよ。また，それを xy 平面上に図示せよ。

(1) $f(x,\ y)=2x+3y$　　(2) $f(x,\ y)=\dfrac{1}{x+y}$

(3) $f(x,\ y)=\log(y-2x^2)$

2　2変数関数のグラフ

xy 平面の原点を通り，x 軸と y 軸に直交する直線を z 軸とする xyz 座標空間を考える。以下，これを単に **xyz 空間** とよぶ。

まず，1変数関数のグラフとは何であったかを考え直してみよう。たとえば1次関数 $y=2x-1$ のグラフとは，xy 平面上において $y=2x-1$ という関係を満たす x，y の組 $(x,\ y)$ を座標とする，xy 平面上の点全体が作る図形である。点 $(0,\ -1)$，$(1,\ 1)$ などが含まれ，全体として直線を形作っている。一般に，1変数関数 $y=f(x)$ について，x の値とそれに対応する y の値の組 $(x,\ y)$ を座標とする xy 平面上の点全体が作る図形を **$y=f(x)$ のグラフ** という。

2変数関数のグラフも同様に以下のように定義される。

2変数関数 $z=f(x,\ y)$ について x，y の値とそれらに対応する z の値の組 $(x,\ y,\ z)$ を座標とする，xyz 空間内の点全体が作る図形のことを **2変数関数 $z=f(x,\ y)$ のグラフ** という。いい換えれば，xyz 空間において $z=f(x,\ y)$ という関係を満たす点 $(x,\ y,\ z)$ 全体が $z=f(x,\ y)$ のグラフである。たとえば，例1の関数 $z=2x+y$ のグラフには点 $(x,\ y,\ z)=(1,\ 3,\ 5)$ が含まれる。

例3 関数 $z = f(x, y) = \sqrt{9 - x^2 - y^2}$ ……①

のグラフは x, y, z の関係式

$$z = \sqrt{9 - x^2 - y^2}$$

つまり

$$z^2 = 9 - x^2 - y^2 \ (z \geqq 0) \quad \text{……②}$$

を満たす xyz 空間内の点全体のことである。

②は $x^2 + y^2 + z^2 = 3^2$ $(z \geqq 0)$ であるから，関数①のグラフは下の図に示すように中心が $(0, 0, 0)$ で半径が3の球面の上半分である。

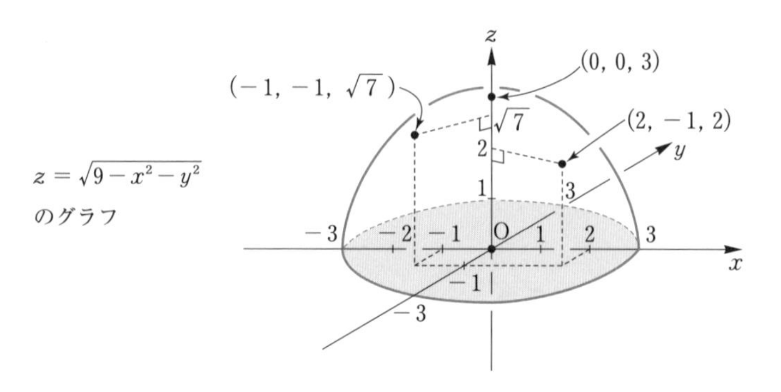

たとえば $x = 1$, $y = 2$ のとき，$z = f(1, 2) = \sqrt{9 - 1 - 4} = 2$ であるから $(x, y, z) = (1, 2, 2)$ は関数①のグラフ上の点である。同様に，$(0, 0, 3)$，$(2, -1, 2)$，$(-1, -1, \sqrt{7})$ などもグラフ上の点である。

2変数関数のグラフは一般に xyz 空間内の曲面となっている。

練習3 次の関数のグラフは xyz 空間内のどんな図形か。

(1) $z = f(x, y) = 2x + 3y$　　(2) $z = f(x, y) = 4$

注意 xyz 空間内の平面は $ax + by + cz + d = 0$ の形で表される。 ←41

関数 $z = f(x, y)$ のグラフの概形をえがくための方法として，z 軸に垂直な平面と曲面 $z = f(x, y)$ との交わりを調べていく方法がある。この方法については，p. 107研究で述べる。

2 極限値と偏導関数

1 関数の極限

関数 $f(x,\ y)$ において点 $(x,\ y)$ が点 $(a,\ b)$ 以外の点をとりながら $(a,\ b)$ に限りなく近づくとき，$f(x,\ y)$ の値が1つの定まった値 C に限りなく近づくならば，このことを

$$\lim_{(x,\ y)\to(a,\ b)} f(x,\ y)=C$$

または

$$(x,\ y)\to(a,\ b) \quad \text{のとき} \quad f(x,\ y)\to C$$

と表し，$(x,\ y)$ が $(a,\ b)$ に限りなく近づくとき $f(x,\ y)$ は C に **収束する**，または，$f(x,\ y)$の **極限値** は C であるという。

この場合，$(x,\ y)$ がどんな近づき方で $(a,\ b)$ に近づいても $f(x,\ y)$ の値が一定の値 C に限りなく近づくことが必要である。

次の例のような場合には極限値はない。

例4 関数 $z=f(x,\ y)=\dfrac{xy}{x^2+y^2}$ について $(x,\ y)\to(0,\ 0)$ とするときの極限値があるかどうかを考えよう。

(i) 点 $(x,\ y)$ を直線 $y=x$ の上で $(0,\ 0)$ に近づけると，$y=x$ 上の点に対しては $f(x,\ y)=\dfrac{x\cdot x}{x^2+x^2}=\dfrac{1}{2}$ であるから，

この直線上で $(x,\ y)\to(0,\ 0)$ とするとき $f(x,\ y)$ は $\dfrac{1}{2}$ に収束する。

(ii) 一方，直線 $y=2x$ の上で $(0,\ 0)$ に近づけると，$y=2x$ 上の点に対しては $f(x,\ y)=\dfrac{x\cdot 2x}{x^2+(2x)^2}=\dfrac{2}{5}$ であるから

この直線上で $(x,\ y)\to(0,\ 0)$ とするとき $f(x,\ y)$ は $\dfrac{2}{5}$ に収束する。

(i)，(ii)より，特別な近づき方をすると極限はあるが，近づき方によって異なる値に近づくことがわかった。よって，極限値はなし，となる。

例題 1 次の関数 $f(x, y)$ において $(x, y) \to (0, 0)$ とするときの $f(x, y)$ の極限値があればそれを求めよ。ないと判断するときはその理由を示せ。

(1) $f(x, y) = \dfrac{x}{x+y}$　　　(2) $f(x, y) = \dfrac{y^3}{x^2+y^2}$

解 xy 平面上の原点Oに対し，Oを原点とする極座標 (r, θ) をとる。点 $\mathrm{P}(x, y)$ について $x = r\cos\theta$, $y = r\sin\theta$ である（p. 13）。ここで r は原点OからPまでの距離なので，$(x, y) \to (0, 0)$ は $r \to 0$ と同じである。

(1)
$$\lim_{(x, y)\to(0, 0)} \frac{x}{x+y} = \lim_{r\to 0}\frac{r\cos\theta}{r\cos\theta + r\sin\theta} = \lim_{r\to 0}\frac{\cos\theta}{\cos\theta+\sin\theta} = \frac{\cos\theta}{\cos\theta+\sin\theta}$$

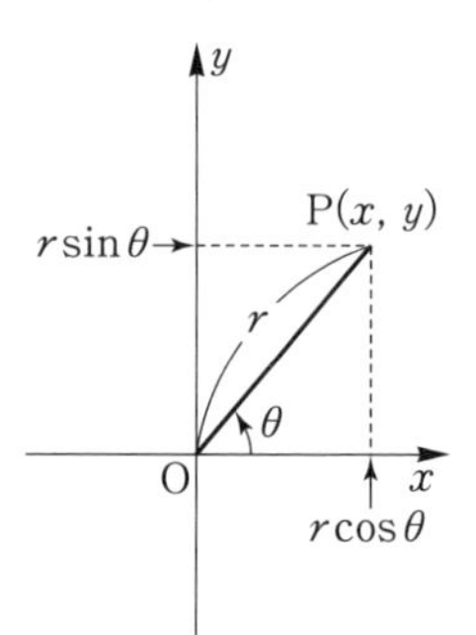

この式の値は $\theta = \dfrac{\pi}{2}$ のとき0，$\theta = 0$ のとき1となる。つまり θ の値を固定して $r \to 0$ のとき異なる値に近づくので極限値はなし。

(2)
$$\lim_{(x, y)\to(0, 0)} \frac{y^3}{x^2+y^2} = \lim_{r\to 0}\frac{r^3\sin^3\theta}{r^2\cos^2\theta + r^2\sin^2\theta} = \lim_{r\to 0}\frac{r^3\sin^3\theta}{r^2}$$
$$= \lim_{r\to 0} r\sin^3\theta$$
$$= 0 \qquad \longleftarrow -1 \leqq \sin^3\theta \leqq 1 \text{ より}$$

注意 (2)の極限値は $-1 \leqq \sin^3\theta \leqq 1$ より $-r \leqq r\sin^3\theta \leqq r$ であり $r \to 0$ のとき左辺 $\to 0$ かつ右辺 $\to 0$ となり $r\sin^3\theta \to 0$ がわかる。（『新版微分積分Ⅰ』p. 54「はさみうちの原理」）

練習4 次の関数 $f(x, y)$ において $(x, y) \to (0, 0)$ とするときの $f(x, y)$ の極限値があればそれを求めよ。ないと判断するときはその理由を示せ。

(1) $f(x, y) = \dfrac{x-y}{x+y}$　　　(2) $f(x, y) = \dfrac{x^2y^2}{x^2+y^2}$

2 関数の連続性

関数 $z=f(x,\ y)$ の定義域内の点 $\mathrm{P}(a,\ b)$ について $\displaystyle\lim_{(x,\ y)\to(a,\ b)} f(x,\ y)$ が存在して

$$\lim_{(x,\ y)\to(a,\ b)} f(x,\ y)=f(a,\ b) \quad \cdots\cdots①$$

が成り立つとき，$f(x,\ y)$ は点 $\mathrm{P}(a,\ b)$ で **連続** であるという。また，$f(x,\ y)$ がその定義域 D 内のすべての点で連続のとき，$f(x,\ y)$ は D で連続であるという。

例5 (1) 関数 $z=f(x,\ y)$ が次の式で定義されているとき，$f(x,\ y)$ が $(0,\ 0)$ で連続かどうかを調べよう。

$$f(x,\ y)=\begin{cases}\dfrac{y^3}{x^2+y^2} & ((x,\ y)\neq(0,\ 0)\ \text{のとき})\\ 0 & ((x,\ y)=(0,\ 0)\ \text{のとき})\end{cases}$$

例題1(2)より $\displaystyle\lim_{(x,\ y)\to(0,\ 0)} f(x,\ y)=0$ であるから次の式が成り立つ。

$$\lim_{(x,\ y)\to(0,\ 0)} f(x,\ y)=f(0,\ 0)$$

よって①より　$f(x,\ y)$ は $(x,\ y)=(0,\ 0)$ で連続である。

(2) 関数 $z=f(x,\ y)=\dfrac{x}{x+y}$ は例題1(1)より $\displaystyle\lim_{(x,\ y)\to(0,\ 0)} f(x,\ y)$ が存在しない。よって①より $f(x,\ y)$ は $(x,\ y)=(0,\ 0)$ で連続でない。

練習5 関数 $z=f(x,\ y)$ が次の式で定義されているとき，$f(x,\ y)$ が $(0,\ 0)$ で連続かどうかを調べよ。

(1) $f(x,\ y)=\begin{cases}\dfrac{x^2-y^2}{x^2+y^2} & ((x,\ y)\neq(0,\ 0)\ \text{のとき})\\ 0 & ((x,\ y)=(0,\ 0)\ \text{のとき})\end{cases}$

(2) $f(x,\ y)=\begin{cases}\dfrac{x^2y^2}{x^2+y^2} & ((x,\ y)\neq(0,\ 0)\ \text{のとき})\\ 0 & ((x,\ y)=(0,\ 0)\ \text{のとき})\end{cases}$

3 偏微分係数・偏導関数

まず，関数 $z=f(x,\ y)$ において $(x,\ y)=(a,\ b)$ から x だけ変化させたときの z の変化率である「x についての偏微分係数」と，y だけ変化させたときの z の変化率である「y についての偏微分係数」を定義する。

これらから $(x,\ y)=(a,\ b)$ 近くでの関数の変化の様子がわかる。

[1] 偏微分係数 $f_x(a,\ b)$ について

関数 $z=f(x,\ y)$ において y を一定の値 b に固定すると $z=f(x,\ b)$ という x だけの関数となる（下の図の曲線㋐）。この関数の $x=a$ における微分係数

$$\lim_{h\to 0}\frac{f(a+h,\ b)-f(a,\ b)}{h}$$

← x だけ変化させたときの z の変化率（下の図，接線㋐′ の x 軸方向の傾き）

が存在するとき，この微分係数を $(x,\ y)=(a,\ b)$ における $f(x,\ y)$ の **x についての偏微分係数** といい，$\boldsymbol{f_x(a,\ b)}$ で表す。

[2] 偏微分係数 $f_y(a,\ b)$ について

関数 $z=f(x,\ y)$ において，x を一定の値 a に固定すると $z=f(a,\ y)$ という y だけの関数となる（下の図の曲線㋑）。この関数の $y=b$ における微分係数

$$\lim_{k\to 0}\frac{f(a,\ b+k)-f(a,\ b)}{k}$$

← y だけ変化させたときの z の変化率（下の図，接線㋑′ の y 軸方向の傾き）

が存在するとき，この微分係数を $(x,\ y)=(a,\ b)$ における $f(x,\ y)$ の **y についての偏微分係数** といい $\boldsymbol{f_y(a,\ b)}$ で表す。

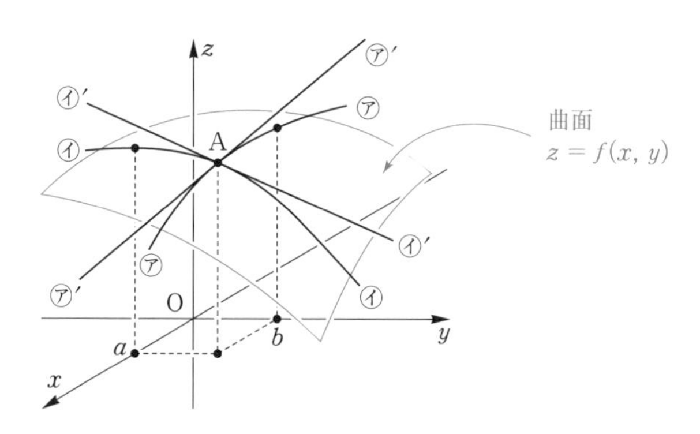

また，偏微分係数 $f_x(a,\ b)$，$f_y(a,\ b)$ が存在するとき，それぞれ，$f(x,\ y)$ は $(x,\ y)=(a,\ b)$ において **x について偏微分可能**，**y について偏微分可能** という。両方とも存在するときは，単に，$f(x,\ y)$ は $(x,\ y)=(a,\ b)$ において **偏微分可能** という。

x について偏微分可能な点 $(x,\ y)$ では偏微分係数 $f_x(x,\ y)$ が1つ決まり，$f_x(x,\ y)$ は2変数 x，y の関数になる。そこで $f_x(x,\ y)$ のことを $f(x,\ y)$ の **x についての偏導関数** という。$f(x,\ y)$ の **y についての偏導関数** $f_y(x,\ y)$ も同様に考えればよい。$f_x(x,\ y)$，$f_y(x,\ y)$ を求めることをそれぞれ「$f(x,\ y)$ を **x で偏微分する**」，「$f(x,\ y)$ を **y で偏微分する**」という。

偏導関数

[1] 関数 $z=f(x,\ y)$ の x についての偏導関数

$$f_x(x,\ y)=\lim_{\varDelta x\to 0}\frac{f(x+\varDelta x,\ y)-f(x,\ y)}{\varDelta x} \quad \cdots\cdots①$$

[2] 関数 $z=f(x,\ y)$ の y についての偏導関数

$$f_y(x,\ y)=\lim_{\varDelta y\to 0}\frac{f(x,\ y+\varDelta y)-f(x,\ y)}{\varDelta y} \quad \cdots\cdots②$$

[偏導関数の計算] ①から $f(x,\ y)$ において y を定数扱いして x で微分すれば $f_x(x,\ y)$ を得ることがわかる。同様に，$f(x,\ y)$ において x を定数扱いして y で微分すれば $f_y(x,\ y)$ を得る。

[$z=f(x,\ y)$ の偏導関数の表記]

$f_x(x,\ y)$ は f_x，z_x，$\dfrac{\partial f}{\partial x}$，$\dfrac{\partial z}{\partial x}$，$\dfrac{\partial}{\partial x}f(x,\ y)$ などと表すことがある。

$f_y(x,\ y)$ は f_y，z_y，$\dfrac{\partial f}{\partial y}$，$\dfrac{\partial z}{\partial y}$，$\dfrac{\partial}{\partial y}f(x,\ y)$ などと表すことがある。

注意　∂ の読み方としてはディー，デル，ラウンドディーなどがある。

「関数 $z=f(x,\ y)$ について，$(x,\ y)=(a,\ b)$ における偏微分係数を求めよ」というときには，$f_x(a,\ b)$，$f_y(a,\ b)$ の両方を求める。同様に，
「$z=f(x,\ y)$ の偏導関数を求めよ」というときには，$f_x(x,\ y)$，$f_y(x,\ y)$ の両方を求める。

例6 $z=f(x,\ y)=x^2+y^2$ を

x について偏微分すると $f_x(x,\ y)=2x$,

y について偏微分すると $f_y(x,\ y)=2y$

である。また $(x,\ y)=(1,\ 0)$ における偏微分係数は

$f_x(1,\ 0)=2\times1=2$,

$f_y(1,\ 0)=2\times0=0$

であり，これらはそれぞれ下の図㋐′ の x 軸方向，㋑′ の y 軸方向の傾きである。

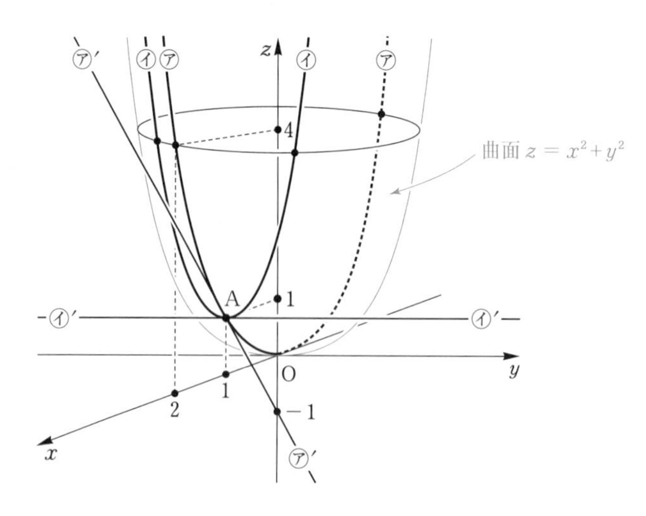

㋐は平面 $y=0$（xz 平面）上の曲線 $z=f(x,\ 0)=x^2$

㋐′ は平面 $y=0$ 上の点 A における㋐の接線

㋑は平面 $x=1$ 上の曲線 $z=f(1,\ y)=1+y^2$

㋑′ は平面 $x=1$ 上の点 A における㋑の接線

練習6 次の関数 $z=f(x,\ y)$ について，$(x,\ y)=(2,\ 1)$ における偏微分係数を求めよ。

(1) $z=x^2y$

(2) $z=x^2+2xy$

(3) $z=\dfrac{x-3y}{2x+y}$

(4) $z=(2x-3y)^3$

4 高次の偏導関数

関数 $z=f(x,\ y)$ の偏導関数 $f_x(x,\ y)$, $f_y(x,\ y)$ は2変数 x, y の関数であるから，f_x, f_y がそれぞれ偏微分可能なときは，さらにそれらの偏導関数を考えることができる。$f_x(x,\ y)$ の x についての偏導関数を $\boldsymbol{f_{xx}(x,\ y)}$, $f_x(x,\ y)$ の y についての偏導関数を $\boldsymbol{f_{xy}(x,\ y)}$ と表す。同様に，$f_y(x,\ y)$ の x についての偏導関数を $\boldsymbol{f_{yx}(x,\ y)}$, y についての偏導関数を $\boldsymbol{f_{yy}(x,\ y)}$ と表す。これら4つの関数を総称して $z=f(x,\ y)$ の **第2次偏導関数** という。

[$z=f(x,\ y)$ の第2次偏導関数の表記]

$$f_{xx}(x,\ y) \text{ は } f_{xx},\ z_{xx},\ \frac{\partial}{\partial x}\left(\frac{\partial f}{\partial x}\right),\ \frac{\partial^2 f}{\partial x^2},$$

$$f_{xy}(x,\ y) \text{ は } f_{xy},\ z_{xy},\ \frac{\partial}{\partial y}\left(\frac{\partial f}{\partial x}\right),\ \frac{\partial^2 f}{\partial y \partial x},$$

$$f_{yx}(x,\ y) \text{ は } f_{yx},\ z_{yx},\ \frac{\partial}{\partial x}\left(\frac{\partial f}{\partial y}\right),\ \frac{\partial^2 f}{\partial x \partial y},$$

$$f_{yy}(x,\ y) \text{ は } f_{yy},\ z_{yy},\ \frac{\partial}{\partial y}\left(\frac{\partial f}{\partial y}\right),\ \frac{\partial^2 f}{\partial y^2},$$

などとそれぞれ表されることがある。変数 x, y を明らかにしたいときは，$\dfrac{\partial^2}{\partial x \partial y}f(x,\ y)$ のように表す。

第2次偏導関数が偏微分可能なときは，さらにそれらの偏導関数を考えることができるので，第2次偏導関数の偏導関数は次の8つとなる。

$$f_{xxx}(x,\ y),\ f_{xxy}(x,\ y),\ f_{xyx}(x,\ y),\ f_{yxx}(x,\ y),$$
$$f_{xyy}(x,\ y),\ f_{yxy}(x,\ y),\ f_{yyx}(x,\ y),\ f_{yyy}(x,\ y)$$

これらを総称して **第3次偏導関数** という。これらも，場合によってさまざまな表記が使われる。たとえば $f_{xxy}(x,\ y)$ は $\dfrac{\partial^3 f}{\partial y \partial x^2}$, $\dfrac{\partial^3}{\partial y \partial x^2}f(x,\ y)$ などと表記する。分母の ∂y, ∂x^2 の位置に注意しよう。

順次このように偏導関数を考えていくと，一般に，第 n 次偏導関数を考えることができる。第2次以上の偏導関数を **高次の偏導関数** という。p. 109研究ではそれらが用いられている。

練習7　次の関数 $z=f(x,\ y)$ の第2次偏導関数を求めよ。

(1)　$z=x^2y$　　(2)　$z=x^2+2xy$

(3)　$z=\dfrac{x-3y}{2x+y}$　　(4)　$z=(2x-3y)^3$

$f(x,\ y)$ の第2次偏導関数のうち $f_{xy}(x,\ y)$ と $f_{yx}(x,\ y)$ とは必ずしも等しいとは限らないが，次の定理がある。

2回の偏微分

関数 $z=f(x,\ y)$ に2次までの偏導関数 f_x，f_y，f_{xy}，f_{yx} が存在して，それらすべてが連続とする。このとき

$$f_{xy}(x,\ y)=f_{yx}(x,\ y)$$

が成立する。

実際，練習7の(1)〜(4)ではすべて $f_{xy}=f_{yx}$ となっている。

一般に，数学的帰納法により次のことが示せる。

n 回の偏微分

関数 $z=f(x,\ y)$ に n 次までの偏導関数が存在して，それらがすべて連続であるとする。$n=k+l$ とし，$f(x,\ y)$ を x について k 回，y について l 回の合計 n 回偏微分する。このとき，その順序にかかわらず得られる関数はすべて $\dfrac{\partial^n f}{\partial x^k \partial y^l}$ に等しい。

例7　$z=f(x,\ y)=(2x-3y)^3$ について

$$f_x=6(2x-3y)^2,\ \ f_y=-9(2x-3y)^2$$

より

$$f_{xx}=24(2x-3y),\ \ f_{xy}=-36(2x-3y)=f_{yx}$$

よって　$f_{xxy}=f_{xyx}=f_{yxx}=-72$ である。

練習8　$z=f(x,\ y)=(2x-3y)^3$ について次の式が成立することを示せ。

$$f_{yyx}=f_{yxy}=f_{xyy}$$

3 合成関数の微分法

1 2変数関数の合成関数の微分法

『新版微分積分Ⅰ』(p. 72) では，x の関数 $y=f(x)$ と t の関数 $x=x(t)$ がともに微分可能ならば，2つの関数の合成関数 $y=f(x(t))$ についてその導関数が次の式で得られることを学んだ。

$$\frac{dy}{dt}=\frac{df}{dx}\cdot\frac{dx}{dt}=f'(x)\cdot x'(t)$$

2変数関数についても同様の定理が成り立つ。

合成関数の微分法(Ⅰ)

関数 $z=f(x,\ y)$ には偏導関数 $f_x(x,\ y)$，$f_y(x,\ y)$ が存在し，それらがともに連続であるとする。さらに，x，y は t の関数 $x=x(t)$，$y=y(t)$ であって，ともに微分可能とする。このとき $z=f(x,\ y)$ は変数 t に関して微分可能であり，次の式が成立する。

$$\frac{dz}{dt}=\frac{\partial f}{\partial x}\frac{dx}{dt}+\frac{\partial f}{\partial y}\frac{dy}{dt}=f_x x'(t)+f_y y'(t)$$

証明　t の増分 Δt に対する x，y の増分をそれぞれ Δx，Δy とし，それに対する z の増分を Δz とすると

$$\begin{aligned}\Delta z&=f(x+\Delta x,\ y+\Delta y)-f(x,\ y)\\&=f(x+\Delta x,\ y+\Delta y)-f(x,\ y+\Delta y)+f(x,\ y+\Delta y)-f(x,\ y)\\&=f_x(c_1,\ y+\Delta y)\Delta x+f_y(x,\ c_2)\Delta y\end{aligned}$$

ここで最後の等式において，平均値の定理(Ⅰ) (p. 24) を使っている。つまり

$$x<c_1<x+\Delta x,\qquad y<c_2<y+\Delta y$$

を満たす c_1，c_2 を，上の等式が成り立つように選んでいる。さらに，$\Delta t\to 0$ のとき，$\Delta x\to 0$ かつ $\Delta y\to 0$ であり，$c_1\to x$，$c_2\to y$ となる。また，f_x，f_y が連続なので，$f_x(c_1,\ y+\Delta y)\to f_x(x,\ y)$，$f_y(x,\ c_2)\to f_y(x,\ y)$ である。したがって

$$\begin{aligned}\lim_{\Delta t\to 0}\frac{\Delta z}{\Delta t}&=\lim_{\Delta t\to 0}\left(f_x(c_1,\ y+\Delta y)\frac{\Delta x}{\Delta t}+f_y(x,\ c_2)\frac{\Delta y}{\Delta t}\right)\\&=f_x(x,\ y)\frac{dx}{dt}+f_y(x,\ y)\frac{dy}{dt}\end{aligned}$$

終

次に，$z=f(x,\ y)$ について，x と y がともに 2 変数 u，v の関数であるときを考える。z を u で偏微分するときは v を定数扱いして u で微分するので，先の合成関数の微分法(I)から次の定理の[1]が得られる。z を v で偏微分するときも同様で次の定理の[2]を得る。

合成関数の微分法(II)

関数 $z=f(x,\ y)$ には偏導関数 $f_x(x,\ y)$，$f_y(x,\ y)$ が存在し，それらがともに連続であるとする。さらに，x，y は，ともに 2 変数 u，v の関数 $x=x(u,\ v)$，$y=y(u,\ v)$ であり，これらがともに偏微分可能とするとき $z=f(x,\ y)$ は変数 u，v で偏微分可能で，次の式が成り立つ。

[1] $$\frac{\partial z}{\partial u}=\frac{\partial f}{\partial x}\frac{\partial x}{\partial u}+\frac{\partial f}{\partial y}\frac{\partial y}{\partial u}=f_x x_u+f_y y_u$$

[2] $$\frac{\partial z}{\partial v}=\frac{\partial f}{\partial x}\frac{\partial x}{\partial v}+\frac{\partial f}{\partial y}\frac{\partial y}{\partial v}=f_x x_v+f_y y_v$$

例8 関数 $z=f(x,\ y)$ には偏導関数 $f_x(x,\ y)$，$f_y(x,\ y)$ が存在し，それらがともに連続とする。

(1) $x=t^2$，$y=t^3$ とする。このとき

$$\frac{dz}{dt}=f_x x'(t)+f_y y'(t)=2tf_x(t^2,\ t^3)+3t^2 f_y(t^2,\ t^3)$$

(2) $x=u^2+2v$，$y=uv$ とする。このとき

$$\frac{\partial z}{\partial u}=f_x x_u+f_y y_u=2uf_x(u^2+2v,\ uv)+vf_y(u^2+2v,\ uv)$$

$$\frac{\partial z}{\partial v}=f_x x_v+f_y y_v=2f_x(u^2+2v,\ uv)+uf_y(u^2+2v,\ uv)$$

練習9 $z=2x^2+3y^2$ とする。

(1) $x=\cos t$，$y=\sin t$ のときの $\dfrac{dz}{dt}$ を求めよ。

(2) $x=u+v$，$y=uv$ のときの $\dfrac{\partial z}{\partial u}$，$\dfrac{\partial z}{\partial v}$ を求めよ。

注意 練習 9 のように $f(x,\ y)$ が具体的に与えられているとき，たとえば(1)ならば，z を t の式に直してしまってから t で微分しても同じ結果が得られる。

合成関数の微分法(II)の[1], [2]はまとめて行列を用いて次のように表すこともできる。次式の正方行列を x, y の u, v に関する **ヤコビ行列** という。

$$\begin{pmatrix} \dfrac{\partial z}{\partial u} & \dfrac{\partial z}{\partial v} \end{pmatrix} = \begin{pmatrix} \dfrac{\partial z}{\partial x} & \dfrac{\partial z}{\partial y} \end{pmatrix} \begin{pmatrix} \dfrac{\partial x}{\partial u} & \dfrac{\partial x}{\partial v} \\ \dfrac{\partial y}{\partial u} & \dfrac{\partial y}{\partial v} \end{pmatrix} = (f_x \quad f_y) \begin{pmatrix} x_u & x_v \\ y_u & y_v \end{pmatrix}$$

2 2変数関数の平均値の定理

1章2節において $y = f(x)$ についての平均値の定理(II)(p. 25)

$$f(a+h) = f(a) + hf'(a+\theta h) \quad (0 < \theta < 1) \quad \cdots\cdots①$$

と1次近似式(p. 31)

$$f(a+h) \fallingdotseq f(a) + hf'(a) \quad (h \fallingdotseq 0) \quad \cdots\cdots②$$

を学んだ。以下では2変数関数の平均値の定理と近似式について学ぶ。

関数 $z = f(x, y)$ において点 $(x, y) = (a, b)$ の十分近くで, x, y が変数 t の1次関数として $x = a + ht$, $y = b + kt$ (h, k は定数) と表されているとする。このとき

$$z = g(t) = f(a+ht, b+kt) \quad \cdots\cdots③$$

とおくと, 合成関数の微分法(I)(p. 97)より

$$\frac{dz}{dt} = g'(t) = f_x x'(t) + f_y y'(t)$$

$$= f_x(a+ht, b+kt)h + f_y(a+ht, b+kt)k \quad \cdots\cdots④$$

が成り立つ。ここで平均値の定理(III)(p. 25)を t の区間 $[0, 1]$ において $g(t)$ に適用すると

$$g(1) = g(0) + g'(\theta)(1-0)$$

となるような θ $(0 < \theta < 1)$ が存在することがわかる。

③より $g(1) = f(a+h, b+k)$,

$g(0) = f(a, b)$

④より $g'(\theta) = f_x(a+\theta h, b+\theta k)h + f_y(a+\theta h, b+\theta k)k$

であるから式①に相当する次の式を得る。

2変数関数の平均値の定理

関数 $z=f(x,\ y)$ には点 $(x,\ y)=(a,\ b)$ の近くで偏導関数 f_x, f_y が存在し，それらがともに連続であるとする。このとき

$$\boldsymbol{f(a+h,\ b+k)=f(a,\ b)+hf_x(a+\theta h,\ b+\theta k)}$$
$$\boldsymbol{+kf_y(a+\theta h,\ b+\theta k)} \quad \cdots\cdots①'$$

となるような θ $(0<\theta<1)$ が存在する。

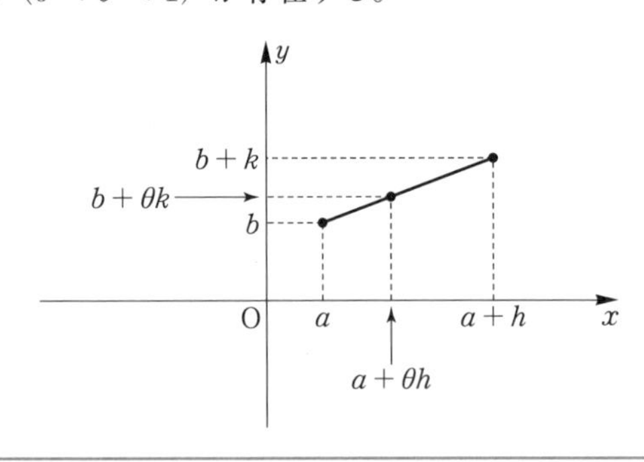

1章では，平均値の定理(I)の一般化であるテイラーの定理 (p. 35) を得たが，2変数関数のテイラーの定理 (p. 109 研究) についても同様のことが成り立つ。

例9 上の①′で $z=x+y^3$, $(a,\ b)=(0,\ 0)$ とする。

$$f_x(x,\ y)=1,\ f_y(x,\ y)=3y^2$$

であるから

$$f(h,\ k)=f(0,\ 0)+hf_x(\theta h,\ \theta k)+kf_y(\theta h,\ \theta k)$$

より

$$h+k^3=0+h\cdot 1+k\cdot 3(\theta k)^2$$

したがって $k^3=3\theta^2k^3$ である。$0<\theta<1$ であるから $\theta=\dfrac{1}{\sqrt{3}}$ として，平均値の定理が確かに成り立っている。

練習10 $z=xy$ とする。$(a,\ b)$ がそれぞれ以下の点として与えられるとき，平均値の定理が成り立つように θ $(0<\theta<1)$ の値を定めよ。

(1) $(1,\ 1)$ (2) $(1,\ 2)$

次に2変数関数の1次近似式を導いてみよう。

いま，2変数関数の平均値の定理において，式①′の $f_x(a+\theta h,\ b+\theta k)$，$f_y(a+\theta h,\ b+\theta k)$ を次のように書きかえよう。

$$f_x(a+\theta h,\ b+\theta k)=f_x(a,\ b)+\varepsilon_1$$

$$f_y(a+\theta h,\ b+\theta k)=f_y(a,\ b)+\varepsilon_2$$

このようにおくと，f_x，f_y がともに連続のときは，

$h\to 0$，$k\to 0$ のとき $\varepsilon_1\to 0$，$\varepsilon_2\to 0$

となる。よって，①′式は次のように変形される。

$$f(a+h,\ b+k)=f(a,\ b)+hf_x(a,\ b)+kf_y(a,\ b)+\varepsilon_1 h+\varepsilon_2 k$$

ここで $\varepsilon_1 h$，$\varepsilon_2 k$ はそれぞれ h，k にくらべて極めて小さくなるのでp. 99の②式に相当する次の式を得る。

2変数関数の1次近似式

関数 $z=f(x,\ y)$ は点 $(x,\ y)=(a,\ b)$ の近くで偏導関数 f_x，f_y が存在し，それらがともに連続であるとする。このとき，$h\fallingdotseq 0$，$k\fallingdotseq 0$ であれば次の近似式が成立する。

$$\boldsymbol{f(a+h,\ b+k)\fallingdotseq f(a,\ b)+hf_x(a,\ b)+kf_y(a,\ b)} \quad \cdots\cdots②'$$

例10 縦6 cm，横8 cmの長方形で各辺を0.1 cm伸ばしたときの面積の近似値を求めてみよう。縦が x cm，横が y cm とすると面積は $f(x,\ y)=xy$ で $f_x=y$，$f_y=x$ より

②′右辺 $=48+0.1\times 8+0.1\times 6=49.4$ (cm^2)

練習11 縦6 cm，横8 cm，高さ6 cmの直方体で各辺を0.1 cm伸ばしたときの体積の近似値を求めよ。

注意 2変数関数の2次近似式は次の通り。

関数 $z=f(x,\ y)$ は点 $(x,\ y)=(a,\ b)$ の近くで偏導関数 f_x，f_y，f_{xx}，f_{xy}，f_{yy} が存在し，それらがともに連続であるとする。このとき，$h\fallingdotseq 0$，$k\fallingdotseq 0$ であれば次の近似式が成立する（詳しくは，p. 109を参照）。

$$f(a+h,\ b+k)\fallingdotseq f(a,\ b)+hf_x(a,\ b)+kf_y(a,\ b)+\frac{1}{2}\{h^2 f_{xx}(a,\ b)+2hkf_{xy}(a,\ b)+k^2 f_{yy}(a,\ b)\}$$

4 全微分と接平面

最初に1変数関数の「微分」を紹介する。関数 $y=f(x)$ が微分可能であるとき $\lim_{h\to 0}\frac{f(x+h)-f(x)}{h}=f'(x)$ を $\frac{f(x+h)-f(x)}{h}=f'(x)+\varepsilon$ と書くと，$h\to 0$ のとき $\varepsilon\to 0$ である。この式を

$$f(x+h)-f(x)=f'(x)h+\varepsilon h \quad \cdots\cdots ①$$

と書いたとき，$f'(x)h$ と εh について，$f'(x)\neq 0$ のとき，$\lim_{h\to 0}\frac{\varepsilon h}{f'(x)h}=0$ なので εh は $f'(x)h$ より高位の無限小となる。ここで一般に「A は B より高位の無限小」とは，「A より B の方が先に0に近づく」ことをいう。したがって，y の増分 $\Delta y=f(x+h)-f(x)$ は $h\fallingdotseq 0$ のとき，次のように近似される。

$$\Delta y\fallingdotseq f'(x)h \quad \cdots\cdots ②$$

ここで，h が限りなく0に近いとき，右辺を関数 $y=f(x)$ の **微分** といい $\boldsymbol{dy}$ で表す。つまり，

$$dy=f'(x)h \quad \cdots\cdots ③$$

また，$f(x)=x$ の場合を考えれば，$f'(x)=1$ であるから，$dx=h$ となるので，③の式を

$$dy=f'(x)\,dx \quad \cdots\cdots ④$$

と表す。以下では，1変数関数 $y=f(x)$ の「微分」の概念を2変数関数 $z=f(x,\ y)$ の場合に拡張した「全微分」の概念を紹介する。

1 全微分

関数 $y=f(x)$ が $x=a$ で微分可能とは，①より，十分小さい h に対して

$$f(a+h)=f(a)+Ah+\varepsilon h \quad \cdots\cdots ⑤ \quad (ただし，\lim_{h\to 0}\varepsilon=0)$$

となるような A が存在することである。そして $A=f'(a)$ である。ここでこの1変数関数の微分可能の概念を2変数関数の場合に拡張する。

関数 $z=f(x,\ y)$ が $(x,\ y)=(a,\ b)$ で **全微分可能** とは，$\rho=\sqrt{h^2+k^2}$ が十分小さい任意の h，k に対して次の式の A，B が存在するときをいう。

$$f(a+h,\ b+k)=f(a,\ b)+Ah+Bk+\rho\varepsilon \quad \cdots\cdots ⑤' \quad (\lim_{\rho\to 0}\varepsilon=0)$$

全微分可能と連続

関数 $z=f(x,\ y)$ が $(x,\ y)=(a,\ b)$ で全微分可能ならば，$f(x,\ y)$ は $(x,\ y)=(a,\ b)$ で連続である。

証明　前ページ⑤′式より

$\lim_{\substack{h\to 0\\ k\to 0}}\{f(a+h,\ b+k)-f(a,\ b)\}=\lim_{\substack{h\to 0\\ k\to 0}}(Ah+Bk+\rho\varepsilon)=0$ である。　終

前ページ⑤′のAとBは次の方法で求められる。⑤′で $k=0$ とおくと $f(a+h,\ b)=f(a,\ b)+Ah+|h|\varepsilon$ となるが，偏微分の定義から直ちに $A=f_x(a,\ b)$ である。同様に $B=f_y(a,\ b)$ を得るので次のことがいえる。

全微分可能と偏微分可能

関数 $z=f(x,\ y)$ が $(x,\ y)=(a,\ b)$ で全微分可能ならば，$f(x,\ y)$ は xとyについて $(x,\ y)=(a,\ b)$ で偏微分可能である。

注意　この定理の逆は必ずしも成り立たない。

関数$z=f(x,\ y)$ が $(x,\ y)=(a,\ b)$ で全微分可能であるとき，ベクトル $(f_x(a,\ b),\ f_y(a,\ b))$ を $(x,\ y)=(a,\ b)$ における **微分係数** とよぶ。また，このとき⑤′より

$$f(x+h,\ y+k)-f(x,\ y)=hf_x(x,\ y)+kf_y(x,\ y)+\rho\varepsilon \quad \cdots\cdots①'$$

$(\rho=\sqrt{h^2+k^2})$ となるが，$h\to 0$，$k\to 0$のとき$\rho\to 0$であって$\varepsilon\to 0$となる。

$hf_x(x,\ y)+kf_y(x,\ y)$ と $\rho\varepsilon$ について $f_x(x,\ y)\neq 0$ のとき $\lim_{h\to 0}\dfrac{\varepsilon h}{hf_x(x,\ y)}=0$，

$f_y(x,\ y)\neq 0$ のとき $\lim_{k\to 0}\dfrac{\varepsilon k}{kf_y(x,\ y)}=0$ であるので，$\varepsilon h+\varepsilon k$ $(>\rho\varepsilon)$ は，

$hf_x(x,\ y)+kf_y(x,\ y)$ より高位の無限小となる。よって $h\fallingdotseq 0$ かつ $k\fallingdotseq 0$ のときは，zの増分 $\Delta z=f(x+h,\ y+k)-f(x,\ y)$ について

$$\Delta z\fallingdotseq hf_x(x,\ y)+kf_y(x,\ y) \quad \cdots\cdots②'$$

が成り立つ。ここでhとkが限りなく0に近いとき，右辺を $z=f(x,\ y)$ の **全微分** といい，$\boldsymbol{dz}$ で表す。

また，$z=f(x,\ y)=x$ のときは $dx=1\cdot h+0\cdot k=h$，$z=f(x,\ y)=y$ のときは $dy=0\cdot h+1\cdot k=k$ なので次のように表す。

$$dz=f_x(x,\ y)\,dx+f_y(x,\ y)\,dy \quad \cdots\cdots ④'$$

全微分は1変数関数 $y=f(x)$ の微分（p. 102 ④）に対応する概念である。

全微分

$$\boldsymbol{dz=f_x(x,\ y)\,dx+f_y(x,\ y)\,dy}$$

例11 (1) $z=f(x,\ y)=2x+3y$ のとき，$f_x=2$，$f_y=3$ より

$$dz=2dx+3dy$$

(2) $z=f(x,\ y)=\sin(2x-3y)$ のとき，$f_x=2\cos(2x-3y)$，

$f_y=-3\cos(2x-3y)$ より　$dz=(2dx-3dy)\cdot\cos(2x-3y)$

練習12 次の関数の全微分を求めよ。

(1) $z=f(x,\ y)=x^2+y^2$　　(2) $z=f(x,\ y)=xy$

前ページ②′の式より，x の増分 Δx，y の増分 Δy に対する z の増分を Δz とするとき，$\Delta x \fallingdotseq 0$，$\Delta y \fallingdotseq 0$ ならば $\Delta z \fallingdotseq f_x(x,\ y)\Delta x+f_y(x,\ y)\Delta y$ である。

練習13 次の量の近似値を求めよ。単位は cm とする。

(1) 縦6横8の長方形で各辺を0.1伸ばしたときの面積の増加量。

(2) 縦6横8高さ6の直方体で各辺を0.1伸ばしたときの体積の増加量。

2 接平面

関数 $y=f(x)$ の微分 $dy=f'(x)\,dx$（p. 102 ④）に対応して，方程式

$$y-f(a)=f'(a)(x-a) \quad \cdots\cdots ⑥$$

を考える。これは点 $(a,\ f(a))$ を通り，傾き $f'(a)$ の直線を表す。すなわち⑥は，$y=f(x)$ の $x=a$ における接線の方程式である。同様に，2変数関数 $z=f(x,\ y)$ の全微分 $dz=f_x(x,\ y)\,dx+f_y(x,\ y)\,dy$ に対応して方程式

$$z-f(a,\ b)=f_x(a,\ b)(x-a)+f_y(a,\ b)(y-b) \quad \cdots\cdots ⑥'$$

を考える。この式は空間ベクトルの内積で表現すると　←50

$$(f_x(a,\ b),\ f_y(a,\ b),\ -1)\cdot(x-a,\ y-b,\ z-f(a,\ b))=0$$

となることからわかるように xyz 空間の点 $\mathrm{A}(a,\ b,\ f(a,\ b))$ を通り，法線ベク

トルが $(f_x(a,\ b),\ f_y(a,\ b),\ -1)$ である平面を表す。 ←52

⑥′で $y=b$ とすると $z-f(a,\ b)=f_x(a,\ b)(x-a)$ となるが，これは平面 $y=b$ 内の曲線 $z=f(x,\ b)$（下の図㋐）上の点Aにおける接線（㋐′）の方程式である。つまり方程式 $z=f(x,\ y)$ の表す曲面と平面 $y=b$ との交わりとして得られる曲線上の点Aでの接線は平面⑥′に含まれる。曲面 $z=f(x,\ y)$ と平面 $x=a$ との交わりとして得られる曲線（下の図㋑）についても同様で，この曲線上の点Aでの接線（下の図㋑′）も平面⑥′に含まれる。

そこで，$z=f(x,\ y)$ が $(x,\ y)=(a,\ b)$ で全微分可能なとき，平面⑥′のことを $z=f(x,\ y)$ の点 $(a,\ b,\ f(a,\ b))$ における **接平面** とよぶ。

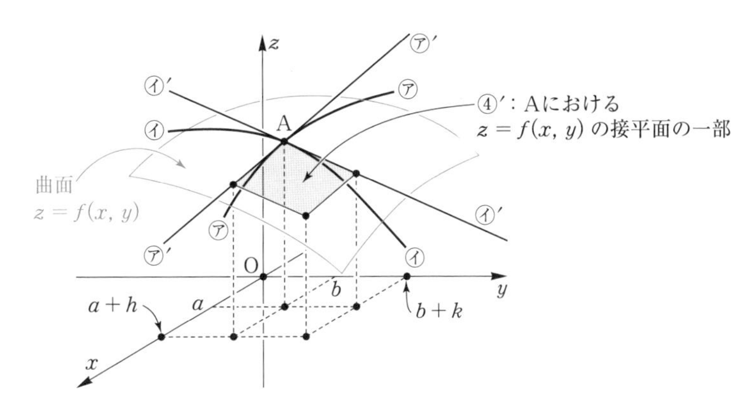

➡ $z=f(x,\ y)$ の接平面

点 $(a,\ b,\ f(a,\ b))$ における接平面の方程式は次の式である。

$$\boldsymbol{z=f(a,\ b)+f_x(a,\ b)(x-a)+f_y(a,\ b)(y-b)}$$

例12　$z=f(x,\ y)=x^2+y^2$ のグラフ上の点 $(1,\ 0,\ 1)$ における接平面は

$f_x=2x,\ f_x(1,\ 0)=2,\ f_y=2y,\ f_y(1,\ 0)=0$ より

$$z-1=2(x-1)+0(y-0) \quad \text{つまり} \quad 2x-z-1=0$$

である。これは例6（p. 94）の図における接線㋐′と接線㋑′を含む平面，つまり点Aでの接平面の方程式である。

練習14　$z=f(x,\ y)=xy$ 上の，次の点における接平面の方程式を求めよ。

(1)　$(1,\ 1,\ 1)$　　(2)　$(1,\ 2,\ 2)$

(3)　$x=2,\ y=-1$ である点　　(4)　$x=-1,\ y=-2$ である点

節末問題

1. 極限値があればそれを求め，ないと判断するときはその理由を述べよ。

(1) $\displaystyle\lim_{(x,\ y)\to(0,\ 0)} \frac{x^2y}{x^4+y^2}$　　(2) $\displaystyle\lim_{(x,\ y)\to(0,\ 0)} \frac{x^4-y^4}{x^2+y^2}$

2. 次の関数が原点 $(0,\ 0)$ で $x,\ y$ について偏微分可能かどうかを調べよ。

$$f(x,\ y)=\begin{cases}\dfrac{x^2}{x^2+y^2} & ((x,\ y)\neq(0,\ 0)\text{ のとき})\\ 0 & ((x,\ y)=(0,\ 0)\text{ のとき})\end{cases}$$

3. 次の関数について第2次偏導関数をすべて求めよ。

(1) $z=\mathrm{Tan}^{-1}\dfrac{y}{x}\quad(x\neq 0)$　　(2) $z=\mathrm{Sin}^{-1}\dfrac{x}{y}\quad(y>0)$

(3) $z=\log(x^2+y^2)$

4. 関数 $z=f(x,\ y)$ は $f_x,\ f_y$ が存在してそれらがともに連続とする。
$x=r\cos\theta,\ y=r\sin\theta$ のとき次の関係式が成り立つことを示せ。

$$(z_x)^2+(z_y)^2=(z_r)^2+\frac{1}{r^2}(z_\theta)^2$$

5. 次の量の近似値を求めよ。
縦が 6 cm，横が 8 cm の長方形において各辺の長さを 0.1 cm 伸ばしたときの対角線の長さの増加量。

6. 次の曲面上の点Pにおける接平面を求めよ。

(1) $z=x^3y+4xy^2$，$\mathrm{P}(1,\ -1,\ 3)$　　(2) $z=xy+3xy^2$，$\mathrm{P}(1,\ 1,\ 4)$

7. 底面が正方形の直方体がある。1辺の長さを1％以内の誤差で測って体積を計算したという。得られる体積の誤差の範囲を求めよ。

研究　2変数関数のグラフのかき方

1変数関数 $y=f(x)$ のグラフの概形は，

　y 軸に垂直な直線 $y=b_i$ $(i=1,\ 2,\ \cdots,\ n)$ と $y=f(x)$ との交わり（一般にはいくつかの点）

を調べ，それらをつなぐことで得られる。

同様に，2変数関数 $z=f(x,\ y)$ のグラフの概形は，

　z 軸に垂直な平面 $z=c_j$ $(j=1,\ 2,\ \cdots,\ m)$ と $z=f(x,\ y)$ との交わり（一般にはいくつかの曲線）

を調べ，それらをつなぐことで得られる。

つまり，曲面 $z=f(x,\ y)$ の全体像を知りたいときには，それを z 軸に垂直な平面で切ったときの切り口を調べていき，それらをつないでいけばよい。

具体的には次のような作業を行えばよいことになる。

$z=f(x,\ y)$ のグラフのかき方

[1]　z の値を α と決めたときに得られる x と y の関係式 $f(x,\ y)=\alpha$ が表す図形を xy 平面上にかく。

　z の値 α は xyz 空間での「高さ」であるから，この図形は地図における α の高さの等高線にあたる曲線である。

　これを $z=f(x,\ y)$ のグラフの「$z=\alpha$ のときの等高線」とよぶことにしよう。

[2]　[1]の α を変化させて $z=f(x,\ y)$ のグラフの等高線 $f(x,\ y)=\alpha$ を適当な本数だけかく。

[3]　[2]の等高線図を用いて xyz 空間内に曲面 $z=f(x,\ y)$ をかく。

この方法で，すでに例3（p. 88）で扱った関数 $z=\sqrt{9-x^2-y^2}$ のグラフをかいてみると次のようになる。

関数 $z=\sqrt{9-x^2-y^2}$ のグラフの等高線図を xy 平面上にかき，それらをもとにして $z=\sqrt{9-x^2-y^2}$ のグラフの概形をかこう。

[1] $z=0$ のとき $0=\sqrt{9-x^2-y^2}$ で $0=9-x^2-y^2$，つまり，$z=0$ のときの等高線は $x^2+y^2=3^2$（中心 $(0,\ 0)$ 半径 3 の円）

$z=1$ のときは $x^2+y^2=(2\sqrt{2})^2$（中心 $(0,\ 0)$ 半径 $2\sqrt{2}$ の円）

$z=2$ のときは $x^2+y^2=(\sqrt{5})^2$（中心 $(0,\ 0)$ 半径 $\sqrt{5}$ の円）

$z=3$ のときは $x^2+y^2=0$（点 $(0,\ 0)$）

$z<0$ のときは $0>\sqrt{9-x^2-y^2}$，$z>3$ のときは $3<\sqrt{9-x^2-y^2}$ で，これらを満たす $(x,\ y)$ はない。

したがって，$z<0$，$z>3$ のところにはグラフが存在しない。

[2] $z=\sqrt{9-x^2-y^2}$ の等高線図

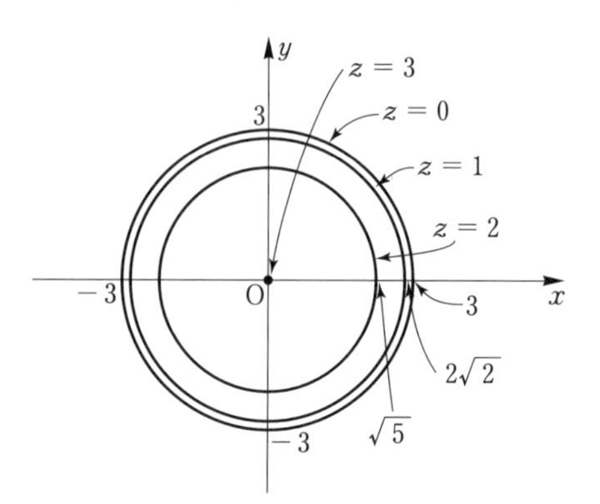

[3] $z=\sqrt{9-x^2-y^2}$ のグラフ

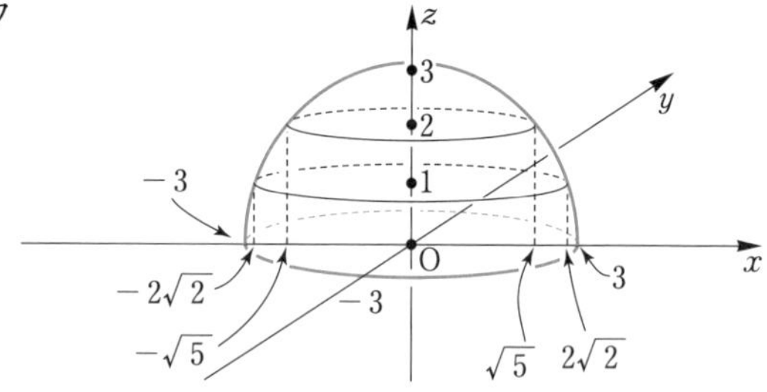

演習 次の関数 $z=f(x,\ y)$ のグラフの等高線図を xy 平面上にかき，それをもとにして $z=f(x,\ y)$ のグラフの概形をかけ。

(1) $z=x+y$　　(2) $z=x^2+y^2$　　(3) $z=xy$

注意 $z=x+y$ は $x+y-z=0$ であり，これは点 $(0,\ 0,\ 0)$ を通りベクトル $\vec{n}=(1,\ 1,\ -1)$ に垂直な平面を表す。

←41

研究　2変数関数のテイラーの定理

1変数のテイラーの定理を2変数関数に拡張しよう。

いま，関数 $z = f(x, y)$ が領域 D で連続で第 n 次まで連続な偏導関数が存在するものとする。また，点 $\mathrm{P}(a, b)$，$\mathrm{Q}(a+h, b+k)$ が D 内の任意の2点であって線分PQ上の点はすべて D 内の点であるとする。まず，p. 100 で示した平均値の定理を思い出そう。

［テイラーの定理で $\boldsymbol{n=1}$ の場合（平均値の定理）］

$$\begin{aligned} & f(a+h,\ b+k) \\ &= f(a,\ b) + hf_x(a+\theta_1 h,\ b+\theta_1 k) + kf_y(a+\theta_1 h,\ b+\theta_1 k) \end{aligned}$$

を満たす θ_1 $(0 < \theta_1 < 1)$ が存在する。

この定理の証明のときと同じく $x(t) = a + ht$，$y(t) = b + kt$ $(0 \leqq t \leqq 1)$ に対して $f(x(t), y(t)) = f(a+ht, b+kt) = g(t)$ とおく。

合成関数の微分法（p. 97）により

$$\begin{aligned} g'(t) &= f_x x'(t) + f_y y'(t) = f_x h + f_y k, \\ g''(t) &= (f_x h + f_y k)_x x'(t) + (f_x h + f_y k)_y y'(t) \\ &= f_{xx}h^2 + 2f_{xy}hk + f_{yy}k^2 \end{aligned}$$

一方，1変数のテイラーの定理(II)（p. 35）より次の式が成り立つ。

$$g(t) = g(0) + \frac{g'(0)}{1!}t + \frac{g''(\theta_2 t)}{2!}t^2 \quad (0 < \theta_2 < 1)$$

よって，$g(1) = g(0) + g'(0) + \dfrac{1}{2}g''(\theta_2)$ であり，f の式に書き直すと次の定理を得る。

［テイラーの定理で $\boldsymbol{n=2}$ の場合］

$$\begin{aligned} f(a+h,\ b+k) = f(a,\ b) &+ hf_x(a,\ b) + kf_y(a,\ b) \\ &+ \frac{1}{2}\Big\{h^2 f_{xx}(a+\theta_2 h,\ b+\theta_2 k) + 2hkf_{xy}(a+\theta_2 h,\ b+\theta_2 k) \\ &\qquad + k^2 f_{yy}(a+\theta_2 h,\ b+\theta_2 k)\Big\} \end{aligned}$$

を満たす θ_2 $(0 < \theta_2 < 1)$ が存在する。

同様にして，一般の 2 変数関数のテイラーの定理は以下のように導かれる。

$g(t)=f(a+ht,\ b+kt)$ とおくと 1 変数関数のテイラーの定理(II) (p. 35) より

$$g(t)=g(0)+\frac{g'(0)}{1!}t+\frac{g''(0)}{2!}t^2+\frac{g^{(3)}(0)}{3!}t^3+\cdots$$
$$+\frac{g^{(n-1)}(0)}{(n-1)!}t^{n-1}+\frac{g^{(n)}(\theta t)}{n!}t^n \quad (0<\theta<1)$$

となる。このとき $f_{xy}=f_{yx}$，$f_{xxy}=f_{xyx}=f_{yxx}$，$\cdots$ などの性質に注意すると

$$g'(t)=hf_x+kf_y,\quad g''(t)=h^2f_{xx}+2hkf_{xy}+k^2f_{yy},$$
$$g^{(3)}(t)=h^3f_{xxx}+3h^2kf_{xxy}+3hk^2f_{xyy}+k^3f_{yyy},\ \cdots\cdots$$

となる。$t=1$ として $(x,\ y)=(a,\ b)$ のまわりでのテイラーの定理が得られるが，実際に書き下すのはかなり面倒なので次の記法が用いられる。

$$g'(t)=\left(h\frac{\partial}{\partial x}+k\frac{\partial}{\partial y}\right)f,\quad g''(t)=\left(h\frac{\partial}{\partial x}+k\frac{\partial}{\partial y}\right)^2f,$$
$$g^{(3)}(t)=\left(h\frac{\partial}{\partial x}+k\frac{\partial}{\partial y}\right)^3f,\ \cdots\cdots$$

すなわち自然数 r に対し

$$\left(h\frac{\partial}{\partial x}+k\frac{\partial}{\partial y}\right)^rf=h^r\frac{\partial^rf}{\partial x^r}+rh^{r-1}k\frac{\partial^rf}{\partial x^{r-1}\partial y}+\cdots+k^r\frac{\partial^rf}{\partial y^r}$$
$$=\sum_{j=0}^{r}{}_r\mathrm{C}_jh^{r-j}k^j\frac{\partial^rf}{\partial x^{r-j}\partial y^j}$$

とすると

$$g^{(r)}(t)=\left(h\frac{\partial}{\partial x}+k\frac{\partial}{\partial y}\right)^rf$$

である。さらに，$g^{(r)}(0)=\left(h\frac{\partial}{\partial x}+k\frac{\partial}{\partial y}\right)^rf(a,\ b)$ と記すことにすると，2 変数関数のテイラーの定理は次のように表される。

[テイラーの定理] $|h|$，$|k|$ が十分小さいとき，次の式が成り立つ。

$$f(a+h,\ b+k)=f(a,\ b)+\frac{1}{1!}\left(h\frac{\partial}{\partial x}+k\frac{\partial}{\partial y}\right)f(a,\ b)$$
$$+\frac{1}{2!}\left(h\frac{\partial}{\partial x}+k\frac{\partial}{\partial y}\right)^2f(a,\ b)+\cdots+\frac{1}{(n-1)!}\left(h\frac{\partial}{\partial x}+k\frac{\partial}{\partial y}\right)^{n-1}f(a,\ b)$$
$$+\frac{1}{n!}\left(h\frac{\partial}{\partial x}+k\frac{\partial}{\partial y}\right)^nf(a+\theta h,\ b+\theta k) \quad (0<\theta<1)$$

2 偏微分の応用

1 極値問題

領域 D で定義された連続関数 $z=f(x,\ y)$ が，D 内の点 $(a,\ b)$ に十分近い $(a,\ b)$ 以外の任意の点 $(x,\ y)$ について

$$f(x,\ y)>f(a,\ b)$$

であるとき，$f(x,\ y)$ は点 $(a,\ b)$ で **極小** といい，$f(a,\ b)$ は $z=f(x,\ y)$ の **極小値** であるという。

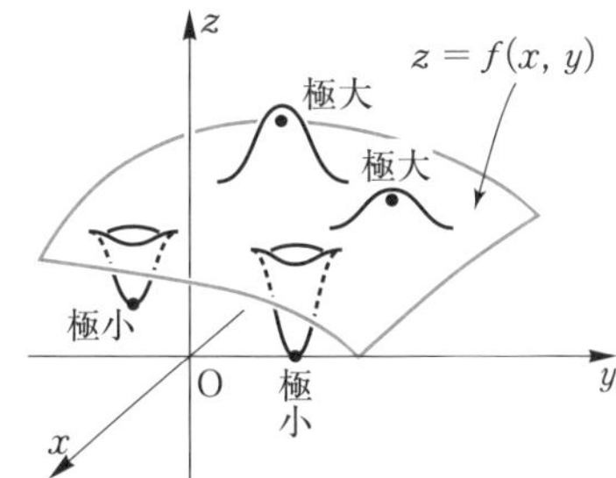

同様に，点 $(a,\ b)$ に十分近い $(a,\ b)$ 以外の任意の点 $(x,\ y)$ について

$$f(x,\ y)<f(a,\ b)$$

であるとき，$f(x,\ y)$ は点 $(a,\ b)$ で **極大** といい，$f(a,\ b)$ は $z=f(x,\ y)$ の **極大値** であるという。$f(x,\ y)$ が点 $(a,\ b)$ で極大または極小であることを，$f(x,\ y)$ は $(a,\ b)$ で **極値** をとるという。

1変数関数 $y=f(x)$ の場合と同じように，極値は必ずしも最大値または最小値であるとは限らない。

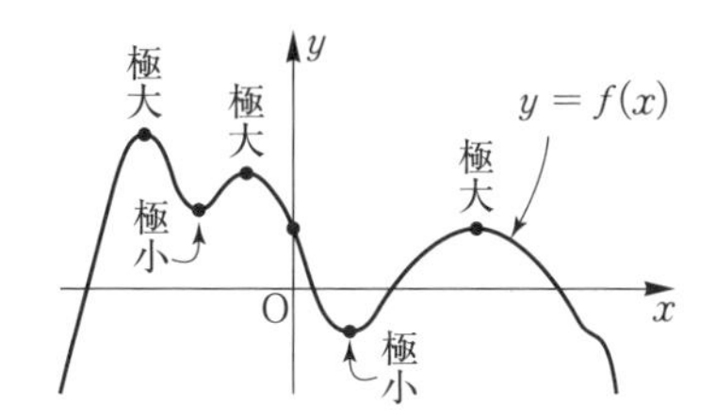

$z=f(x,\ y)$ が $(a,\ b)$ で極値をとるならば，平面 $y=b$ 上で考えた x だけの関数 $z=f(x,\ b)$ は $x=a$ で極値をとる。よって，$x=a$ で微分可能ならば $f_x(a,\ b)=0$ である。同様に，$z=f(x,\ y)$ が $(a,\ b)$ で極値をとるならば，平面 $x=a$ 上で考えた y だけの関数 $z=f(a,\ y)$ も $y=b$ で極値をとり，$f_y(a,\ b)=0$ となる。

以上により，次の定理が成り立つ。

極値をとる点のもつ条件

偏微分可能な関数 $z=f(x,\ y)$ が点 $(a,\ b)$ で極値をとるならば

$$f_x(a,\ b)=0 \quad かつ \quad f_y(a,\ b)=0$$

例1 $z=f(x,\ y)=4-(x^2+y^2)$ について，平面 $y=0$ に制限した関数 $z=f(x,\ 0)=4-x^2$（図の㋐）は $x=0$ で極大となり，$f_x(0,\ 0)=0$，つまり xz 座標平面内の $(x,\ z)=(0,\ 4)$ での㋐の接線㋐′の傾きは 0 である。一方，平面 $x=0$ に制限した関数 $z=f(0,\ y)=4-y^2$（図の㋑）は $y=0$ で極大となり，$f_y(0,\ 0)=0$，つまり yz 座標平面内の $(y,\ z)=(0,\ 4)$ での㋑の接線㋑′の傾きは 0 である。

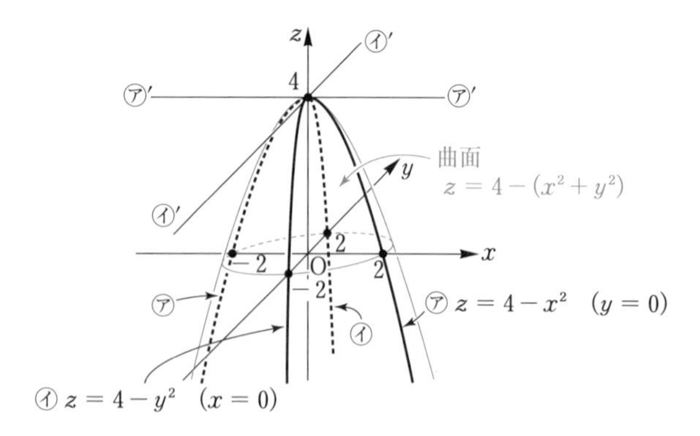

前ページの極値をとる点のもつ条件は十分条件ではない。

例2 $z=f(x,\ y)=x^2-y^2$ とする。$f_x(x,\ y)=2x$，$f_y(x,\ y)=-2y$ より $f_x(0,\ 0)=f_y(0,\ 0)=0$ が成り立つ。しかし，平面 $y=0$ 上では $z=x^2$（図㋐），平面 $x=0$ 上では $z=-y^2$（図㋑）となり，$z=x^2-y^2$ は点 $(0,\ 0)$ において極大にも極小にもならない。

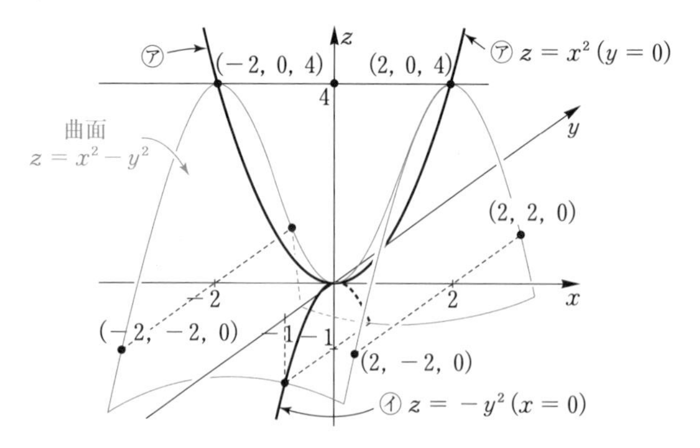

条件「$f_x(a,\ b)=0$ かつ $f_y(a,\ b)=0$」のもと，$f(x,\ y)$ が点 $(a,\ b)$ で実際に極値をとるかどうかの判定については次の定理がある。

極値の判定法

関数 $z=f(x, y)$ が点 (a, b) のまわりで2回微分可能，1次および2次偏導関数がすべて連続で $f_x(a, b)=f_y(a, b)=0$ とする。また，$\mathrm{H}(x, y)=f_{xx}f_{yy}-\{f_{xy}\}^2$ とおく。このとき

(i) $\mathrm{H}(a, b)>0$ のとき，$f(x, y)$ は (a, b) で極値 $f(a, b)$ をとる。
とくに $f_{xx}(a, b)>0$ のとき，この極値は極小値である。
また $f_{xx}(a, b)<0$ のとき，この極値は極大値である。

(ii) $\mathrm{H}(a, b)<0$ のとき，$f(x, y)$ は (a, b) で極値をとらない。

注意 $\mathrm{H}(a, b)=0$ のときはどちらともいえないので，別に考える。

注意 $\mathrm{H}(x, y)=\begin{vmatrix} f_{xx} & f_{xy} \\ f_{yx} & f_{yy} \end{vmatrix}$ に対して，$\mathrm{H}(a, b)$ を (a, b) での **ヘシアン** という。$f(x, y)$ の1次，2次偏導関数が連続のときは $f_{xy}=f_{yx}$ である。

証明 研究（p. 109）で証明したテイラーの定理（$n=2$ のとき）より

$$f(a+h, b+k)=f(a, b)+hf_x(a, b)+kf_y(a, b)$$
$$+\frac{1}{2}\{h^2f_{xx}(a+\theta h, b+\theta k)+2hkf_{xy}(a+\theta h, b+\theta k)$$
$$+k^2f_{yy}(a+\theta h, b+\theta k)\} \quad (0<\theta<1)$$

が成り立つ。仮定より $f_x(a, b)=f_y(a, b)=0$ であり，かつ f_{xx}，f_{xy}，f_{yy} が連続なので $|h|$，$|k|$ が十分小さいときは

$$f(a+h, b+k)-f(a, b)\fallingdotseq\frac{1}{2}\{h^2f_{xx}(a, b)+2hkf_{xy}(a, b)+k^2f_{yy}(a, b)\} \quad \cdots①$$

であり，右辺を0とおいた h の2次方程式の解の判別式は次の式である。

$$\{f_{xy}(a, b)\}^2-f_{xx}(a, b)\cdot f_{yy}(a, b)=-\mathrm{H}(a, b) \quad \cdots\cdots②$$

(i) $\mathrm{H}(a, b)>0$ のとき，②より $f_{xx}(a, b)\neq 0$ である。
$f_{xx}(a, b)>0$ ならば①の右辺はつねに正で $f(a+h, b+k)>f(a, b)$，
したがって点 (a, b) で $f(x, y)$ は極小である。一方，
$f_{xx}(a, b)<0$ ならば①の右辺はつねに負で $f(a+h, b+k)<f(a, b)$，
したがって点 (a, b) で $f(x, y)$ は極大である。

(ii) $\mathrm{H}(a, b)<0$ のとき，①の右辺の2次式は h，k の値により正にも負にもなるので $f(a, b)$ は極値ではない。 終

例題 1　$z = f(x,\ y) = x^2 + xy + y^2 + 5x - 2y$ の極値を求めよ。

解　$f_x = 2x + y + 5,\ f_y = x + 2y - 2$ より，$f_x = f_y = 0$ を満たすのは $(x,\ y) = (-4,\ 3)$ のみである。

$f_{xx} = 2,\ f_{xy} = 1,\ f_{yy} = 2$ なのでヘシアンは $\mathrm{H}(x,\ y) = 2 \cdot 2 - 1^2 = 3$

$(x,\ y) = (-4,\ 3)$ のとき　$\mathrm{H}(-4,\ 3) = 3 > 0$

よって，点 $(-4,\ 3)$ で極値をとる。

$$f_{xx}(-4,\ 3) = 2 > 0$$

以上より，$f(x,\ y)$ は点 $(-4,\ 3)$ で極小値 $z = -13$ をとる。

例題 2　$z = f(x,\ y) = x^3 + y^3 - 6xy$ の極値を求めよ。

解　$f_x = 3x^2 - 6y,\ f_y = 3y^2 - 6x$ より，$f_x = f_y = 0$ となるのは，$f_x = 0$ から得られる $y = \dfrac{1}{2}x^2$ を $3y^2 - 6x = 0$ に代入して $x(x^3 - 8) = 0$ のとき，つまり $(x,\ y) = (0,\ 0),\ (2,\ 2)$ のときである。

$f_{xx} = 6x,\ f_{xy} = -6,\ f_{yy} = 6y$ なのでヘシアンは次のようになる。

$$\mathrm{H}(x,\ y) = 6x \cdot 6y - (-6)^2 = 36xy - 36$$

(i)　$(x,\ y) = (0,\ 0)$ のとき，$\mathrm{H}(0,\ 0) = -36 < 0$

　よって，点 $(0,\ 0)$ で $f(x,\ y)$ は極値をとらない。

(ii)　$(x,\ y) = (2,\ 2)$ のとき，$\mathrm{H}(2,\ 2) = 36 \cdot 2 \cdot 2 - 36 > 0$

　よって，点 $(2,\ 2)$ で $f(x,\ y)$ は極値をとる。

$$f_{xx}(2,\ 2) = 6 \cdot 2 > 0$$

　より $f(x,\ y)$ は点 $(2,\ 2)$ において極小値 $z = -8$ をとる。

練習 1　次の関数 $z = f(x,\ y)$ の極値を求めよ。

(1)　$z = x^2 + y^2 - 2x - y + 1$　　(2)　$z = x^2 + 4xy - 6y^2$

(3)　$z = x^2 + y^2 + y^3$

2 陰関数の微分法

1 陰関数定理

x, y の方程式 $F(x,\ y)=0$ から定められる x の関数 y を x の陰関数という。$F(x,\ y)=0$ の定める陰関数について次の定理がある。

陰関数定理

関数 $z=F(x,\ y)$ は，ある領域 D で連続で偏微分可能であり，F_x, F_y はともに連続であるとする。また D 内の点 $(a,\ b)$ で $F(a,\ b)=0$ が成立し，$F_y(a,\ b)\neq 0$ とする。このとき，$x=a$ の十分近くにおいては次の条件を満たす微分可能な関数 $y=f(x)$ がただ1つ定まる。

[1] $\boldsymbol{F(x,\ f(x))=0}$　[2] $\boldsymbol{b=f(a)}$　[3] $\boldsymbol{\dfrac{dy}{dx}=\dfrac{-F_x(x,\ y)}{F_y(x,\ y)}}$

証明は省略する。$y=f(x)$ が微分可能であることを知れば[1]の両辺を x で微分して（p. 97 合成関数の微分法(I)）$F_x\dfrac{dx}{dx}+F_y\dfrac{dy}{dx}=0$ が得られる。仮定により $F_y\neq 0$ だから[3]がしたがう。

例3 $F(x,\ y)=x^2+y^2-1$ として，方程式 $F(x,\ y)=0$ の定める x の陰関数 y の導関数は，$F_x(x,\ y)=2x$, $F_y(x,\ y)=2y$ であるから，上の[3]より，$y\neq 0$ のとき

$$\frac{dy}{dx}=\frac{-2x}{2y}=\frac{-x}{y}\quad \text{である。}$$

例4 $F(x,\ y)=x^2+4xy-6y^2$ として，方程式 $F(x,\ y)=0$ の定める x の陰関数 y の導関数は，$F_x(x,\ y)=2x+4y$, $F_y(x,\ y)=4x-12y$ であるから，上の[3]より，$x-3y\neq 0$ のとき

$$\frac{dy}{dx}=\frac{-(2x+4y)}{4x-12y}=\frac{-(x+2y)}{2x-6y}\quad \text{である。}$$

練習2 次の方程式の定める x の関数 y の導関数を求めよ。

(1) $x^2+xy+y^2=6$　　(2) $x^3+y^3-6xy=0$

2 接線・法線

方程式 $F(x,\ y)=0$ が曲線 C を定めるとき，C 上の点 $\mathrm{P}(a,\ b)$ での接線 l の傾きは，前ページの定理の[3]式より，$F_y(a,\ b)\neq 0$ であれば $\dfrac{-F_x(a,\ b)}{F_y(a,\ b)}$ である。よって，接線 l の方程式は $y-b=\dfrac{-F_x(a,\ b)}{F_y(a,\ b)}(x-a)$ すなわち，$F_y(a,\ b)(y-b)+F_x(a,\ b)(x-a)=0$ であり，これは $F_y(a,\ b)=0$ のときも $F_x(a,\ b)\neq 0$ なら曲線 C 上の点 $\mathrm{P}(a,\ b)$ での接線方程式である。$\mathrm{P}(a,\ b)$ での法線を l' とすると，l の傾きと l' の傾きの積が -1 なので l' の方程式は $F_y(a,\ b)(x-a)-F_x(a,\ b)(y-b)=0$ である。以上から次のことがわかる。

接線・法線の方程式

方程式 $F(x,\ y)=0$ で表される曲線上の点 $\mathrm{P}(a,\ b)$ における接線，法線はそれぞれ次の方程式で与えられる。ただし，$F_x(a,\ b)$ と $F_y(a,\ b)$ はどちらか一方が0でないとする。

接線　$\boldsymbol{F_x(a,\ b)(x-a)+F_y(a,\ b)(y-b)=0}$

法線　$\boldsymbol{F_y(a,\ b)(x-a)-F_x(a,\ b)(y-b)=0}$

例5　曲線 $x^2+xy+y^2=6$ ……① 上の点 $\mathrm{P}(\sqrt{2},\ \sqrt{2})$ における接線・法線の方程式を求める。$F(x,\ y)=x^2+xy+y^2-6$ とおくと

$F_x=2x+y,\ F_y=x+2y$ より

$F_x(\sqrt{2},\ \sqrt{2})=2\sqrt{2}+\sqrt{2}=3\sqrt{2}$

$F_y(\sqrt{2},\ \sqrt{2})=\sqrt{2}+2\sqrt{2}=3\sqrt{2}$ よって，

接線 l は $3\sqrt{2}(x-\sqrt{2})+3\sqrt{2}(y-\sqrt{2})=0$ より $x+y=2\sqrt{2}$，

法線 l' は $3\sqrt{2}(x-\sqrt{2})-3\sqrt{2}(y-\sqrt{2})=0$ より $x-y=0$

注意　①は楕円 $\dfrac{x^2}{12}+\dfrac{y^2}{4}=1$ を原点中心に $-\dfrac{\pi}{4}$ 回転して得られる楕円である。

接線 l は長軸に平行，短軸が法線 l' を与える。(p. 118 図)

練習3　次の2次曲線上の点Pにおける接線 l および法線 l' の方程式を求めよ。

(1) 双曲線 $\dfrac{x^2}{4}-y^2=1$，$\mathrm{P}(4,\ \sqrt{3})$ ←14

(2) 放物線 $y^2=8x$，$\mathrm{P}(2,\ 4)$ ←12

3 陰関数の極値

方程式 $F(x,\ y)=0$ によって x の陰関数 $y=f(x)$ が定められているときの，y の極値を求める方法を考えよう。

y が $x=a$ において極値 $b=f(a)$ をとるとすると，点 $(a,\ b)$ で，曲線 $F(x,\ y)=0$ の接線の傾きは0であることが必要である。したがって

$x=a$ のとき $y'=\dfrac{dy}{dx}=0$ ……① であり，かつ p. 115 [3]式より

$F_x(a,\ b)=0$ ……② である。

次に，$x=a$ で $y=f(x)$ が実際に極値をとるかどうかを調べるために，$x=a$ における $y''=\dfrac{d^2y}{dx^2}$ の符号を調べる。

$y'=\dfrac{-F_x}{F_y}$ を x で微分すると

$$\frac{dF_x}{dx}=F_{xx}+F_{xy}\frac{dy}{dx},\quad \frac{dF_y}{dx}=F_{yx}+F_{yy}\frac{dy}{dx}$$

であることから

$$y''=\frac{d}{dx}y'=\frac{d}{dx}\left(-\frac{F_x}{F_y}\right)=-\frac{\dfrac{dF_x}{dx}\cdot F_y-F_x\cdot\dfrac{dF_y}{dx}}{{F_y}^2}$$

$$=-\frac{\left(F_{xx}+F_{xy}\dfrac{dy}{dx}\right)F_y-F_x\left(F_{yx}+F_{yy}\dfrac{dy}{dx}\right)}{{F_y}^2}$$

となり $x=a$ では①，②より $y''=-\dfrac{F_{xx}(a,\ b)}{F_y(a,\ b)}$

この値が正ならば $x=a$ で $f(x)$ は極小値 $f(a)$ をとり，負ならば極大値 $f(a)$ をとる。(p. 42)

以上のことから，陰関数の極値を調べるには次の方法をとればよい。

陰関数の極値

$F(x,\ y)=0$ により定められた x の関数 y の極値を求めるには

[1] $F(x,\ y)=0$, $F_x(x,\ y)=0$ を満たす点 $(x,\ y)=(a,\ b)$ を求める。

[2] $-\dfrac{F_{xx}(a,\ b)}{F_y(a,\ b)}$ の符号を調べて，正ならば b は y の極小値，負ならば b は y の極大値である。

例題 3 例5（p. 116）の曲線 $x^2+xy+y^2=6$ ……① の極値を求めよ。

解 $F(x,\ y)=x^2+xy+y^2-6$ とおく。$F_x=2x+y$，$F_y=x+2y$

［1］ $F(x,\ y)=0$，$F_x(x,\ y)=0$ を満たす点を求める。$y=-2x$ を $x^2+xy+y^2-6=0$ に代入して $3x^2=6$ であり $x=\pm\sqrt{2}$ である。

したがって，$(x,\ y)=(\sqrt{2},\ -2\sqrt{2})$，$(-\sqrt{2},\ 2\sqrt{2})$

［2］ $F_{xx}=2$ となるので

(i) $(x,\ y)=(\sqrt{2},\ -2\sqrt{2})$ のとき

$$-\frac{F_{xx}}{F_y}=-\frac{2}{\sqrt{2}-4\sqrt{2}}>0$$

より，曲線は極小で，その値は $y=-2\sqrt{2}$ である。

(ii) $(x,\ y)=(-\sqrt{2},\ 2\sqrt{2})$ のとき

$$-\frac{F_{xx}}{F_y}=-\frac{2}{-\sqrt{2}+4\sqrt{2}}<0$$

より，曲線は極大で，その値は $y=2\sqrt{2}$ である。

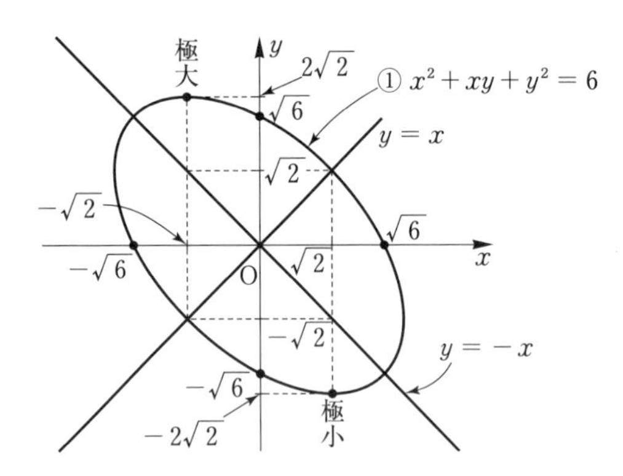

練習 4 次の方程式で与えられた陰関数 y の極値を求めよ。

(1) $3x^2+4xy+4y^2=24$　　(2) $x^2-4y^2+9=0$

3 条件付極値問題

x と y の間に

$$g(x,\ y)=0 \quad \cdots\cdots①$$

という関係があるとき，この条件のもとでの関数

$$z=f(x,\ y) \quad \cdots\cdots②$$

の極値について調べてみよう。

①の両辺を x で微分すると合成関数の微分法(I)（p. 97）より次の式が成り立つ。

$$g_x+g_y y'=0 \quad \cdots\cdots①'$$

一方，②の両辺を x で微分すると $\dfrac{dz}{dx}=f_x+f_y\dfrac{dy}{dx}$ なので極値をとる点では

$$f_x+f_y y'=0 \quad \cdots\cdots②'$$

が成り立つ。ここで ①$'\times f_y-$②$'\times g_y$ より

$$g_x f_y-f_x g_y=0 \quad \cdots\cdots③$$

を得る。よって，条件①のもとで z が極値をとる点を $(x,\ y)=(a,\ b)$ とすると，これは方程式①，③両方の解となっている。

条件付極値をとる点のもつ条件

条件 $g(x,\ y)=0$ のもとで関数 $z=f(x,\ y)$ が極値をとる点 $(a,\ b)$ に対して次の式が成り立つ。

[1] $g(a,\ b)=0$ [2] $f_x(a,\ b)g_y(a,\ b)-g_x(a,\ b)f_y(a,\ b)=0$

実際に点 $(a,\ b)$ で $z=f(x,\ y)$ が極値をとるかどうかは $\dfrac{d^2z}{dx^2}$ の符号を調べるなどの方法で判定すればよい。

また，条件[2]は，次の λ についての連立1次方程式

$$\begin{cases} f_x(a,\ b)-\lambda g_x(a,\ b)=0 & \cdots\cdots④ \\ f_y(a,\ b)-\lambda g_y(a,\ b)=0 & \cdots\cdots⑤ \end{cases}$$

が解をもつことを意味する。この λ を **ラグランジュの乗数** という。この λ を用いて[1]，④，⑤を満たす $(a,\ b)$ を求めることで z が極値をとる候補を見つける方法を **ラグランジュの乗数法** という（p. 121 例題 5）。

例題 4 条件 $x^2+y^2=1$ のもとでの関数 $z=x+y$ の極値を求めよ。

解 xyz 空間の中では，方程式 $x^2+y^2=1$ は中心が z 軸，半径が1の円筒を表している（図①）。一方，$z=x+y$ は平面を表す。

$g(x, y)=x^2+y^2-1=0$ ……①　$z=f(x, y)=x+y$ ……②

とおくと　$f_x=1$, $f_y=1$, $g_x=2x$, $g_y=2y$

$f_xg_y-g_xf_y=0$ とおくと　$2y-2x=0$ ……③

①，③より $(x, y)=\left(\pm\dfrac{1}{\sqrt{2}}, \pm\dfrac{1}{\sqrt{2}}\right)$ となり，このとき②より $z=\pm\sqrt{2}$（複号同順）。グラフより①と②の交線上で z は最大，最小をとることがわかっているのでこれらの z 座標が極値である。よって極大値は $z=\sqrt{2}$，極小値は $z=-\sqrt{2}$ である。

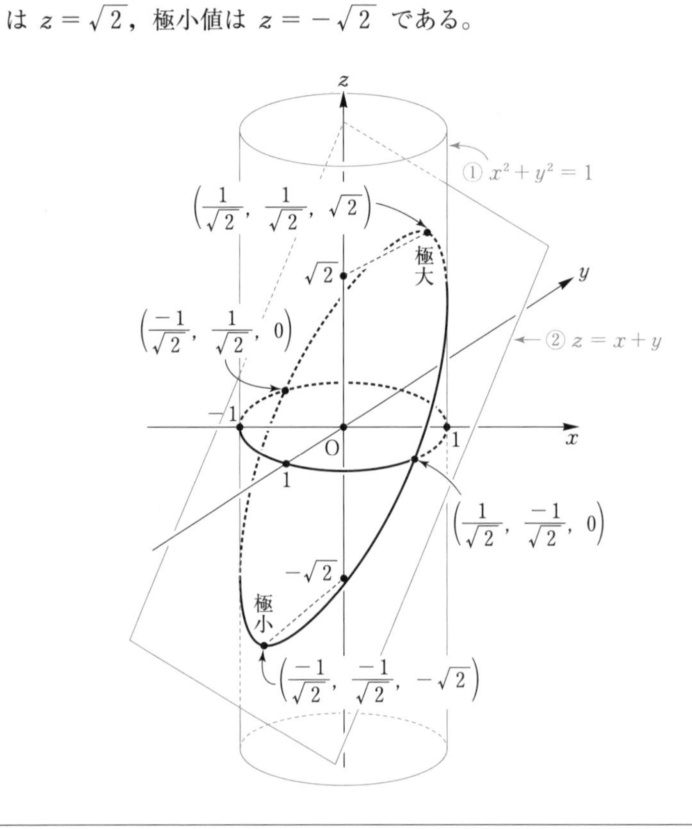

$x^2+y^2=1$ の条件のもとでは連続関数 $z=f(x,\ y)$ は必ず最大値と最小値をとる。証明はしないが，この事実をもとにして別の例を調べてみよう。

例題 5　条件 $x^2+y^2=1$ のもとでの $z=x^2+4xy-2y^2$ の極値を求めよ。

解

$g(x,\ y)=x^2+y^2-1=0$ ……①

$z=f(x,\ y)=x^2+4xy-2y^2$ ……②　　とおくと

$f_x=2x+4y,\ f_y=4x-4y,\ g_x=2x,\ g_y=2y$

なので，ラグランジュの乗数法より，z が極値をとる点 $(x,\ y)$ では，$(2x+4y)-2x\lambda=0$ かつ $(4x-4y)-2y\lambda=0$ が成り立つ。つまり，

$$\begin{cases}(1-\lambda)x+2y=0 & \cdots\cdots③\\ 2x+(-2-\lambda)y=0 & \cdots\cdots④\end{cases}$$

③ $\times(-2-\lambda)-$ ④ $\times 2$ として y を消去すると

$\{(1-\lambda)(-2-\lambda)-4\}x=0,$

同様にして x を消去すると

$\{(1-\lambda)(-2-\lambda)-4\}y=0$

となるが，いま $(x,\ y)$ は①上の点なので x と y が同時に 0 となることはない。よって $(1-\lambda)(-2-\lambda)-4=0$，つまり $\lambda=-3,\ 2$ が求まる。

(i) $\lambda=-3$ のとき，③，④より $2x+y=0$ なので①より $5x^2=1$，

したがって $(x,\ y)=\left(\dfrac{\pm 1}{\sqrt{5}},\ \dfrac{\mp 2}{\sqrt{5}}\right)$ (複号同順)，このとき $z=-3$

(ii) $\lambda=2$ のとき，③，④より $x-2y=0$ なので①より $5y^2=1$，

したがって $(x,\ y)=\left(\dfrac{\pm 2}{\sqrt{5}},\ \dfrac{\pm 1}{\sqrt{5}}\right)$ (複号同順)，このとき $z=2$

条件①のもとで②は最大値と最小値をもち，これらはそれぞれ極大値，極小値であるから，$z=2$ が極大値，$z=-3$ が極小値。

練習 5　与えられた条件のもとで次の関数 $z=f(x,\ y)$ の極値を求めよ。

(1) 条件 $x^2+y^2=4$ のもとでの $z=x-2y$ の極値

(2) 条件 $x^2+y^2=1$ のもとでの $z=xy$ の極値

節末問題

1. 次の関数の極値を調べよ。ただし(4)では $0 < x < 2\pi$, $0 < y < 2\pi$ とする。

(1) $f(x, y) = x^3 + y^2$　　(2) $f(x, y) = 3x^2 + 3xy + 2y^3$

(3) $f(x, y) = e^x(x^2 - y^2)$　　(4) $f(x, y) = \sin x + \cos y$

2. 次の方程式で定められる x の関数 y を微分せよ。

(1) $x^2 + y^2 - 6x - 8y = 0$　　(2) $x^{\frac{2}{3}} + y^{\frac{2}{3}} = 1$ ←p. 19, 4(3)

(3) $x^3 - 3xy + y^3 = 0$ ←p. 17　　(4) $x^2 + 2xy - y^2 = 1$

3. 次の曲線上の点Pにおける接線および法線の方程式を求めよ。

(1) 楕円 $\dfrac{x^2}{4} + y^2 = 1$, $\mathrm{P}\left(1, \dfrac{\sqrt{3}}{2}\right)$ ←13

(2) 双曲線 $x^2 - \dfrac{y^2}{4} = 1$, $\mathrm{P}\left(\dfrac{\sqrt{5}}{2}, 1\right)$ ←14

(3) 双曲線 $xy = 4$, $\mathrm{P}(1, 4)$　　(4) 放物線 $y^2 = 4x$, $\mathrm{P}(1, 2)$ ←12

4. 次の方程式で定められる x の関数 y の極値を求めよ。

(1) $xy^2 + x^2y = 2$　　(2) $8x + 8y + x^2y^2 = 0$

(3) $x^3 + y^3 - 3xy = 0$ ←p. 17　　(4) $x^2 + 4xy + 5y^2 = 1$

5. 与えられた条件のもとで次の関数の極値を求めよ。

(1) $x^2 + 2y^2 = 1$, $z = xy$ ←13

(2) $x^2 - y^2 = 1$, $z = 2x - y$ ←14

(3) $xy = 1$, $z = x^2 + y^2$

6. 条件 $x^2 + y^2 = 1$ のもとでの $f(x, y) = Ax^2 + 2Exy + By^2$ の最大値を M, 最小値を m とするとき $M + m = A + B$, $Mm = AB - E^2$ が成り立つことを示せ。

7. 一定の体積 a^3 をもつ直円柱のなかで表面積が最小であるものの底面の半径と高さを求めよ。

研究 包絡線

方程式 $(x-\alpha)^2+y^2=1$ ……① は中心が $(\alpha,\ 0)$ で半径が1の円である。ここで α を変化させると x 軸上に中心がある半径が1の円すべてを表す。また，すべての円は2直線 $y=\pm 1$ に接している。

一般に，方程式

$$f(x,\ y,\ \alpha)=0 \quad \cdots\cdots②$$

は，α の値を決めるごとに1つの曲線を表すが，α をいろいろ変化させることにより，②は一群の曲線群を表す方程式ともみることができる。このとき，②をこの曲線群の方程式，α を **パラメータ** という。

いま，曲線群 $f(x,\ y,\ \alpha)=0$ に対して定曲線 C があり，この曲線群に属するすべての曲線が C に接し，C がそれらの接点の軌跡となっているとき，曲線 C のことを曲線群 $f(x,\ y,\ \alpha)=0$ の **包絡線** という。たとえば，曲線群①の包絡線は $y=\pm 1$ である。

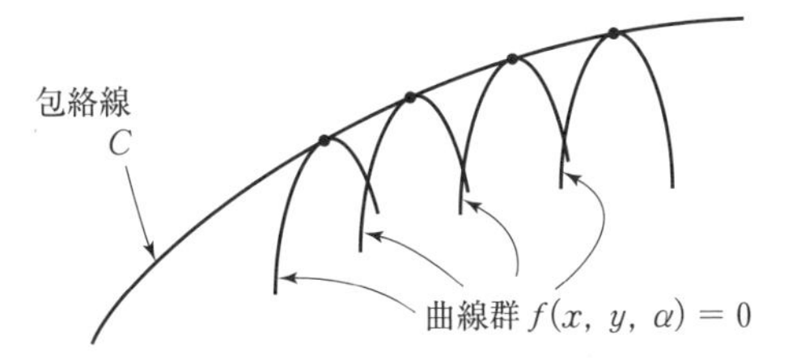

以下で曲線群 $f(x,\ y,\ \alpha)=0$ の包絡線の方程式を求める方法を考えてみよう。いま，C が曲線群②の包絡線であるとする。1つの α に対して，C と曲線群の接点 $(x,\ y)$ が1つ決まるので，$x,\ y$ は α の関数である。そこで

$$x=\varphi(\alpha),\ y=\phi(\alpha)$$

と表せるが，これは C の媒介変数方程式である。

したがって，点 $(x,\ y)$ での C の接線の傾きは，媒介変数の微分 (p. 10) により

$$\frac{dy}{dx}=\frac{\phi'(\alpha)}{\varphi'(\alpha)}$$

である。一方，p. 115 の[3]式 $\dfrac{dy}{dx}=\dfrac{-f_x}{f_y}$ より次の式が成り立つ。

$$f_x\varphi'(\alpha)+f_y\psi'(\alpha)=0 \quad \cdots\cdots③$$

ここで，変数 x, y, z がすべて t の関数であるような関数 $w=f(x,\ y,\ z)$ についても p. 97 の合成関数の微分法(I)と同様にして $\dfrac{dw}{dt}=f_xx'(t)+f_yy'(t)+f_zz'(t)$ が成り立つので，

$$f(\varphi(\alpha),\ \psi(\alpha),\ \alpha)=0$$

の両辺を α で微分して

$$f_x\varphi'(\alpha)+f_y\psi'(\alpha)+f_\alpha\cdot 1=0 \quad \cdots\cdots④$$

が得られる。すなわち③，④より

$$f_\alpha(x,\ y,\ \alpha)=0 \quad \cdots\cdots⑤$$

でなければならない。したがって，包絡線上の点は②，⑤を満たさないといけないことになる。

逆に，②，⑤を解いて $x=\varphi(\alpha)$, $y=\psi(\alpha)$ が得られたとすると，$f_x=f_y=0$, $\varphi'(\alpha)=\psi'(\alpha)=0$ となるような特別の点を除いて⑤，④から③が得られる。つまり C の $(x,\ y)$ での接線と曲線 $f(x,\ y,\ \alpha)=0$ の $(x,\ y)$ での接線が一致する。

したがって②，⑤を解けば包絡線の方程式が求まることになる。

例　円群 $(x-\alpha)^2+(y-\alpha)^2=1$ の包絡線を求めてみよう。

②として　$f(x,\ y,\ \alpha)=(x-\alpha)^2+(y-\alpha)^2-1=0 \quad \cdots\cdots②'$

⑤として　$f_\alpha(x,\ y,\ \alpha)=-2(x-\alpha)-2(y-\alpha)=0$

よって　$-x-y+2\alpha=0$　より　$-y+\alpha=x-\alpha$

②′に代入すると $2(y-\alpha)^2=1$，すなわち

$$y=\alpha\pm\frac{1}{\sqrt{2}},\ x=\alpha\mp\frac{1}{\sqrt{2}} \ (\text{複号同順})$$

これより $y-x=\pm\sqrt{2}$ が包絡線である。

演習　xy 平面上の定点 $\mathrm{A}(a,\ 0)$ に対して点 $\mathrm{P}(0,\ \alpha)$ をとり，P を通って AP に垂直な直線 $ax=\alpha(y-\alpha)$ を考える。これを α をパラメータとする曲線群とみてその包絡線を求めよ。

第 4 章

重積分

1

重積分

2

重積分の応用

重積分は，1 変数の実関数に対する定積分を多変数関数に対して拡張したものである。2 変数および 3 変数関数に対する重積分は，それぞれとくに 2 重積分および 3 重積分とよばれる。1 変数の正値関数の定積分が，関数のグラフと x 軸とに挟まれた部分の面積を表していたのと同様に，2 変数の正値関数の 2 重積分は関数のグラフとして得られる曲面とその関数の定義域を含む平面との間に挟まれる部分の体積を表す。この結果を応用して，より複雑な図形の計量を考える。

1 重積分

1 2重積分の定義

1変数関数 $y=f(x)$ の定積分は，『新版微分積分Ⅰ』(p. 128) では $f(x)$ の不定積分を用いて定義されたが，本書2章においてはリーマン積分として再定義された (p. 49)。これは平面図形の面積を定義する形のものであった。

本章ではこの定義を拡張して，2変数関数 $z=f(x,\ y)$ についての定積分である2重積分を定義する。これは空間図形の体積を定義する形で定義される。

まず xyz 空間内において xy 平面上の閉領域 D と曲面 $z=f(x,\ y)$ とで挟まれた立体(右下図青色表示)の体積 V について考えよう。ここで関数 $z=f(x,y)$ は領域 D で定義された関数であり，領域 D では常に $f(x,\ y)\geqq 0$ であるとする。リーマン積分の考え方に基づいて，次の手順(i)~(iv)で体積 V を考えよう。

(i) 左下図のように領域 D を直線 $x=x_0,\ x_1,\ \cdots,\ x_l$ と $y=y_0,\ y_1,\ \cdots,\ y_m$ とでできる $l\times m$ 個の長方形で分割し，この分割を Δ で表す。また，閉区間 $[x_{i-1},\ x_i]$ と $[y_{j-1},\ y_j]$ とできまる長方形を D_{ij} で表し，それぞれの長さを Δx_i，Δy_j で表す（右下図は $l=4$，$m=3$ のときの図）。

(ii) 各小領域 D_{ij} 内に代表点 $(\xi_i,\ \eta_j)$ をとり D_{ij} 上に高さ $f(\xi_i,\ \eta_j)$ の直方体を立てる（右下図は D_{32} に立つ直方体の図）。その体積 V_{ij} は

$$V_{ij}=f(\xi_i,\ \eta_j)\Delta x_i\Delta y_j \quad \cdots\cdots①$$

ただし，領域 D では $f(x,\ y)$ の値をとるが D の外部では値0をとる関数を改めて $f(x,\ y)$ としておく。したがって，代表点が D の外部にある小領域では $V_{ij}=0$ とする。

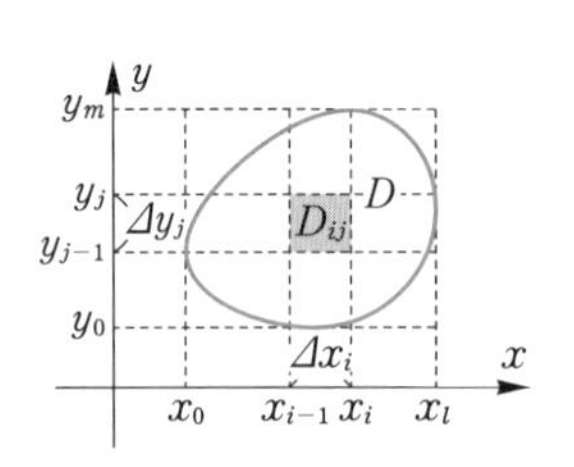

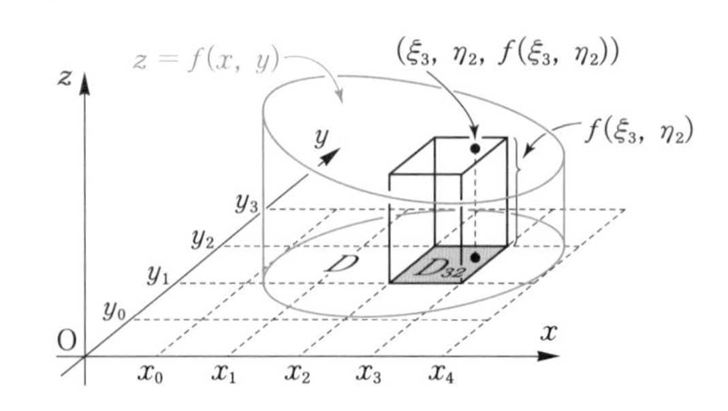

(iii) 各直方体の体積 V_{ij} の総和を $V(\mathit{\Delta})$ とおくと，これは次の式で表される。

$$V(\mathit{\Delta})=\sum_{i=1}^{l}\sum_{j=1}^{m}f(\xi_i,\ \eta_j)\mathit{\Delta}x_i\mathit{\Delta}y_j \quad \cdots\cdots②$$

右辺を関数 $f(x,\ y)$ の，領域 D の分割 $\mathit{\Delta}$ についての **リーマン和** という。分割が十分細かいとき，近似式 $V \fallingdotseq V(\mathit{\Delta})$ が成り立つ。

(iv) すべての小領域 D_{ij} の面積のうちの最大値を $|\mathit{\Delta}|$ とする。$|\mathit{\Delta}|\to 0$ となる方法で l と m を限りなく大きくしていくときの，②の極限値があれば，それが体積 V である。

$$V=\lim_{|\mathit{\Delta}|\to 0}V(\mathit{\Delta})=\lim_{|\mathit{\Delta}|\to 0}\sum_{i=1}^{l}\sum_{j=1}^{m}f(\xi_i,\ \eta_j)\mathit{\Delta}x_i\mathit{\Delta}y_j \quad \cdots\cdots③$$

つまり領域 D で $z=f(x,\ y)\geqq 0$ のときは，③によって曲面 $z=f(x,\ y)$ と xy 平面上の領域 D とで挟まれた立体（前ページ右下図の青色表示）の体積 V が求まる。

一般に，xy 平面上の閉領域 D で定義された関数 $f(x,\ y)$ について上の手順(i)～(iv)における D の分割の仕方，各小領域 D_{ij} の代表点のとり方によらず③の右辺の値が，ある一定の値として定まるとき，その極限値のことを，領域 D における $f(x,\ y)$ の **2重積分** といい，次の式で表す。

$$\iint_D f(x,\ y)\,dxdy=\lim_{|\mathit{\Delta}|\to 0}\sum_{i=1}^{l}\sum_{j=1}^{m}f(\xi_i,\ \eta_j)\mathit{\Delta}x_i\mathit{\Delta}y_j \quad \cdots\cdots④$$

特に領域 D で関数 $f(x,\ y)$ が連続 (p. 91) であれば2重積分の値が定まる。これは証明すべきことがらであるが，ここではそれを省略する。

注意　定義式④における領域 D の分割は一般には曲線による分割で定義される。

例 1　$D=\{(x,\ y)\,|\,0\leqq x\leqq 2,\ 0\leqq y\leqq 1\}$，$f(x,\ y)=y+1$　とする。

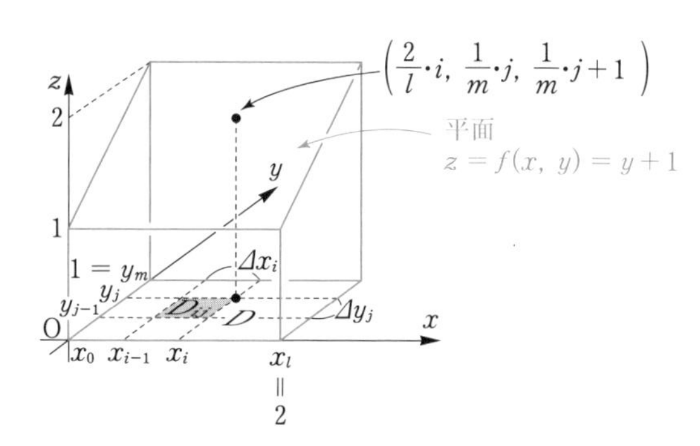

このとき2重積分 $\iint_D (y+1)\,dxdy$ は図の青色で表された立体の体積 V の値になるが，これを2重積分の定義つまり手順(i)〜(iv)に従って求めよう。

(i) 領域 D の分割は，x 軸上の閉区間 $[0,\ 1]$ を l 等分した分点を通る直線 $x_i = \dfrac{2}{l}\cdot i$ および，y 軸上の閉区間 $[0,\ 2]$ を m 等分した分点を通る直線 $y_j = \dfrac{1}{m}\cdot j$ で行う $(i=1,\ 2,\ \cdots,\ l,\ j=1,\ 2,\ \cdots,\ m)$。分割でできた $l\times m$ 個の小領域はすべて横が $\varDelta x_i = \dfrac{2}{l}$，縦が $\varDelta y_j = \dfrac{1}{m}$ の長方形である。

(ii) 各小領域 D_{ij} の代表点を $(\xi_i,\ \eta_j) = \left(\dfrac{2}{l}\cdot i,\ \dfrac{1}{m}\cdot j\right)$ とすると，底面が D_{ij} で高さが $f(\xi_i,\ \eta_j)$ の直方体の体積は $V_{ij} = \left(\dfrac{1}{m}\cdot j+1\right)\cdot\dfrac{2}{l}\cdot\dfrac{1}{m}$ となる。

(iii) 各直方体の体積 V_{ij} の総和は上記②により

$$V(\varDelta) = \sum_{i=1}^{l}\sum_{j=1}^{m}\left(\frac{1}{m}\cdot j+1\right)\cdot\frac{2}{l}\cdot\frac{1}{m} = \sum_{i=1}^{l}\left\{\frac{2}{lm}\left(\frac{1}{m}\sum_{j=1}^{m} j + \sum_{j=1}^{m} 1\right)\right\}$$

$$= \frac{1}{l}\sum_{i=1}^{l}\frac{2}{m}\left(\frac{1}{m}\cdot\frac{m(m+1)}{2}+m\right) \quad \leftarrow \boxed{18}$$

$$= \frac{1}{l}\cdot\left(3+\frac{1}{m}\right)\sum_{i=1}^{l} 1 = 3+\frac{1}{m}$$

(iv) 上記③，④における $|\varDelta|\to 0$ は今の場合 $l\to\infty$，$m\to\infty$ であるから，2重積分の値は $\displaystyle\iint_D (y+1)\,dxdy = V = \lim_{\substack{l\to\infty\\ m\to\infty}} V(\varDelta) = 3$

注意 上記②において，各小領域 D_{ij} の代表点 $(\xi_i,\ \eta_j)$ を特に $(x_i,\ y_j)$ とする。i を1つ固定するとき $\displaystyle\sum_{j=1}^{m} f(x_i,\ y_j)\varDelta x_i \varDelta y_j = \sum_{j=1}^{m} V_{ij}$ は平面 $x = x_{i-1}$ と $x = x_i$ の間にある m 個の直方体の和で，$\displaystyle\sum_{j=1}^{m} f(x_i,\ y_j)\varDelta y_j$ は平面 $x = x_i$ 上の m 個の長方形の和である。$f(x,\ y)$ が連続のときは平面 $x = x_i$ 上の曲線 $z = f(x_i,\ y)$ も連続なので $\displaystyle\lim_{m\to\infty}\sum_{j=1}^{m} f(x_i,\ y_j)\varDelta y_j$ は立体の $x = x_i$ における断面積であり，p. 76の記号で $S(x_i)$ となる。次項では p. 76の方法を用いて体積を，そしてさらに一般の2重積分を求める。

2 累次積分

積分領域 D の形状が複雑であったり，被積分関数 $f(x,\ y)$ が連続でない場合には2重積分の存在しないときがあるが，以下では2重積分が計算できる領域 D や関数 $f(x,\ y)$ を扱うことにする。計算には2重積分の定義式を用いずに定積分を2回行う方法を用いることが多い。まず x で積分して次に y で積分する方法と，その逆の順序で積分する方法とがある。これらの方法を **累次積分** という。

前項と同様，xy 平面の閉領域 D と曲面 $z=f(x,\ y)$ とで挟まれた部分の立体の体積 V について考えることから始めよう。領域 D で $f(x,\ y) \geqq 0$ とする。

1 y，x の順での累次積分

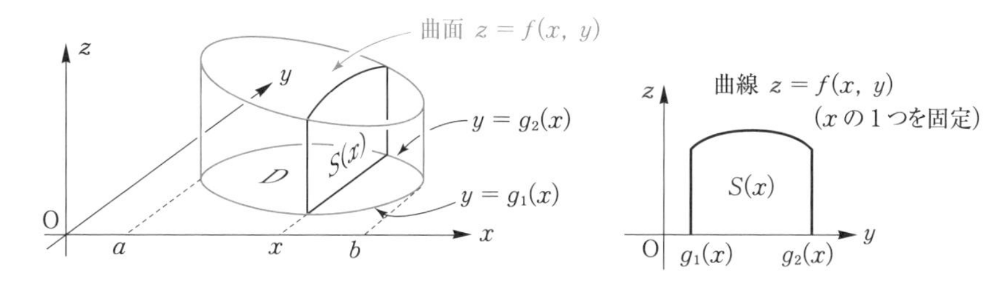

$D=\{(x,\ y)\,|\,a \leqq x \leqq b,\ g_1(x) \leqq y \leqq g_2(x)\}$ とする。x 軸上の閉区間 $[a,\ b]$ 内の x の1つを固定し，この点を通り x 軸に垂直な平面で立体を切ったときの断面積 $S(x)$（左上図）は，$f(x,\ y)$ が連続であれば次の式で求められる。

$$S(x)=\int_{g_1(x)}^{g_2(x)} f(x,\ y)\,dy \quad \cdots\cdots①$$

$S(x)$ が連続であるので，立体の体積 V は p. 76 の公式から次の式で求められる。

$$V=\int_a^b S(x)\,dx \quad \cdots\cdots②$$

p. 127 の③，④より $V=\iint_D f(x,\ y)\,dxdy$ であるから，次の式が得られる。

$$\iint_D f(x,\ y)\,dxdy=\int_a^b\left\{\int_{g_1(x)}^{g_2(x)} f(x,\ y)\,dy\right\}dx \quad \cdots\cdots③$$

ここで，右辺の内側の括弧は省略することが多い。領域 D で $f(x,\ y) \geqq 0$ であるという条件がない場合も含め，2重積分は次の式で計算される。

2重積分の計算Ⅰ（y, x の順での累次積分）

$D=\{(x,\ y)\,|\,a\leqq x\leqq b,\ g_1(x)\leqq y\leqq g_2(x)\}$

における関数 $f(x,\ y)$ の2重積分について

$$\iint_D f(x,\ y)\,dxdy=\int_a^b\int_{g_1(x)}^{g_2(x)} f(x,\ y)\,dydx \quad \cdots\cdots④$$

例2　例1では2重積分の定義にもとづいて積分領域

$$D=\{(x,\ y)\,|\,0\leqq x\leqq 2,\ 0\leqq y\leqq 1\}$$

における $f(x,\ y)=1+y$ の2重積分の値を求めた。ここでは p. 129①の断面積

$$S(x)=\int_0^1(1+y)\,dy\ （下中図）$$

をまず求め，それを p. 129②のように $x=0$ から $x=2$ まで積分することになる。つまり④より

$$\iint_D(1+y)\,dxdy=\int_0^2\left\{\int_0^1(1+y)\,dy\right\}dx$$

$$=\int_0^2\left[y+\frac{1}{2}y^2\right]_0^1dx=\int_0^2\frac{3}{2}\,dx=\left[\frac{3}{2}x\right]_0^2$$

$$=3$$

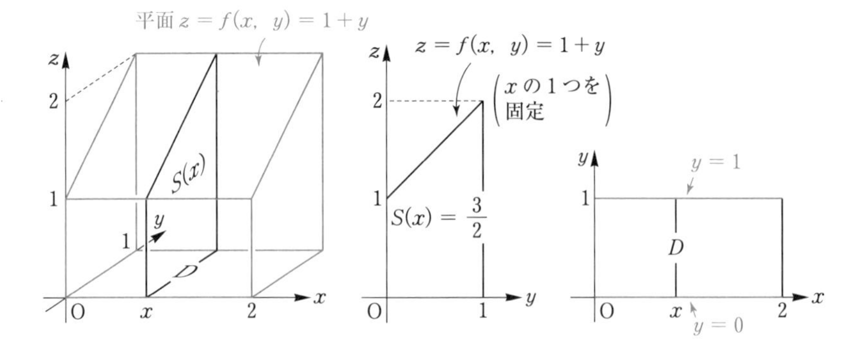

練習1　$D=\{(x,\ y)\,|\,0\leqq x\leqq 1,\ 0\leqq y\leqq 1\}$ における $f(x,\ y)=xy$ の2重積分を上記④の方法で求めよ。また，領域 D を xy 平面上に図示せよ。

例題 1 xy 平面上の領域 $D=\{(x,\ y)\,|\,0\leqq x\leqq 1,\ 0\leqq y\leqq 2x\}$ における関数 $f(x,\ y)=x+y$ の2重積分の値を求めよ。

解 ④より $\displaystyle\iint_D (x+y)\,dxdy=\int_0^1\left\{\int_0^{2x}(x+y)\,dy\right\}dx$

$$=\int_0^1\left[xy+\frac{1}{2}y^2\right]_0^{2x}dx=\int_0^1(2x^2+2x^2)\,dx=\left[4\cdot\frac{1}{3}x^3\right]_0^1=\frac{4}{3}$$

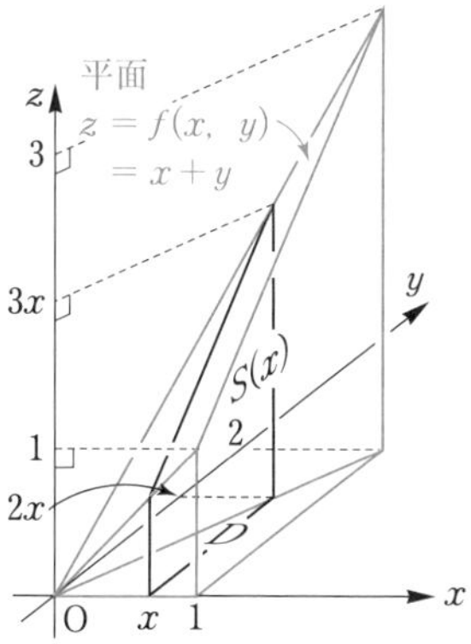

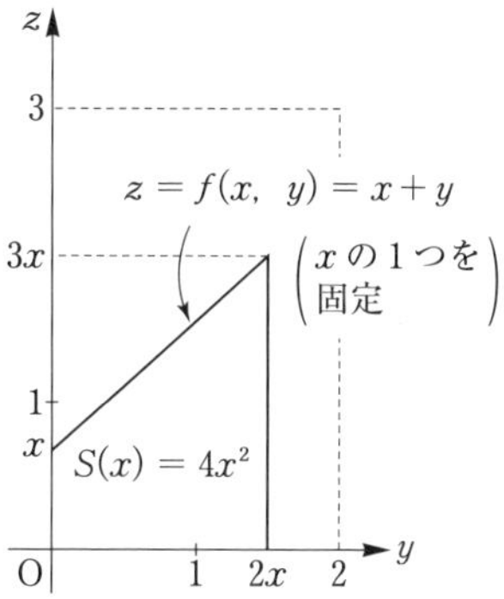

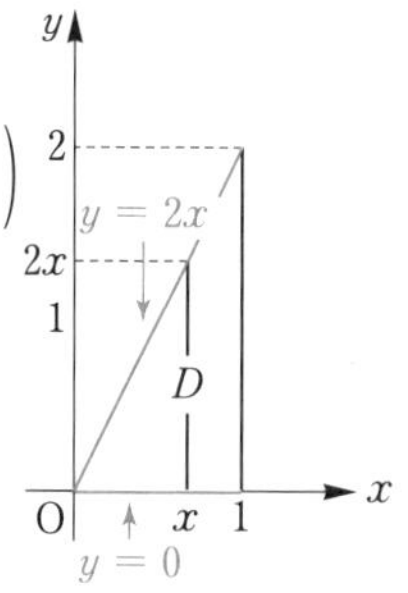

練習2 $D=\{(x,\ y)\,|\,0\leqq x\leqq 1,\ 0\leqq y\leqq x\}$ における $f(x,\ y)=xy$ の2重積分を p. 130④の方法で求めよ。また，領域 D を xy 平面上に図示せよ。

2　x，y の順での累次積分

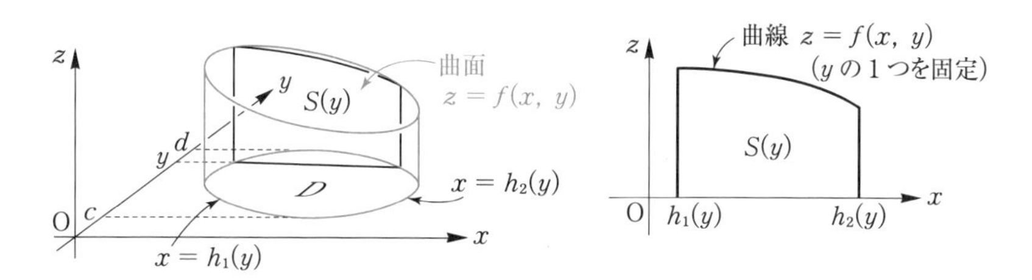

$D=\{(x,\ y)\,|\,h_1(y)\leqq x\leqq h_2(y),\ c\leqq y\leqq d\}$ とする。y 軸上の閉区間 $[c,\ d]$ 内の y の1つを固定して，この点を通り y 軸に垂直な平面で立体を切ったときの断面積 $S(y)$（右上図）は，$f(x,\ y)$ が連続であれば次の式で求められる。

$$S(y)=\int_{h_1(y)}^{h_2(y)} f(x,\ y)\,dx \quad \cdots\cdots①'$$

$S(y)$ が連続であるので立体の体積 V は p. 76 の公式から次の式で求められる。

$$V=\int_c^d S(y)\,dy \quad \cdots\cdots②'$$

p. 127 の③，④より $V=\iint_D f(x,\ y)\,dxdy$ であるから，次の式が得られる。

$$\iint_D f(x,\ y)\,dxdy=\int_c^d\left\{\int_{h_1(y)}^{h_2(y)} f(x,\ y)\,dx\right\}dy \quad \cdots\cdots③'$$

領域 D で $f(x,\ y)\geqq 0$ という条件がないときも，2 重積分は次の式で計算される。

2 重積分の計算 II（x，y の順での累次積分）

$D=\{(x,\ y)\,|\,h_1(y)\leqq x\leqq h_2(y),\ c\leqq y\leqq d\}$

における関数 $f(x,\ y)$ の 2 重積分について

$$\iint_D f(x,\ y)\,dxdy=\int_c^d\int_{h_1(y)}^{h_2(y)} f(x,\ y)\,dxdy \quad \cdots\cdots④'$$

例3 $D=\{(x,\ y)\,|\,0\leqq x\leqq 2,\ 0\leqq y\leqq 1\}$ における $f(x,\ y)=1+y$ の 2 重積分は先に①′の断面積 $S(y)=\int_0^2(1+y)\,dx$（下中図）を求める方法④′より

$$\iint_D (1+y)\,dxdy=\int_0^1\left\{\int_0^2(1+y)\,dx\right\}dy=\int_0^1(1+y)\Big[x\Big]_0^2dy$$

$$=\int_0^1 2(1+y)\,dy=2\left[y+\frac{1}{2}y^2\right]_0^1=3$$

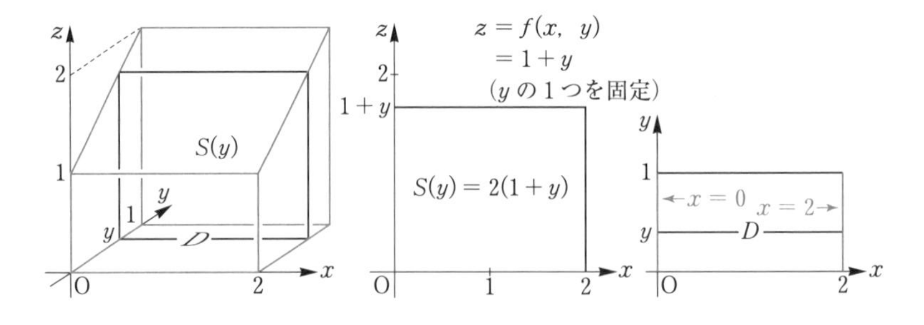

練習3 $D=\{(x,\ y)\,|\,y \leqq x \leqq 1,\ 0 \leqq y \leqq 1\}$ における $f(x,\ y)=xy$ の2重積分をp. 132 ④′ の方法で求めよ。また領域 D を xy 平面上に図示せよ。

例題 2 $D=\left\{(x,\ y)\,\middle|\,\frac{1}{2}y \leqq x \leqq 1,\ 0 \leqq y \leqq 2\right\}$

における関数 $f(x,\ y)=x+y$ の2重積分の値を求めよ。

解 まず断面積 $S(y)=\int_{\frac{1}{2}y}^{1}(x+y)\,dx$ を求め④′ の方法で積分すると

$$\iint_D (x+y)\,dxdy=\int_0^2\left\{\int_{\frac{1}{2}y}^{1}(x+y)\,dx\right\}dy=\int_0^2\left[\frac{1}{2}x^2+yx\right]_{\frac{1}{2}y}^{1}dy$$

$$=\int_0^2\left(\frac{1}{2}+y-\frac{5}{8}y^2\right)dy=\left[\frac{1}{2}y+\frac{1}{2}y^2-\frac{5}{8}\cdot\frac{1}{3}y^3\right]_0^2=\frac{4}{3}$$

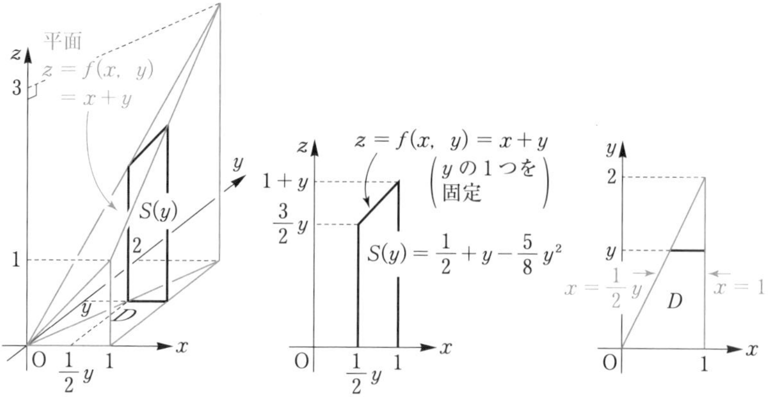

練習4 $D=\{(x,\ y)\,|\,y \leqq x \leqq 1,\ 0 \leqq y \leqq 1\}$ における $f(x,\ y)=xy$ の2重積分をp. 132④′ の方法で求めよ。また領域 D を xy 平面上に図示せよ。

例題1と例題2の領域 D は表現が異なるが，xy 平面の同じ領域である。また積分される関数 $f(x,\ y)$ も同じであるから，例題1と例題2の答は同じになる。同様に，練習1と練習3，練習2と練習4の答もそれぞれ同じになる。このように1つの2重積分について2通りの累次積分の方法がある場合，一般には計算が簡単になる方を選びたい。そのことについて次項で考えてみることにしよう。

3 累次積分と順序交換

1つの2重積分について，x，y の順での累次積分を y，x の順での累次積分にする，またはその逆を行うことを，**積分順序を交換** するという。

例題 3 $\displaystyle\int_0^1\int_x^{2-x}2(x+y)\,dydx$ の値を求めよ。次に積分順序を交換して求めよ。

解 (i) 与式は y，x の順での累次積分（p. 130④）で，積分領域は次の D である。

$$D=\{(x,\ y)\,|\,0\leqq x\leqq 1,\ x\leqq y\leqq 2-x\}$$

$$\int_0^1\int_x^{2-x}2(x+y)\,dydx=\int_0^1\Big[2xy+y^2\Big]_x^{2-x}dx$$

$$=\int_0^1(4-4x^2)\,dx=\Big[4x-\frac{4}{3}x^3\Big]_0^1=\frac{8}{3}$$

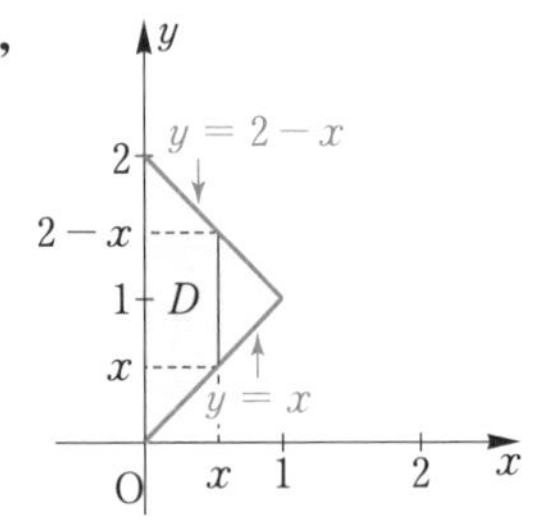

(ii) 積分順序を交換して x，y の順での累次積分（p. 132④′）の値を求める。そのためには D の表現を改める必要がある。領域 D は

$$D_1=\{(x,\ y)\,|\,0\leqq x\leqq y,\ 0\leqq y\leqq 1\}$$ と

$$D_2=\{(x,\ y)\,|\,0\leqq x\leqq 2-y,\ 1\leqq y\leqq 2\}$$ の合併領域なので

$$\iint_D 2(x+y)\,dxdy=\iint_{D_1}2(x+y)\,dxdy+\iint_{D_2}2(x+y)\,dxdy$$

$$=\int_0^1\int_0^y 2(x+y)\,dxdy+\int_1^2\int_0^{2-y}2(x+y)\,dxdy$$

$$=\int_0^1\Big[x^2+2xy\Big]_0^y dy+\int_1^2\Big[x^2+2xy\Big]_0^{2-y}dy$$

$$=\int_0^1 3y^2\,dy+\int_1^2(4-y^2)\,dy$$

$$=\Big[y^3\Big]_0^1+\Big[4y-\frac{1}{3}y^3\Big]_1^2=\frac{8}{3}$$

与えられた累次積分の順序でうまく計算ができない場合でも積分順序を交換すれば，2重積分の値の計算できる場合がある。次の例題はその例である。

例題 4 $\displaystyle\int_0^1\int_x^1 \sin(\pi y^2)\,dydx$ の値を求めよ。

解 (i) $\displaystyle\int_0^1\int_x^1 \sin(\pi y^2)\,dydx = \int_0^1\left\{\int_x^1 \sin(\pi y^2)\,dy\right\}dx$ であるので，p. 130④の形であり，積分領域 D は次のように表現される。

$D = \{(x,\ y)\,|\,0 \leqq x \leqq 1,\ x \leqq y \leqq 1\}$

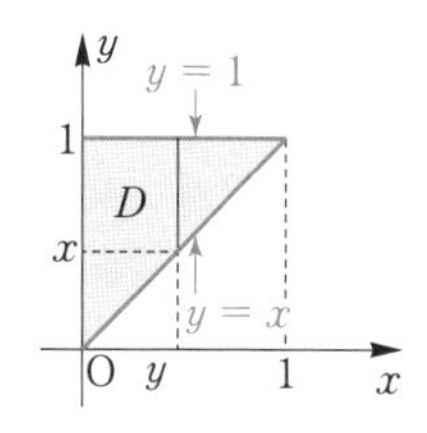

しかし内側の積分 $\displaystyle\int_x^1 \sin(\pi y^2)\,dy$ は容易に計算できそうにないので領域 D の表現を改めて積分順序を交換し p. 132 の④′ の形で積分する。

(ii) $D = \{(x,\ y)\,|\,0 \leqq x \leqq y,\ 0 \leqq y \leqq 1\}$

この表現を用いて x，y の順で積分すると

$$\iint_D \sin(\pi y^2)\,dxdy$$

$$= \int_0^1\left\{\int_0^y \sin(\pi y^2)\,dx\right\}dy = \int_0^1\Big[x\sin(\pi y^2)\Big]_0^y dy$$

$$= \int_0^1 y\sin(\pi y^2)\,dy = \frac{1}{2\pi}\int_0^1 (2\pi y)\sin(\pi y^2)\,dy$$

$$= \frac{1}{2\pi}\Big[-\cos(\pi y^2)\Big]_0^1 = -\frac{1}{2\pi}\cos\pi + \frac{1}{2\pi}\cos 0 = \frac{1}{\pi}$$

練習5 次の積分の値を求めよ。次に積分順序を交換してその積分の値を求め，その値が先に求めた積分の値と等しいことを確認せよ。

(1) $\displaystyle\int_0^1\int_0^x (3-x-y)\,dydx$ (2) $\displaystyle\int_0^2\int_{x^2}^{2x} (2x+1)\,dydx$

(3) $\displaystyle\int_0^1\int_x^{\sqrt{x}} 2xy\,dydx$ (4) $\displaystyle\int_0^1\int_y^{2y} 2xy\,dxdy + \int_1^2\int_y^2 2xy\,dxdy$

練習6 次の積分の値を求めよ。

(1) $\displaystyle\int_0^1\int_x^1 2e^{y^2}\,dydx$ (2) $\displaystyle\int_0^1\int_y^1 \frac{\sin x}{x}\,dxdy$

(3) $\displaystyle\int_0^2\int_x^2 2y^2\sin(xy)\,dydx$ (4) $\displaystyle\int_0^4\int_{\frac{y}{2}}^2 \cos(x^2)\,dxdy$

4 2重積分と変数変換

1変数関数の積分，たとえば$\int_0^2\left(\frac{1}{2}x+1\right)^5dx$を計算するとき$\frac{1}{2}x+1=t$，つまり$x=2(t-1)$と変数変換し$\int_1^2 t^5\cdot 2dt$として計算すると簡単になった。2変数関数の積分の場合も変数変換を行って計算する方法を考えよう。いまxとyはそれぞれuとvの2変数関数とする。変数変換$x=x(u,\ v)$，$y=y(u,\ v)$に関するヤコビ行列（p. 99）の行列式を以下で用いるが，これを$J(u,\ v)$で表し**ヤコビアン**という。つまり$J(u,\ v)=\begin{vmatrix} x_u & x_v \\ y_u & y_v \end{vmatrix}$である。

1 1次変換

1次変換$\begin{cases} x=x(u,\ v)=au+bv \\ y=y(u,\ v)=cu+dv \end{cases}$　つまり　$\begin{pmatrix} x \\ y \end{pmatrix}=\begin{pmatrix} a & b \\ c & d \end{pmatrix}\begin{pmatrix} u \\ v \end{pmatrix}$　……①

において，uv平面の図形D'とxy平面の図形Dが対応するとしよう。いま，$D'=\{(u,\ v)\,|\,0\leqq u\leqq 1,\ 0\leqq v\leqq 1\}$とすると$D'$の面積は1である。ここで，$\boldsymbol{a}=\begin{pmatrix} a \\ c \end{pmatrix}$と$\boldsymbol{b}=\begin{pmatrix} b \\ d \end{pmatrix}$が1次独立，つまり$\begin{vmatrix} a & b \\ c & d \end{vmatrix}\neq 0$であれば，①について$uv$平面上の正方形$D'$と$xy$平面上の$\boldsymbol{a}$と$\boldsymbol{b}$の定める平行四辺形$D$が対応し，面積は$D'$の面積の$|ad-bc|$倍になる。 ←53

たとえば$\boldsymbol{a}=\begin{pmatrix} 2 \\ \frac{1}{3} \end{pmatrix}$，$\boldsymbol{b}=\begin{pmatrix} 1 \\ \frac{5}{3} \end{pmatrix}$のとき$D$の面積は$D'$の面積の$\left|\begin{vmatrix} 2 & 1 \\ \frac{1}{3} & \frac{5}{3} \end{vmatrix}\right|=$3倍になる（$|\quad|$は絶対値を表す）。

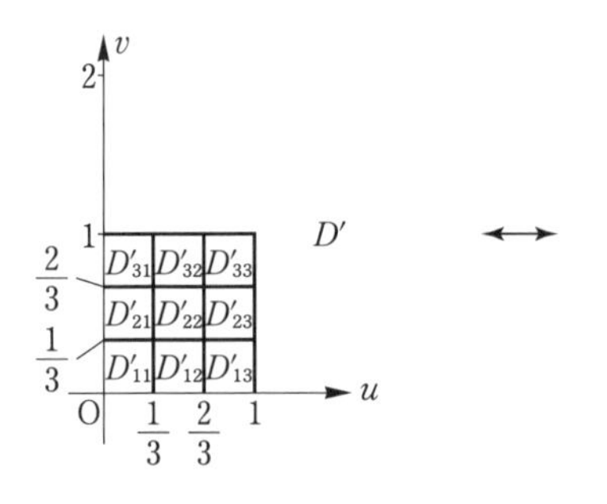

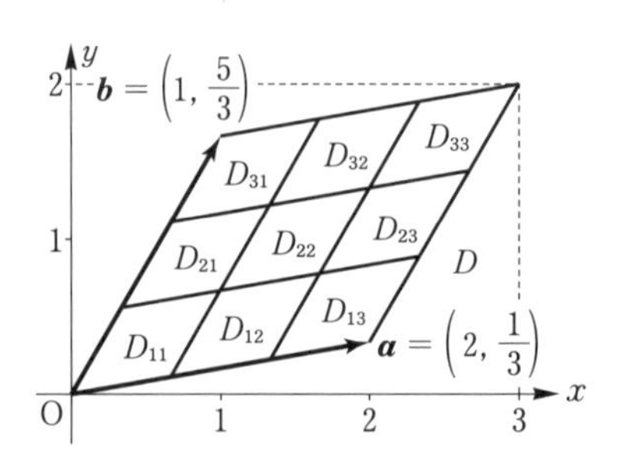

一般に，①によって uv 平面の領域 D' と xy 平面の領域 D が対応するとして，p. 126 (i) と同様に D' を長方形領域に分割しその分割を Δ' とおくと，対応する D の分割 Δ ができる。D' の点は D の点に 1 対 1 に対応しており，D' の各小領域 D'_{ij} と D の小領域 D_{ij} が対応する。各 D_{ij} は平行四辺形だが，これも D の分割とする（p. 127 注意）。ここで各 D'_{ij} の面積 $\Delta S'_{ij}$ と，D_{ij} の面積 ΔS_{ij} との関係は $\Delta S_{ij} = |ad - bc|\Delta S'_{ij}$ である。たとえば上図では，各小領域はそれぞれ面積が 3 倍されている。したがって，$z = f(x,\ y)$ の領域 D についての 2 重積分を求めるためのリーマン和（p. 127(iii)）を考えるとき，D'_{ij} の代表点を $(u_i,\ v_j)$ とし，それに対応する D_{ij} の代表点を $(x_i,\ y_j)$ とすれば次の式が成り立つ。

$$\sum_{i=1}^{l}\sum_{j=1}^{m} f(x_i,\ y_j)\Delta S_{ij} = \sum_{i=1}^{l}\sum_{j=1}^{m} f(au_i + bv_j,\ cu_i + dv_j)|ad - bc|\Delta S'_{ij} \quad \cdots\cdots②$$

右辺は関数 $z = f(au + bv,\ cu + dv)$ の領域 D' の分割 Δ' についてのリーマン和である。ここで D の分割 Δ について $|\Delta| \to 0$ とすることと D' の分割 Δ' について $|\Delta'| \to 0$ とすることが同値であることに注意して，②の両辺でそのような極限を考えると，関数 $f(x,\ y)$ と $f(au + bv,\ cu + dv)$ が連続であることから極限が存在し，次の定理が得られる。

1 次変換についての変数変換

1 次変換 $\begin{cases} x = au + bv \\ y = cu + dv \end{cases}$ つまり $\begin{pmatrix} x \\ y \end{pmatrix} = \begin{pmatrix} a & b \\ c & d \end{pmatrix}\begin{pmatrix} u \\ v \end{pmatrix}$ で，$\begin{vmatrix} a & b \\ c & d \end{vmatrix} \neq 0$ とする。これについて xy 平面の領域 D と uv 平面の領域 D' が対応するとき

$$\iint_D f(x,\ y)\,dxdy = \iint_{D'} f(au + bv,\ cu + dv)|ad - bc|\,dudv$$

注意　$|ad - bc|$ はヤコビアン $J(u,\ v) = \begin{vmatrix} x_u & x_v \\ y_u & y_v \end{vmatrix} = \begin{vmatrix} a & b \\ c & d \end{vmatrix}$ の絶対値である。

例 4　xy 平面の領域 $D = \{(x,\ y)\,|\,0 \leqq 2x - y \leqq 1,\ 0 \leqq x + 2y \leqq 2\}$ は，

1 次変換 $\begin{cases} u = 2x - y \\ v = x + 2y \end{cases}$ つまり $\begin{pmatrix} u \\ v \end{pmatrix} = \begin{pmatrix} 2 & -1 \\ 1 & 2 \end{pmatrix}\begin{pmatrix} x \\ y \end{pmatrix}$ について uv 平面の領域 $D' = \{(u,\ v)\,|\,0 \leqq u \leqq 1,\ 0 \leqq v \leqq 2\}$ と対応するので u と v に変数変換した 2 重積分にすると積分領域が長方形となり，計算が簡単になる。

例題 5 次の2重積分の値を求めよ。

$$\iint_D (x+y)\,dxdy,\ \ D=\left\{(x,\ y)\,\middle|\,0\leqq\frac{x+y}{2}\leqq 1,\ 0\leqq\frac{x-y}{2}\leqq 1\right\}$$

解 $u=\dfrac{x+y}{2}$, $v=\dfrac{x-y}{2}$ とおくと，xy 平面の領域 D と uv 平面の領域

$D'=\{(u,\ v)\,|\,0\leqq u\leqq 1,\ 0\leqq v\leqq 1\}$ とが対応する。

$$\begin{cases} x=u+v \\ y=u-v \end{cases} \text{つまり} \begin{pmatrix} x \\ y \end{pmatrix}=\begin{pmatrix} 1 & 1 \\ 1 & -1 \end{pmatrix}\begin{pmatrix} u \\ v \end{pmatrix} \text{であるから}$$

$$|J(u,\ v)|=\left|\begin{vmatrix} x_u & x_v \\ y_u & y_v \end{vmatrix}\right|=\left|\begin{vmatrix} 1 & 1 \\ 1 & -1 \end{vmatrix}\right|=|1\times(-1)-1\times 1|=2$$

よって $\displaystyle\iint_D (x+y)\,dxdy=\iint_{D'} 2u\cdot 2\,dudv=\int_0^1\!\!\int_0^1 4u\,dudv$

$$=\int_0^1\Big[2u^2\Big]_0^1 dv=2\int_0^1 1\,dv=2\Big[v\Big]_0^1=2$$

練習7 次の2重積分の値を求めよ。

$$\iint_D y\,dxdy,\ \ D=\{(x,\ y)\,|\,0\leqq x+y\leqq 1,\ 0\leqq x-y\leqq 1\}$$

2 極座標変換

極座標変換 $x=x(r,\ \theta)=r\cos\theta$, $y=y(r,\ \theta)=r\sin\theta$ ……①

について，$r\theta$ 平面の図形 D' と xy 平面の図形 D とが対応するとしよう。いま，

$D'=\left\{(r,\ \theta)\,|\,0\leqq r\leqq 3,\ 0\leqq\theta\leqq\dfrac{\pi}{2}\right\}$ とすると D' の面積は $\dfrac{3}{2}\pi$ である。①より $r\theta$ 平面の長方形 D' と xy 平面の扇形 D が対応し，D の面積は D' の $\dfrac{3}{2}$ 倍になる。ここで原点Oと扇形 D の中央点との距離が $\dfrac{3}{2}$ であることに注意する。

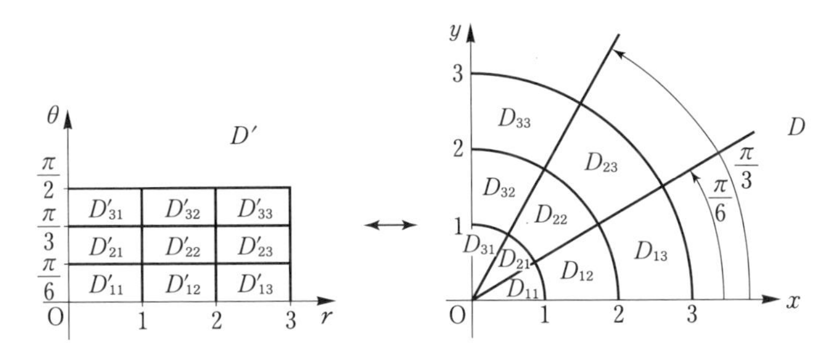

一般に，①によって $r\theta$ 平面の閉領域 D' と xy 平面の閉領域 D とが対応するとして，D' を長方形領域に分割しその分割を $\varDelta'$ とおくと，これに対応して D の分割ができる。D' の点は D の点に1対1に対応しており，D' の各小領域 D'_{ij} と D の小領域 D_{ij} が対応する。各 D_{ij} は上図のように扇形か扇形の一部であるが，これも D の分割とする（p. 127 注意）。

ここで D'_{ij} の面積 $\varDelta S'_{ij}$ と D_{ij} の面積 $\varDelta S_{ij}$ を比較しよう。θ 軸に平行な $l+1$ 本の直線 $r=r_0,\ r_1,\ \cdots,\ r_l$ と r 軸に平行な $m+1$ 本の直線 $\theta=\theta_0,\ \theta_1,\ \cdots,\ \theta_m$ とでの分割のうち $r=r_{i-1},\ r_i,\ \theta=\theta_{j-1},\ \theta_j$ で囲まれた長方形が D'_{ij} なので，$r_i-r_{i-1}=\varDelta r_i,\ \theta_j-\theta_{j-1}=\varDelta\theta_j$ とおくと $\varDelta S'_{ij}=\varDelta r_i \varDelta\theta_j$ である。一方 D_{ij} は原点Oを端点とする x 軸からの角度が $\theta_{j-1},\ \theta_j$ の2本の半直線と，O中心の半径 $r_{i-1},\ r_i$ の2つの円とで囲まれた領域なので，次のように求められる。

$$\varDelta S_{ij}=(\pi r_i{}^2-\pi r_{i-1}{}^2)\cdot\frac{\varDelta\theta_j}{2\pi}$$

$$=\frac{r_i+r_{i-1}}{2}\cdot\varDelta r_i\varDelta\theta_j \quad \cdots\cdots ②$$

D の分割 $\varDelta$ が十分細かいとき $r_{i-1}\fallingdotseq r_i$ であるから，②は $\varDelta S_{ij}\fallingdotseq r_i\varDelta r_i\varDelta\theta_j$ となり次の近似式が成り立つ。 $\varDelta S_{ij}\fallingdotseq r_i\varDelta S'_{ij}\quad\cdots\cdots ②'$

たとえば上図で $D'_{11},\ D'_{12},\ D'_{13}$ の面積は同じだが，対応する $D_{11},\ D_{12},\ D_{13}$ の面積は $\frac{\pi}{12},\ \frac{3}{12}\pi,\ \frac{5}{12}\pi$ で，それぞれの中央点とOとの距離 r の値が $\frac{1}{2},\ \frac{3}{2},\ \frac{5}{2}$ なので D' の小領域は D においてその中央点の r の値に比例して拡大されていることがわかる。

ここで $(r_i,\ \theta_j)$ を小領域 D'_{ij} の代表点，$(x_i,\ y_j)=(r_i\cos\theta_j,\ r_i\sin\theta_j)$ をそれに対応する小領域 D_{ij} の代表点とすると，②′ より次の近似式が成り立つ。

$$\sum_{i=1}^{l}\sum_{j=1}^{m} f(x_i,\ y_j)\varDelta S_{ij} \fallingdotseq \sum_{i=1}^{l}\sum_{j=1}^{m} f(r_i\cos\theta_j,\ r_i\sin\theta_j)\, r_i\varDelta r_i\varDelta\theta_j \quad \cdots\cdots③$$

③の左辺は関数 $f(x,\ y)$ の領域 D の分割 $\varDelta$ についてのリーマン和であり，③の右辺は関数 $f(r\cos\theta,\ r\sin\theta)r$ の領域 D' の分割 $\varDelta'$ についてのリーマン和 (p. 127) であることに注意する。いま，①によって $\varDelta$ と $\varDelta'$ が対応しているので，$|\varDelta|\to 0$ とすることと $|\varDelta'|\to 0$ とすることとは同値であり，③の両辺でそのような極限をとると，$f(x,\ y)$ と $f(r\cos\theta,\ r\sin\theta)r$ が連続なので，左辺は $\iint_D f(x,\ y)\,dxdy$，右辺は $\iint_{D'} f(r\cos\theta,\ r\sin\theta)\,r\,drd\theta$ となるが，③の両辺の近似式としての誤差が 0 に近づくことを認めれば次の定理を得る。

極座標変換についての変数変換

極座標変換 $\begin{cases} x = x(r,\ \theta) = r\cos\theta \\ y = y(r,\ \theta) = r\sin\theta \end{cases}$ について，xy 平面の領域 D と $r\theta$ 平面の領域 D' が対応するとき，次の式が成り立つ。

$$\boldsymbol{\iint_D f(x,\ y)\,dxdy = \iint_{D'} f(r\cos\theta,\ r\sin\theta)\,r\,drd\theta}$$

注意　この変数変換ではヤコビアンの絶対値は r である。

$$J(r,\ \theta) = \begin{vmatrix} x_r & x_\theta \\ y_r & y_\theta \end{vmatrix} = \begin{vmatrix} \cos\theta & -r\sin\theta \\ \sin\theta & r\cos\theta \end{vmatrix}$$

$$= \cos\theta\cdot r\cos\theta - (-r\sin\theta)\cdot\sin\theta = r$$

例5　xy 平面の領域 $D=\{(x,\ y)\,|\,x^2+y^2\leqq 1,\ 0\leqq y\leqq\sqrt{3}\,x\}$ は極座標変換 $\begin{cases} x = r\cos\theta \\ y = r\sin\theta \end{cases}$ について $D'=\left\{(r,\ \theta)\,|\,0\leqq r\leqq 1,\ 0\leqq\theta\leqq\dfrac{\pi}{3}\right\}$ と対応し，この変数変換で積分領域が長方形となり，計算が簡単になる。

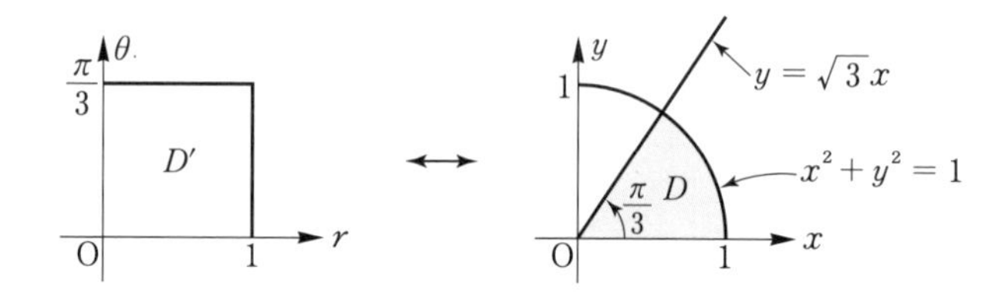

例題 6 次の2重積分の値を極座標に変換して求めよ。また領域 D を図示せよ。

(1) $\iint_D x\,dxdy$, $D=\{(x,\ y)\,|\,x^2+y^2\leqq 4,\ 0\leqq y,\ 0\leqq x\}$

(2) $\iint_D y\,dxdy$, $D=\{(x,\ y)\,|\,x^2+y^2\leqq 2x,\ 0\leqq y\}$

解 (1) $x=r\cos\theta$, $y=r\sin\theta$ より D の条件は $r^2\cos^2\theta+r^2\sin^2\theta\leqq 4$, $0\leqq r\sin\theta$, $0\leqq r\cos\theta$ となるので xy 平面の領域 D と $r\theta$ 平面の領域 $D'=\left\{(r,\ \theta)\,|\,0\leqq r\leqq 2,\ 0\leqq\theta\leqq\dfrac{\pi}{2}\right\}$ が対応する。

$$\iint_D x\,dxdy=\iint_{D'}(r\cos\theta)\,r\,drd\theta=\int_0^{\frac{\pi}{2}}\left\{\int_0^2 r^2\cos\theta\,dr\right\}d\theta$$

$$=\int_0^{\frac{\pi}{2}}\cos\theta\left[\frac{1}{3}r^3\right]_0^2 d\theta=\frac{8}{3}\Big[\sin\theta\Big]_0^{\frac{\pi}{2}}=\frac{8}{3}$$

(2) D の条件は $r^2\cos^2\theta+r^2\sin^2\theta\leqq 2r\cos\theta$, $0\leqq r\sin\theta$ となるので D と $D'=\left\{(r,\ \theta)\,|\,0\leqq r\leqq 2\cos\theta,\ 0\leqq\theta\leqq\dfrac{\pi}{2}\right\}$ とが対応する。

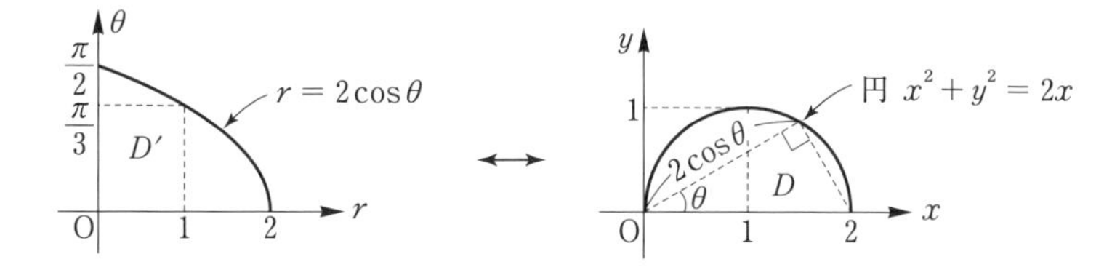

$$\iint_D y\,dxdy=\iint_{D'}(r\sin\theta)\,r\,drd\theta=\int_0^{\frac{\pi}{2}}\left\{\int_0^{2\cos\theta} r^2\sin\theta\,dr\right\}d\theta$$

$$=\int_0^{\frac{\pi}{2}}\sin\theta\left[\frac{1}{3}r^3\right]_0^{2\cos\theta}d\theta=\frac{8}{3}\int_0^{\frac{\pi}{2}}\sin\theta\cos^3\theta\,d\theta=\frac{2}{3}\Big[-\cos^4\theta\Big]_0^{\frac{\pi}{2}}=\frac{2}{3}$$

練習8 次の2重積分の値を極座標に変換して求めよ。また，領域 D を図示せよ。

(1) $\iint_D (x^2+y^2)\,dxdy,\ D=\{(x,\ y)\,|\,x^2+y^2 \leqq 1,\ 0 \leqq y \leqq x\}$

(2) $\iint_D \sqrt{x^2+y^2}\,dxdy,\ D=\{(x,\ y)\,|\,x^2+y^2 \leqq y\}$

一般の変数変換についても，1次変換や極座標変換の場合と同様な考え方で次の定理を証明することができる。

一般の変数変換

変数変換 $x=x(u,\ v)$，$y=y(u,\ v)$ について uv 平面の領域 D' と xy 平面の領域 D とが対応するとき

$$\iint_D f(x,\ y)\,dxdy=\iint_{D'} f(x(u,\ v),\ y(u,\ v))\,|J(u,\ v)|\,dudv$$

ここで $|J(u,\ v)|$ はヤコビアン $J(u,\ v)=\begin{vmatrix} x_u & x_v \\ y_u & y_v \end{vmatrix}=x_uy_v-x_vy_u$ の絶対値

3 面積

$\iint dxdy$ つまり $\iint 1\,dxdy$ は関数 $f(x,\ y)=1$ の，xy 平面上の領域 D についての2重積分なので，値は2重積分の定義（p. 127④）より，底面が D で，D を z 軸方向に1だけ平行移動してできる，高さ1の立体の体積である。この値は D の面積でもあるので次の等式が成り立つ。

$$D\text{ の面積}=\iint_D dxdy$$

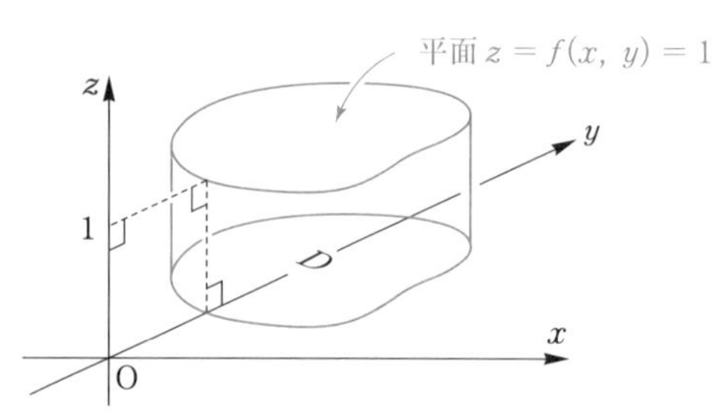

例題 7 xy 平面上の楕円 $D=\left\{(x,\ y)\,\middle|\,\left(\dfrac{x}{a}\right)^2+\left(\dfrac{y}{b}\right)^2\leqq 1\right\}$ の面積 S を，2重積分を用いて求めよ。ただし a，b は正の定数とする。

解 $u=\dfrac{x}{a}$，$v=\dfrac{y}{b}$ とおくと，xy 平面上の領域 D と uv 平面上の領域 $D'=\{(u,\ v)\,|\,u^2+v^2\leqq 1\}$ とが対応する。$x=au$，$y=bv$ なので

$|J(u,\ v)|=\left|\begin{vmatrix} a & 0 \\ 0 & b \end{vmatrix}\right|=ab$ より

$$S=\iint_D dxdy=\iint_{D'} ab\,dudv=ab\iint_{D'} dudv$$

ここで $\iint_{D'} dudv$ は半径1の円である D' の面積なので $S=\pi ab$ となる。

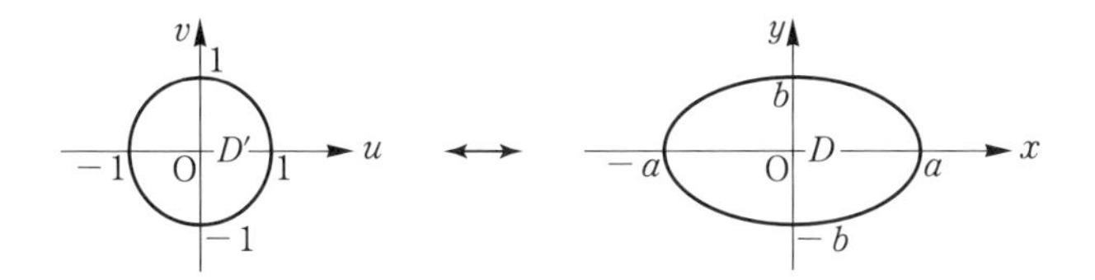

練習 9 例題7の円 D' の面積 $\iint_{D'} dudv$ を，極座標変換 $u=r\cos\theta$，$v=r\sin\theta$ を用いて求めよ。

練習 10 次の xy 平面上の楕円 D の面積を，2重積分を用いて求めよ。

(1) $D=\{(x,\ y)\,|\,x^2+4xy+13y^2\leqq 16\}$

($x^2+4xy+13y^2=(x+2y)^2+(3y)^2$ と変形することと，1次変換 $u=x+2y$，$v=3y$ を利用することを考える。)

(2) $D=\{(x,\ y)\,|\,x^2+xy+y^2\leqq 6\}$

注意 この楕円は p. 118 に図示された楕円であり，これが楕円 $\dfrac{x^2}{12}+\dfrac{y^2}{4}=1$ を原点中心に $-\dfrac{\pi}{4}$ 回転した図形であることは『新版線形代数』を参照。

節末問題

1. 次の2重積分の値を求めよ。

(1) $\displaystyle\iint_D (2x-3y^2)\,dxdy, \quad D=\{(x,\ y)\,|\,-1\leqq x\leqq 1,\ 0\leqq y\leqq 2\}$

(2) $\displaystyle\iint_D x\sin(xy)\,dxdy, \quad D=\{(x,\ y)\,|\,0\leqq x\leqq 1,\ \pi\leqq y\leqq 2\pi\}$

2. 積分領域Dを次の直線または曲線で囲まれた領域とするとき，2重積分$\displaystyle\iint_D f(x,\ y)\,dxdy$を累次積分で書き表せ。

(1) $D: x=0,\ y=0,\ x^2+y^2=25,\ (x,\ y>0)$

(2) $D: y=\dfrac{1}{x},\ y=\sqrt{x},\ x=2$

3. 次の累次積分の積分順序を交換せよ。

(1) $\displaystyle\int_1^2\int_x^{2x} f(x,\ y)\,dydx$　　(2) $\displaystyle\int_0^2\int_{-\sqrt{4-y^2}}^{\sqrt{4-y^2}} f(x,\ y)\,dxdy$

4. 積分領域Dを次の直線または曲線で囲まれた領域として2重積分の値を求めよ。

(1) $\displaystyle\iint_D x^2y\,dxdy, \quad D: y=-\sqrt{x},\ y=\frac{1}{x},\ x=1,\ x=2$

(2) $\displaystyle\iint_D xy\,dxdy, \quad D: y=-x^2+4,\ y=3\sqrt{x},\ y=0$

5. 次の2重積分の値を極座標に変換して求めよ。

(1) $\displaystyle\iint_D (x^2+y^2)\,dxdy, \quad D=\{(x,\ y)\,|\,x^2+y^2\leqq 4\}$

(2) $\displaystyle\iint_D \sqrt{x^2+y^2-9}\,dxdy, \quad D=\{(x,\ y)\,|\,9\leqq x^2+y^2\leqq 25\}$

6. 次の2重積分を変数変換を行って求めよ。

$$\iint_D \{(x-y)^2+(x+y)^2\}\,dxdy, \quad D=\{(x,\ y)\,|\,|x-y|\leqq 1,\ |x+y|\leqq 1\}$$

7. xy平面上の楕円 $D=\{(x,\ y)\,|\,5x^2-6xy+5y^2\leqq 8\}$ の面積を2重積分を用いて求めよ。

2 重積分の応用

1 体積

ここでは xyz 空間の中で，xy 平面の領域 D と曲面 $z=f(x,\ y)$ とで挟まれた立体のうち，累次積分によって体積が求められるものを考えよう。

例題 1 平面 $x+y+z=1$ ……① と各座標平面とで囲まれた立体の体積 V を 2 重積分を用いて求めよ。

解

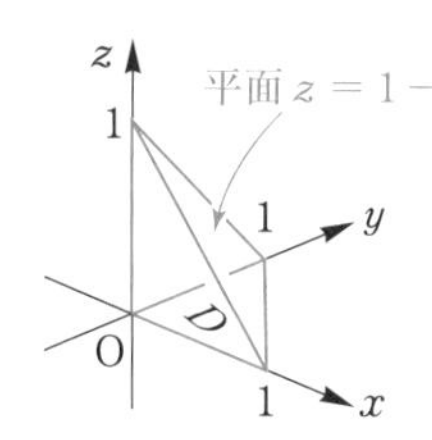

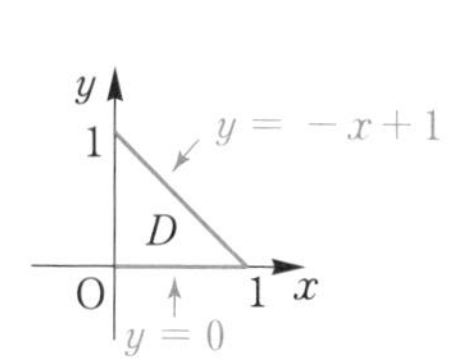

平面①と x 軸，y 軸，z 軸との交点がそれぞれ $(1,\ 0,\ 0)$，$(0,\ 1,\ 0)$，$(0,\ 0,\ 1)$ なので問題の立体は左上図のような三角錐である。その上面である平面①を $z=f(x,\ y)=1-x-y$ の形にし，xy 平面上の領域である $D=\{(x,\ y)\,|\,0\leqq x\leqq 1,\ 0\leqq y\leqq -x+1\}$ について積分して V を得る。

$$V=\iint_D(1-x-y)\,dxdy=\int_0^1\left\{\int_0^{-x+1}(1-x-y)\,dy\right\}dx$$

$$=\int_0^1\left[(1-x)y-\frac{1}{2}y^2\right]_0^{-x+1}dx=\int_0^1\left\{(-x+1)^2-\frac{1}{2}(-x+1)^2\right\}dx$$

$$=\frac{1}{2}\int_0^1(x-1)^2dx=\frac{1}{2}\left[\frac{1}{3}(x-1)^3\right]_0^1=\frac{1}{6}$$

練習 1 次の平面や曲面で囲まれた立体の体積 V を 2 重積分を用いて求めよ。

(1) 平面 $x+2y+3z=6$ と各座標平面

(2) 6 つの平面 $x=0$，$x=2$，$y=0$，$y=1$，$z=0$，$z=y+1$ (p. 127 図)

(3) $z=4-(x^2+y^2)$ (p. 112 上図)，$x=0$，$x=1$，$y=0$，$y=1$，$z=0$

例題 2 円柱 $x^2+y^2 \leqq 1$ の $0 \leqq z \leqq y$ の部分の体積 V を求めよ。

解

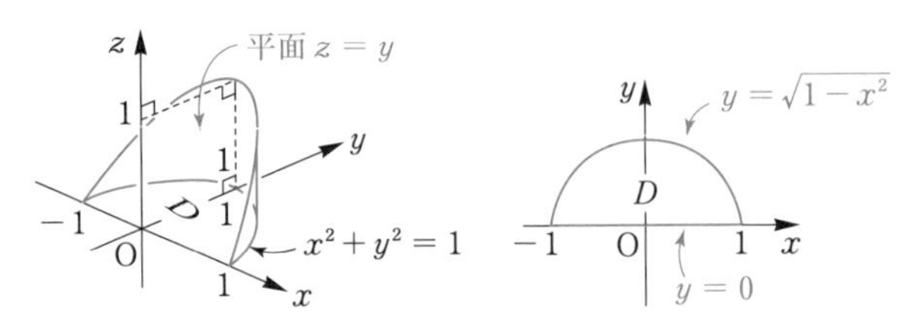

$x^2+y^2=1$ は xy 平面の円 $x^2+y^2=1$ を z 軸に平行に移動してできる円筒面，$x^2+y^2 \leqq 1$ はその内部も含めた円柱，$0 \leqq z \leqq y$ は2つの平面 $z=0$，$z=y$ で挟まれた空間のうち $0 \leqq z$ の部分である。よって次の領域 D について立体の上面 $z=f(x,\ y)=y$ を積分し V が求まる。

$$D=\{(x,\ y)\,|\,x^2+y^2 \leqq 1,\ 0 \leqq y\}$$
$$=\{(x,\ y)\,|\,-1 \leqq x \leqq 1,\ 0 \leqq y \leqq \sqrt{1-x^2}\}$$

$$V=\iint_D y\,dxdy=\int_{-1}^{1}\left\{\int_0^{\sqrt{1-x^2}} y\,dy\right\}dx=\int_{-1}^{1}\left[\frac{1}{2}y^2\right]_0^{\sqrt{1-x^2}}dx$$
$$=\frac{1}{2}\int_{-1}^{1}(1-x^2)\,dx=\frac{1}{2}\cdot 2\int_0^1(1-x^2)\,dx=\left[x-\frac{1}{3}x^3\right]_0^1=\frac{2}{3}$$

（別解）　極座標変換 $x=r\cos\theta$，$y=r\sin\theta$ により xy 平面上の領域 D と $r\theta$ 平面上の領域 $D'=\{(r,\ \theta)\,|\,0 \leqq r \leqq 1,\ 0 \leqq \theta \leqq \pi\}$ が対応する。

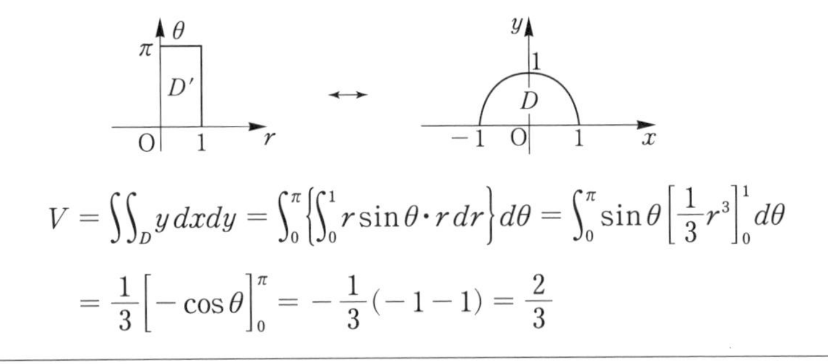

$$V=\iint_D y\,dxdy=\int_0^{\pi}\left\{\int_0^1 r\sin\theta\cdot r\,dr\right\}d\theta=\int_0^{\pi}\sin\theta\left[\frac{1}{3}r^3\right]_0^1 d\theta$$
$$=\frac{1}{3}\Big[-\cos\theta\Big]_0^{\pi}=-\frac{1}{3}(-1-1)=\frac{2}{3}$$

練習 2　円柱 $x^2+y^2 \leqq 1$ の $0 \leqq z \leqq 1-x$ の部分の体積を求めよ。

練習 3　球 $x^2+y^2+z^2 \leqq 4$ の $x^2+y^2 \leqq 2x$，$0 \leqq z$ の部分の体積を求めよ。

練習 4　球 $x^2+y^2+z^2 \leqq 1$ の $x^2+y^2 \leqq y$，$0 \leqq z$ の部分の体積を求めよ。

2 ガウス型積分

p. 82 では１変数関数の広義積分について学んだ。ここでは，２重積分を応用して１変数関数の広義積分が求められる例として，次の広義積分を考えよう。

$$\int_0^{\infty} e^{-x^2}dx = \lim_{K\to\infty}\int_0^K e^{-x^2}dx \quad \cdots\cdots①$$

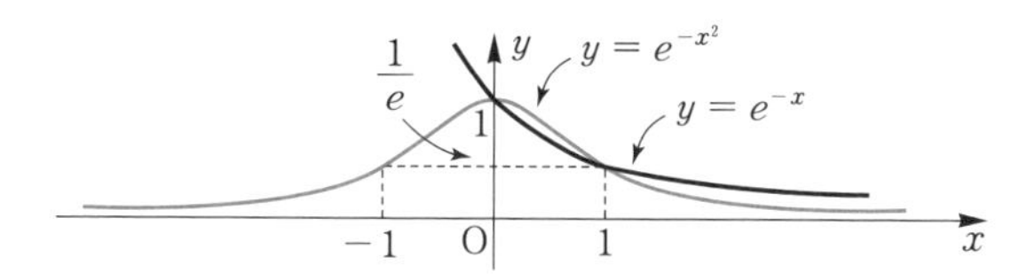

①の左辺の形の積分や①の左辺の積分範囲が（$-\infty$，∞）である形の積分のことを **ガウス型積分** というが，これは応用数学や確率・統計（正規分布など）で用いられる重要な積分である。以下ではまず①の値が発散しないこと，次に①の値は $\dfrac{\sqrt{\pi}}{2}$ であること，を示す。

(i)　①の値は発散しない。

関数 $y=e^{-x^2}$ は $0 \leqq x \leqq 1$ のとき $e^{-x^2} \leqq 1$ であり，$1 \leqq x < \infty$ のとき $e^{-x^2} \leqq e^{-x}$ であるから（上図参照），十分大きな正数 K に対して次のことがいえる。

$$\begin{aligned} 0 < \int_0^K e^{-x^2}dx &= \int_0^1 e^{-x^2}dx + \int_1^K e^{-x^2}dx \\ &\leqq \int_0^1 1\,dx + \int_1^K e^{-x}dx \\ &= \Big[x\Big]_0^1 + \Big[-e^{-x}\Big]_1^K < 1 + e^{-1} \end{aligned}$$

(ii)　①の値は $\dfrac{\sqrt{\pi}}{2}$ である。

ここで２変数関数の広義積分の１つを導入しよう。$\int_0^{\infty}\int_0^{\infty} f(x,\ y)\,dxdy$ とは xy 平面上の領域 $D=\{(x,\ y) \mid 0 \leqq x \leqq K,\ 0 \leqq y \leqq K\}$ について $f(x,\ y)$ を積分した値において $K \to \infty$ としたときの極限値であるとする。

①の左辺を $I=\int_0^{\infty} e^{-x^2}dx$ とおくと $I=\int_0^{\infty} e^{-y^2}dy$ でもあるから次の計算ができる。

$$I^2=\int_0^{\infty} e^{-x^2}dx\int_0^{\infty} e^{-y^2}dy=\int_0^{\infty}\int_0^{\infty} e^{-x^2}e^{-y^2}dxdy=\int_0^{\infty}\int_0^{\infty} e^{-(x^2+y^2)}dxdy$$

$$=\int_0^{\infty}\left\{\int_0^{\infty} e^{-(x^2+y^2)}dx\right\}dy$$

内側の積分で $y \geqq 0$ である y を固定して $x=yt$ とおくと $dx=y\,dt$ であり $\begin{array}{c|c} x & 0\to\infty \\ \hline t & 0\to\infty \end{array}$

$$=\int_0^{\infty}\left\{\int_0^{\infty} e^{-(t^2+1)y^2}y\,dt\right\}dy$$

$$=\int_0^{\infty}\left\{\int_0^{\infty} e^{-(t^2+1)y^2}y\,dy\right\}dt$$

$$=\int_0^{\infty}\left\{\lim_{K\to\infty}\int_0^{K} e^{-ay^2}y\,dy\right\}dt$$

十分大きな正数を K，正数 t^2+1 を a とおく

$$=\int_0^{\infty}\left\{\lim_{K\to\infty}\left[\frac{1}{-2a}e^{-ay^2}\right]_0^K\right\}dt=\int_0^{\infty}\left\{\lim_{K\to\infty}\frac{1}{-2a}(e^{-aK^2}-1)\right\}dt \quad \leftarrow 27$$

$$=\int_0^{\infty}\frac{1}{2a}dt=\int_0^{\infty}\frac{1}{2(t^2+1)}dt=\lim_{L\to\infty}\left[\frac{1}{2}\mathrm{Tan}^{-1}t\right]_0^L=\frac{1}{2}\left(\frac{\pi}{2}-0\right) \quad \leftarrow 28$$

$$=\frac{\pi}{4}$$

ここで $I>0$ であるので $I=\dfrac{\sqrt{\pi}}{2}$ である。

また，関数 $y=e^{-x^2}$ が偶関数であり $\int_{-\infty}^{\infty} e^{-x^2}dx=2I$ が成り立つので，次の公式が得られる。

ガウス型積分

[1] $\displaystyle\int_0^{\infty} e^{-x^2}dx=\frac{\sqrt{\pi}}{2}$　　[2] $\displaystyle\int_{-\infty}^{\infty} e^{-x^2}dx=\sqrt{\pi}$

注意　他に極座標変換を用いて I を求める方法がある。(節末問題4参照)

練習5　$\int_0^{\infty} e^{-x^2}dx=\dfrac{\sqrt{\pi}}{2}$ を利用して次の広義積分を求めよ。

(1) $\displaystyle\int_0^{\infty}\frac{e^{-x}}{\sqrt{x}}dx$　　(2) $\displaystyle\int_0^{\infty} x^2e^{-x^2}dx$　　(3) $\displaystyle\int_{-\infty}^{\infty} e^{-a^2x^2}dx \quad (a>0)$

3 重心と慣性モーメント

xy 平面の点 $(x_1,\ y_1)$，$(x_2,\ y_2)$，……，$(x_n,\ y_n)$ におのおの質量 m_1，m_2，…，m_n の質点があるとき，これらの **重心** $\mathrm{G}(x_\mathrm{G},\ y_\mathrm{G})$ は総質量①に対して②の式を満たす点として求められる。

$$M = m_1 + m_2 + \cdots + m_n \quad \cdots\cdots①$$

$$\left.\begin{aligned} Mx_\mathrm{G} &= m_1x_1 + m_2x_2 + \cdots + m_nx_n, \\ My_\mathrm{G} &= m_1y_1 + m_2y_2 + \cdots + m_ny_n \end{aligned}\right. \quad \cdots\cdots②$$

一方，上記 n 個の質点について定直線 l からの距離がおのおの r_1，r_2，…，r_n であるとき，これらの質点の l に関する **慣性モーメント** I は次の式で求められる。これは回転運動において，直線運動における質量の役割をもつ量である。

$$I = m_1{r_1}^2 + m_2{r_2}^2 + \cdots + m_n{r_n}^2 \quad \cdots\cdots③$$

1 重心

xy 平面上の領域 D に面密度 $\rho(x,\ y)$ で質量が分布している場合にはp. 126のように D の分割 $\varDelta$ をとり，各小領域 D_{ij} の代表点，質量をそれぞれ $(x_i,\ y_j)$，$\rho(x_i,\ y_j)\varDelta x_i\varDelta y_j$ として総和（リーマン和）をとる。$\rho(x,\ y)$ が連続であれば，$|\varDelta| \to 0$ とすると①に対応して D の質量

$$M = \iint_D \rho(x,\ y)\,dxdy \quad \cdots\cdots①'$$

を得る。同じ考え方で D の重心 $\mathrm{G}(x_\mathrm{G},\ y_\mathrm{G})$ は②に対応して次の式を満たす x_G，y_G を求めることで得る。

$$Mx_\mathrm{G} = \iint_D x\rho(x,\ y)\,dxdy, \quad My_\mathrm{G} = \iint_D y\rho(x,\ y)\,dxdy \quad \cdots\cdots②'$$

例1 底面積が S，高さが h，密度が ρ（正の定数）の直円錐の重心を求めよう。次図のように x 軸上の原点 O に円錐の頂点をおき，中心軸を x 軸上におく。座標 x での断面積を $S(x)$ とし，区間 $[0,\ h]$ を n 個の小区間に分割し i 番目の小区間を $[x_{i-1},\ x_i]$，その長さを $\varDelta x_i$ とするとき，この部分の質量を $\rho S(x_i)\varDelta x_i$ とみて，①′，②′ を求めるのと同じ考え方で円錐の質量 M と重心の座標 x_G が以下のように求められる。

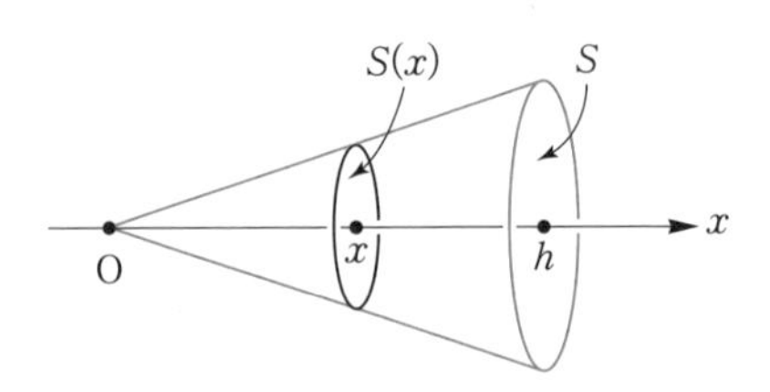

$S(x):S=x^2:h^2$ より $S(x)h^2=Sx^2$ なので

$$M=\int_0^h \rho S(x)\,dx=\int_0^h \rho\cdot\frac{S}{h^2}\cdot x^2\,dx=\rho\cdot\frac{S}{h^2}\left[\frac{1}{3}x^3\right]_0^h=\frac{\rho Sh}{3}$$

よって

$$x_G=\frac{1}{M}\int_0^h x\rho S(x)\,dx=\frac{\rho}{M}\cdot\frac{S}{h^2}\left[\frac{1}{4}x^4\right]_0^h=\frac{3}{4}h$$

例題 3　一様な面密度 $\rho(x,\ y)=\rho$（正の定数）をもつ半径 a の薄い半円板 $D=\{(x,\ y)\,|\,x^2+y^2\leqq a^2,\ y\geqq 0\}$ の重心 $G(x_G,\ y_G)$ の座標を求めよ。

解　重心は対称軸である y 軸上にあるので，$x_G=0$ である。

一方，y_G は②′より求められる。極座標変換 $x=r\cos\theta,\ y=r\sin\theta$ を用いると

$$y_G=\frac{1}{M}\iint_D y\rho\,dxdy=\frac{1}{M}\int_0^\pi\left\{\int_0^a (r\sin\theta)\rho r\,dr\right\}d\theta$$

$$=\frac{\rho}{M}\int_0^\pi \sin\theta\left[\frac{1}{3}r^3\right]_0^a d\theta=\frac{\rho}{M}\cdot\frac{a^3}{3}\Big[-\cos\theta\Big]_0^\pi=\frac{2\rho a^3}{3M}$$

①′より $M=\iint_D \rho\,dxdy=\int_0^\pi\left\{\int_0^a \rho r\,dr\right\}d\theta=\frac{1}{2}\pi\rho a^2$ であるから，これを代入して

$$y_G=\frac{2\rho a^3}{3}\cdot\frac{2}{\pi\rho a^2}=\frac{4a}{3\pi}$$

練習 6　一様な面密度 $\rho(x,\ y)=\rho$（正の定数）をもつ半径 a の薄い四分円板 $D=\{(x,\ y)\,|\,x^2+y^2\leqq a^2,\ x\geqq 0,\ y\geqq 0\}$ の重心の座標を求めよ。

2 慣性モーメント

前項の「重心」と同様，xy 平面上の領域 D の分割 $\varDelta$ における各小領域 D_{ij} の質量を $\rho(x_i,\ y_j)\varDelta x_i\varDelta y_j$ とみなす考え方で，x 軸，y 軸それぞれに関する慣性モーメント I_x，I_y を考えると，③に対応して次の式が得られる。

$$I_x=\iint_D y^2\rho(x,\ y)\,dxdy,\qquad I_y=\iint_D x^2\rho(x,\ y)\,dxdy \quad\cdots\cdots③'$$

例題 4 例題3の半円板 D について x 軸に関する慣性モーメント I_x を求めよ。

解

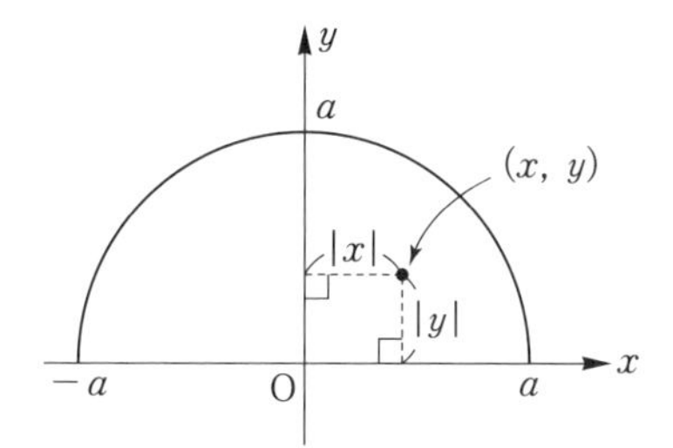

D の任意の点 $(x,\ y)$ について x 軸との距離は $|y|$ であるので③′ より

$$\begin{aligned}
I_x&=\iint_D \rho y^2\,dxdy\\
&=\int_0^\pi\left\{\int_0^a (r\sin\theta)^2\rho r\,dr\right\}d\theta\\
&=\rho\int_0^\pi\frac{1-\cos 2\theta}{2}\left[\frac{1}{4}r^4\right]_0^a d\theta\\
&=\frac{1}{8}a^4\rho\left[\theta-\frac{1}{2}\sin 2\theta\right]_0^\pi\\
&=\frac{1}{8}\pi\rho a^4
\end{aligned}$$

←10

練習7 例題3の半円板 D について y 軸に関する慣性モーメント I_y を求めよ。

節末問題

1. 次のいくつかの曲面・平面で囲まれる部分の立体の体積 V を求めよ。

(1) $\dfrac{x}{2}+\dfrac{y}{4}+z \leqq 1,\ x \geqq 0,\ y \geqq 0,\ z \geqq 0$

(2) $0 \leqq x \leqq 1,\ 0 \leqq y \leqq x,\ x+y \leqq z \leqq e^{x+y}$

(3) $x \leqq 0,\ y \leqq 0,\ x+y \leqq 2,\ z \geqq -x,\ z \leqq x$

(4) $z \geqq x^2+y^2,\ z \leqq 4$

(5) $z \geqq x^2+y^2,\ z \leqq 2x$

(6) $x^2+y^2 \leqq 1,\ x^2+y^2+z^2 \leqq 2$

(7) $x^2+y^2 \leqq ax,\ x^2+y^2+z^2 \leqq a^2 \quad (a>0)$

(8) $0 \leqq z \leqq \mathrm{Tan}^{-1}\left(\dfrac{y}{x}\right),\ \dfrac{1}{2} \leqq x^2+y^2 \leqq 1,\ 0 \leqq y \leqq x$

2. 楕円体 $\dfrac{x^2}{a^2}+\dfrac{y^2}{b^2}+\dfrac{z^2}{c^2} \leqq 1$（$a,\ b,\ c$ は正の定数）の体積 V を求めよ。

3. 放物面 $z=\dfrac{x^2}{a^2}+\dfrac{y^2}{b^2}$ と平面 $z=c$（$a,\ b,\ c$ は正の定数）で囲まれた立体の体積 V を求めよ。

4. $a>0$ を実数とするとき，次の各問いに答えよ。

(1) $I(a)=\displaystyle\iint_{D_a} e^{-(x^2+y^2)}\,dxdy$ を極座標変換を利用して求めよ。

ただし，$D_a=\{(x,\ y)\,|\,x \geqq 0,\ y \geqq 0,\ x^2+y^2 \leqq a^2\}$ である。

(2) 極限値 $\displaystyle\lim_{a\to\infty} I(a)$ を求めよ。

(3) $J(a)=\displaystyle\iint_{E_a} e^{-(x^2+y^2)}\,dxdy$ に対し，不等式 $I(a) \leqq J(a) \leqq I(\sqrt{2}\,a)$ が成立することを示し，極限値 $\displaystyle\lim_{a\to\infty} J(a)$ を求めよ。

ただし，$E_a=\{(x,\ y)\,|\,0 \leqq x \leqq a,\ 0 \leqq y \leqq a\}$ である。

(4) (3)の結果を用いて $\displaystyle\int_0^{\infty} e^{-x^2}dx=\lim_{a\to\infty}\sqrt{J(a)}=\frac{\sqrt{\pi}}{2}$ を示せ。（p. 148 の公式）

研究 3重積分と座標変換

3次元の領域 D で連続な関数 $f(x,\ y,\ z)$ を考える。領域 D を，平面 $x=x_0$, x_1, …, x_l, 平面 $y=y_0$, y_1, …, y_m と平面 $z=z_0$, z_1, …, z_n でできる $l\times m\times n$ 個の直方体で覆って，$x_{i-1}\leqq x\leqq x_i$, $y_{j-1}\leqq y\leqq y_j$, $z_{k-1}\leqq y\leqq z_k$ でできる直方体を D_{ijk} とおき，その体積を $\varDelta D_{ijk}$ とおく。このとき

$$\varDelta D_{ijk}=\varDelta x_i\varDelta y_j\varDelta z_k=(x_i-x_{i-1})(y_j-y_{j-1})(z_k-z_{k-1})$$

となっている。小領域 D_{ijk} 内に点 $(\xi_i,\ \eta_j,\ \zeta_k)$ を定め，各小領域 D_{ijk} の大きさが0になるように，分割の数 l, m と n を大きくして，次の極限値が存在するとき，これを $f(x,\ y,\ z)$ の領域 D における **3重積分** とよぶ。

$$\iiint_D f(x,\ y,\ z)\,dxdydz$$
$$=\lim_{l\to\infty}\lim_{m\to\infty}\lim_{n\to\infty}\sum_{i=1}^{l}\sum_{j=1}^{m}\sum_{k=1}^{n}f(\xi_i,\ \eta_j,\ \zeta_k)\varDelta x_i\varDelta y_j\varDelta z_k$$

たとえば，領域 D の各点での密度が $\rho(x,\ y,\ z)$ で与えられるときに，3重積分 $\iiint_D\rho(x,\ y,\ z)\,dxdydz$ は D 全体の質量を表す。

3次元の極座標変換

$$x=r\sin\phi\cos\theta,\ \ y=r\sin\phi\sin\theta,\ \ z=r\cos\phi$$

$(0\leqq\phi\leqq\pi,\ 0\leqq\theta\leqq2\pi)$ のヤコビアン（p. 136）は

$$J(r,\ \rho,\ \theta)=\begin{vmatrix}\sin\phi\cos\theta & r\cos\phi\cos\theta & -r\sin\phi\sin\theta\\ \sin\phi\sin\theta & r\cos\phi\sin\theta & r\sin\phi\cos\theta\\ \cos\phi & -r\sin\phi & 0\end{vmatrix}$$
$$=r^2\sin\phi\quad(0\leqq\phi\leqq\pi)$$

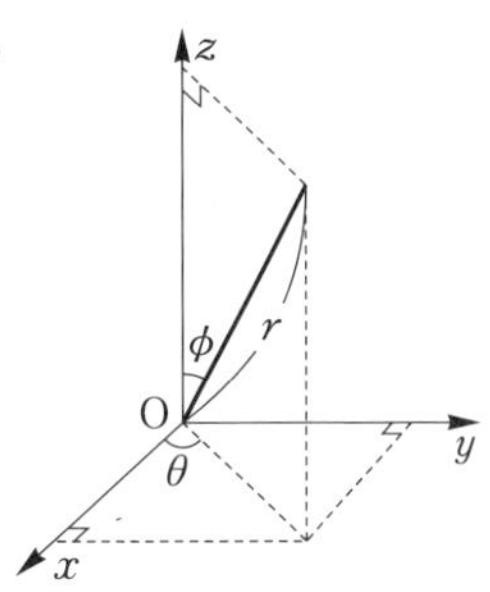

となるので，次の変換公式を得る。

3重積分の極座標変換の公式

$$\iiint_D f(x,\ y,\ z)\,dxdydz$$
$$=\iiint_{D'}f(r\sin\phi\cos\theta,\ r\sin\phi\sin\theta,\ r\cos\phi)\,r^2\sin\phi\,drd\phi d\theta$$

研究 ガンマ関数と階乗

$x>0$ なる実数 x に対して **ガンマ関数** $\Gamma(x)$ を次の広義積分によって定義する。

$$\Gamma(x)=\int_0^\infty e^{-t}t^{x-1}dt$$

この広義積分が正実数 x を決めるごとに定義でき，正実数を定義域とする関数になっていることはここで認めることにする。

ガンマ関数が階乗 $n!$ の拡張になっていることを示そう。具体的には

$$\Gamma(1)=1,\qquad \Gamma(x+1)=x\Gamma(x)$$

が成り立つことである。ガンマ関数の定義から

$$\Gamma(1)=\int_0^\infty e^{-t}dt=\Big[-e^{-t}\Big]_0^\infty=1,$$

$$\begin{aligned}\Gamma(x+1)&=\int_0^\infty e^{-t}t^x dt\\&=\int_0^\infty(-e^{-t})'t^x dt\\&=\Big[-e^{-t}t^x\Big]_0^\infty+\int_0^\infty e^{-t}xt^{x-1}dt=x\int_0^\infty e^{-t}t^{x-1}dt=x\Gamma(x)\end{aligned}$$

となるから，これを自然数 n に対して繰り返し用いれば

$$\begin{aligned}\Gamma(n)&=(n-1)\Gamma(n-1)\\&=(n-1)(n-2)\cdots\{n-(n-1)\}\Gamma(1)=(n-1)!\end{aligned}$$

となっていることがわかる。

また，$\Gamma\left(\dfrac{1}{2}\right)=\displaystyle\int_0^\infty e^{-t}t^{-\frac{1}{2}}dt$ において $t=s^2$ と置換し，ガウス型積分の結果(p. 148) から

$$\Gamma\left(\frac{1}{2}\right)=\int_0^\infty e^{-s^2}s^{-1}2s\,ds=2\int_0^\infty e^{-s^2}ds=\sqrt{\pi}$$

統計力学で出てくる半径 r の n 次元球の体積 V_n は，ガンマ関数を用いることによって $V_n=\dfrac{2\pi^{\frac{n}{2}}}{n\Gamma\left(\dfrac{n}{2}\right)}r^n$ で与えられる。たとえば，$\Gamma\left(\dfrac{3}{2}\right)=\dfrac{1}{2}\Gamma\left(\dfrac{1}{2}\right)=\dfrac{\sqrt{\pi}}{2}$ より 3 次元球の体積は $V_3=\dfrac{4}{3}\pi r^3$ である。

第 5 章

微分方程式

微分方程式は，運動法則を記述するための基礎方程式として生まれ，微分積分学を確立したニュートンがその創始者と考えられている。当初は主に物理学に関連した問題を解くために使われていたが，今日では，工学，医学，農学はもちろん，経済学などの社会科学や心理学などの人文科学，各種の産業などのいろいろな分野において現象を微分方程式で表し，それを満たす関数を求める手法が広く利用されている。ここではその手法の基本を学ぶ。

1 微分方程式と解

1 微分方程式

独立変数とその関数および導関数を含む方程式を **微分方程式** という。

そのうち $\dfrac{dy}{dx}=2y$, $\dfrac{dx^2}{dt^2}+2\dfrac{dx}{dt}+x=1$ のように，1つの変数について，その関数および導関数を含む方程式を特に **常微分方程式** という。

一方，$\dfrac{\partial P(x,\ y)}{\partial y}=\dfrac{\partial Q(x,\ y)}{\partial x}$, $\dfrac{\partial^2 u}{\partial x^2}+\dfrac{\partial^2 u}{\partial y^2}=0$ のように2つ以上の変数について，その関数および偏導関数を含む方程式を特に **偏微分方程式** という。

本章では常微分方程式のみを扱うので，今後は常微分方程式のことを単に微分方程式とよぶ。

微分方程式は自然科学や工学ばかりでなく経済学，社会学など多くの分野で用いられ，重要な役割を果たしている。以下で例を示そう。いずれも観測や実験などの結果からわかる自然現象や社会現象が微分方程式として表されている。「変化」が微分方程式として捉えられているのである。

例 1 (マルサスの法則) 人の転入転出のない地域においては，時間についての人口の増加率は統計時の人口に比例する。この現象を方程式で表すと次のようになる。時間を t，人口を t の関数 $P(t)$，比例定数を k として

$$\frac{dP(t)}{dt}=kP(t)$$

練習 1 (ニュートンの冷却法則) ある部屋に室温より温かい飲み物を置いておくと飲み物の温度は時間とともに低下していく。このとき飲み物の温度の時間的変化は室温との温度差に比例する。この現象を表す微分方程式をつくれ。ただし時間を t，飲み物の温度を t の関数 $T(t)$，室温を T_0，比例定数を k $(k>0)$ とする。

微分方程式に含まれる導関数の最高次数をその微分方程式の **階数** といい，階数 n の微分方程式を **n 階微分方程式** という。例1および練習1の微分方程式は1階微分方程式である。次に2階微分方程式の例をあげよう。

例2 （フックの法則） 水平な平面に一方の端を固定したバネがあり，他方の端には質量 m の球がついているとする。球を引っぱるとき，その復元力は球を引いた長さに比例する。この現象を方程式で表すと，バネが自然な状態にあるときの球の位置が $x=0$ となるように x 座標をとり，球の位置を x，時間を t，比例定数を k $(k>0)$ として，次のようになる。

$$m\frac{d^2x}{dt^2}=-kx$$

次の例のように，xy 平面上の曲線をその上の任意点の接線の性質を用いて表す方法がある。これは微分方程式による曲線の表現である。

例3 与えられた曲線 $y=f(x)$ について，任意の点 $\mathrm{P}(x,\ y)$ における接線の傾きが，点Pの x 座標と y 座標の積に等しいということがわかったとする。このことを方程式で表すと次のようになる。

$$\frac{dy}{dx}=xy$$

練習2 曲線 $y=f(x)$ 上の任意の点 $\mathrm{P}(x,\ y)$ における接線の傾きが，点Pの y 座標の2倍に等しいということがわかった。このことを微分方程式で表せ。

以上では現象を微分方程式で表す例をみてきたが，実際に求めたいのは導関数の含まれない方程式である。たとえば例1では $\dfrac{dP(t)}{dt}$ を含まない，時間 t と人口 $P(t)$ だけの関係式を求めたい。つまり t 年後には人口が何人になっているかがわかる式である。例2であれば，t 秒後に球がどの位置にあるかがわかる t と x だけの関係式である。これらの関係式のことを与えられた微分方程式の **解** という。次項においてはこれを扱う。

2 微分方程式の解

微分方程式が与えられたとき，その方程式を満たす関数のことを，与えられた微分方程式の **解** という。またそのような解を求めることを微分方程式を **解く** という。このとき，解となっている関数が表す曲線のことを **解曲線** という。

例4 x を t の関数とし，ω を正の定数とするとき，次の2階微分方程式の解について考えよう。

$$\frac{d^2x}{dt^2} = -\omega^2 x \quad \cdots\cdots①$$

(1) $x = \sin\omega t \quad \cdots\cdots②$

は①の解である。なぜなら②を①の左辺に代入すると

$$x'' = (\sin\omega t)'' = (\omega\cos\omega t)' = \omega\cdot(-\omega\sin\omega t) = -\omega^2\sin\omega t$$

一方，②を①の右辺に代入すると

$$-\omega^2 x = -\omega^2\sin\omega t$$

つまり②を①の両辺に代入したものは一致し，②は①の解である。

しかし①の解は②だけではない。

(2) $x = \cos\omega t \quad \cdots\cdots③$

も①の解である。なぜなら③を①の左辺に代入すると

$$x'' = (\cos\omega t)'' = (-\omega\sin\omega t)' = (-\omega)\cdot(\omega\cos\omega t) = -\omega^2\cos\omega t$$

一方，③を①の右辺に代入すると

$$-\omega^2 x = -\omega^2\cos\omega t$$

つまり③を①の両辺に代入したものは一致し，③も①の解である。

同様にして，次の関数も①の解であることが示せる。

(3) $x = C\sin\omega t + D\cos\omega t$ （C，D は任意定数） $\cdots\cdots④$

一般に，n 階微分方程式は n 個の任意定数を含む解をもつ。この解のことを与えられた n 階微分方程式の **一般解** といい，その任意定数がある特定の値をとったときの解を **特殊解** という。たとえば④は①の一般解であり，②は④において $C=1$，$D=0$ とした式なので特殊解である。また，③は④において $C=0$，$D=1$ とした式なので，③も①の特殊解である。

微分方程式によっては，一般解における任意定数にどんな値を代入しても得られない解が存在する場合がある。このような解を **特異解** という。

例題 1 微分方程式 $(y')^2+xy'-y=0$ ……⑤ について，次のことを示せ。

(1) $y=Cx+C^2$（Cは任意定数）……⑥ は一般解である。

(2) $y=-x+1$ ……⑦ は特殊解である。

(3) $y=-\dfrac{1}{4}x^2$ ……⑧ は特異解である。

証明 (1) ⑥を⑤の左辺に代入すると

$$(y')^2+xy'-y=C^2+Cx-(Cx+C^2)=0$$

であるから⑥は微分方程式⑤を満たす。また，1個の任意定数を含むので，これは⑤の一般解である。

(2) ⑦は⑤の一般解⑥で $C=-1$ とした式なので⑤の特殊解である。

(3) ⑧を⑤の左辺に代入すると

$$(y')^2+xy'-y=\left(-\frac{x}{2}\right)^2+x\left(-\frac{x}{2}\right)-\left(-\frac{x^2}{4}\right)=0$$

であるから⑧は微分方程式⑤を満たすが一般解⑥の任意定数Cにどんな値を代入しても⑧は得られないので，これは⑤の特異解である。 終

⑤の解曲線は⑥で表されるが，Cは任意なので⑥は無数の直線の表現である。その一本一本が特殊解を表す直線で，⑦はそのうちの一本である。一方，実は直線群⑥の包絡線(p. 123)が⑧のグラフである。一般に，特異解の解曲線は，一般解が表す直線群または曲線群の包絡線となっている。

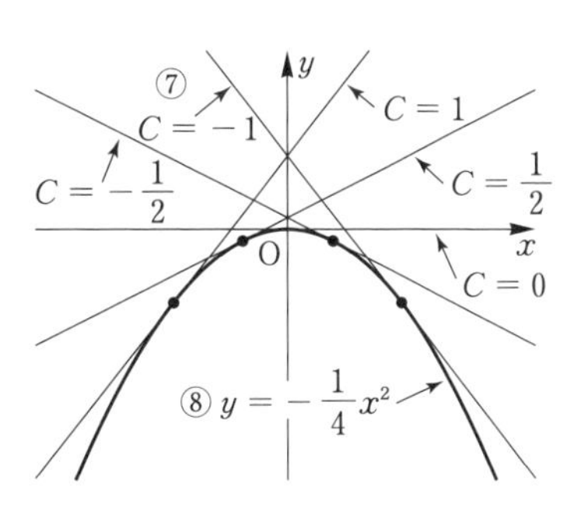

練習 3 微分方程式 $y=xy'+\sqrt{1+(y')^2}$ について，次のことを示せ。

(1) $y=Cx+\sqrt{1+C^2}$ は一般解である。（Cは任意定数）

(2) $y=\sqrt{1-x^2}$ は特異解である。

3 初期値問題と境界値問題

微分方程式の具体的な問題への応用では，与えられた条件を満たす特殊解を問題にすることが多い。ここでは，この問題に関する基本的な言葉を定義しよう。

1 初期値問題

微分方程式において，独立変数がある1つの値をとるときの従属変数やその微分係数の値を与えて特殊解を求める問題を **初期値問題** という。このとき，従属変数やその微分係数の値を **初期値** という。特殊解を求めるための条件として関数関係が与えられている場合もあるので，この場合も含めて **初期条件** という。

n 階微分方程式の一般解は n 個の任意定数をもつから，これらの任意定数を適当に決めることにより初期条件を満たす特殊解を得ることができる。一般に，n 階微分方程式の特殊解を1つ定めるためには，n 個の条件式が必要である。

例5 2階微分方程式の一般解は2個の任意定数を含んでいる。したがって，2つの条件を与えれば任意定数の値が定まり，条件を満たす特殊解を得る。

2階微分方程式の初期条件の代表的な形は，

「$x = x_0$ のとき $y = y_0$，$y' = y_1$」

である。これにより解曲線のうち，通る点が $(x_0,\ y_0)$ で，その点での接線の傾きが y_1 である曲線が指定される。

たとえば一般解が $y - D = (x - C)^2$（C，D は任意定数）……① のとき①が表す解曲線は，$y = x^2$ を x 軸方向に C，y 軸方向に D，平行移動した曲線である。ここに初期条件

「$x = 1$ のとき $y = 2$，$y' = 2$」

を与えると，①と $y' = 2(x - C)$ にこの条件を代入して

$2 - D = (1 - C)^2$ かつ $2 = 2(1 - C)$

となるので $C = 0$，$D = 1$ を得る。つまり特殊解 $y = x^2 + 1$ が指定される。

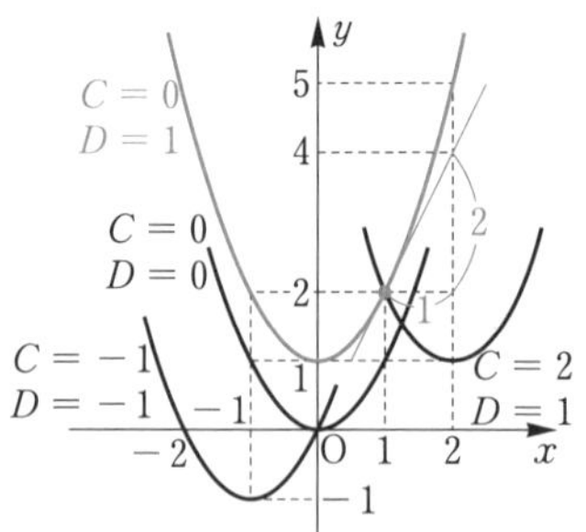

例題 2 微分方程式 $y''=6x$ ……① について，次の問いに答えよ。

(1) 関数 $y=x^3+Cx+D$（C，D は任意定数）は①の一般解であることを示せ。

(2) 初期条件「$x=1$ のとき $y=0$，$y'=2$」を満たす①の特殊解を求めよ。

解 (1) $y''=(x^3+Cx+D)''=(3x^2+C)'=6x$

より，この関数は①を満たす。また，2個の任意定数を含むので①の一般解である。

(2) $\begin{cases} y=x^3+Cx+D \\ y'=3x^2+C \end{cases}$

に $x=1$，$y=0$，$y'=2$

を代入すると

$\begin{cases} 0=1+C+D \\ 2=3+C \end{cases}$

これより　$C=-1$，$D=0$

よって答は $y=x^3-x$

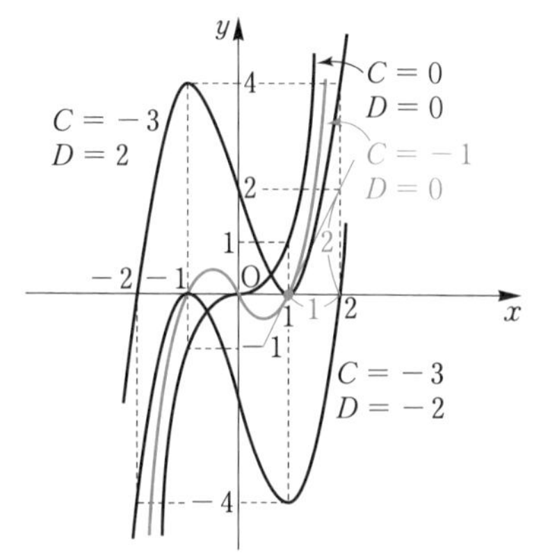

練習 4 微分方程式 $y'=y$ について，次の問いに答えよ。

(1) $y=Ce^x$（C は任意定数）は，一般解であることを示せ。

(2) 初期条件「$x=0$ のとき $y=1$」を満たす特殊解を求めよ。

練習 5 微分方程式 $xy''+y'=x^2$ について，次の問いに答えよ。

(1) $y=\dfrac{1}{9}x^3+C\log|x|+D$（$C$，$D$ は任意定数）は一般解であることを示せ。

(2) 初期条件「$x=1$ のとき $y=1$，$y'=2$」を満たす特殊解を求めよ。

2 境界値問題

初期値問題の他にも重要な条件付問題がある。とくに，階数が2以上の微分方程式で，考えている区間の両端の値を独立変数がとるとき，従属変数またはその微分係数の値を与え，その条件を満たす解を求める問題を **境界値問題** という。このとき，与えられた値を **境界値**，与えられた条件を **境界条件** という。

例6 2階微分方程式の境界条件の代表的な形は，「$x=x_0$ のとき $y=y_0$，$x=x_1$ のとき $y=y_1$」である。これは，解曲線のうち，2点 $(x_0,\ y_0)$，$(x_1,\ y_1)$ を通る曲線を指定することにあたる。たとえば例5の①が表す解曲線のうち「$x=1$ のとき $y=1$，$x=2$ のとき $y=2$」という境界条件をもつものは，①にこれらの条件を代入して，$1-D=(1-C)^2$ かつ $2-D=(2-C)^2$ となることより，$C=1$，$D=1$ である。つまり特殊解 $y-1=(x-1)^2$ が指定される。

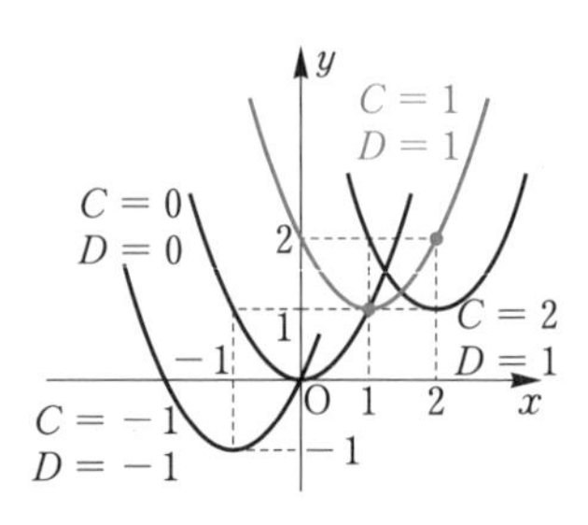

例題3 微分方程式 $xy''-y'=0$ ……① について，次の問いに答えよ。

(1) 関数 $y=Cx^2+D$（C，D は任意定数）……②
は①の一般解であることを示せ。

(2) 境界条件「$x=0$ のとき $y=3$，$x=1$ のとき $y=7$」
を満たす①の特殊解を求めよ。

解 (1) ②を①の左辺に代入すると

$$y'=2Cx,\ y''=2C\ より$$

$$xy''-y'=x\cdot(2C)-(2Cx)=0$$

であるので，②は微分方程式①を満たす。
また2個の任意定数を含むので①の一般解である。

(2) ②に $x=0$，$y=3$ と，$x=1$，$y=7$
を代入すると

$$3=D,\ 7=C+D$$

これより　$C=4$，$D=3$

したがって，求める①の特殊解は　$y=4x^2+3$

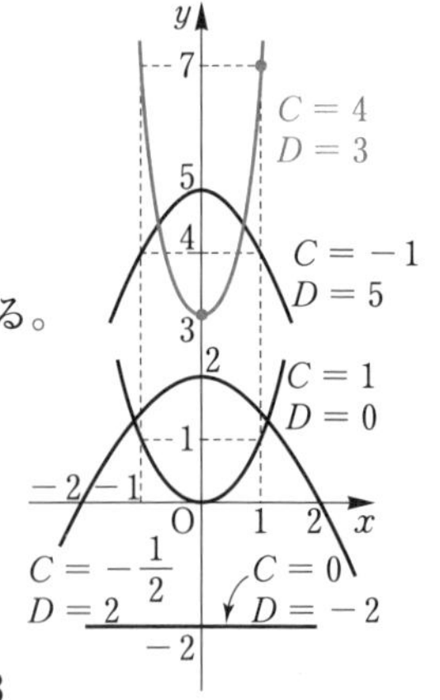

練習6　**練習5**の微分方程式について，境界条件「$x=1$ のとき $y=0$，$x=e$ のとき $y=1$」を満たす特殊解を求めよ。

節末問題

1. 数直線上を運動する点Pの加速度は，そのときの座標の2乗に等しいという。時刻 t における点Pの座標を $x=x(t)$ とするとき，x の満たす微分方程式を作れ。

2. 放射性物質が崩壊する量はその物質の原子数の現在量に比例するという。時間を t，放射性物質の原子数を $N(t)$，比例定数を λ $(\lambda>0)$ とするとき，放射性崩壊による原子数の変化を記述する微分方程式を作れ。

3. 曲線 $y=f(x)$ 上の任意の点 $\mathrm{P}(x,\ y)$ における接線と y 軸の交点をQとするとき，線分PQがつねに x 軸によって2等分されるという。曲線 $y=f(x)$ が満たす微分方程式を作れ。

4. 微分方程式 $y=xy'+y'-(y')^2$ について，次のことを示せ。

(1) $y=Cx+C-C^2$（C は任意定数）は一般解である。

(2) $y=\dfrac{1}{4}(x+1)^2$ は特異解である。

(3) C をパラメータとした直線群 $y=Cx+C-C^2$ の包絡線の方程式は

$y=\dfrac{1}{4}(x+1)^2$ であることを示せ。

(ヒント：p. 123の研究を参照せよ)

5. 微分方程式 $y''=-k^2y$ について，次の問いに答えよ。ただし，$k\neq 0$ とする。

(1) 関数 $y=C\sin kx+D\cos kx$（C，D は任意定数）は一般解であることを示せ。

(2) 初期条件「$x=0$ のとき $y=1$，$y'=1$」を満たす特殊解を求めよ。

(3) 境界条件「$x=0$ のとき $y=a$，$x=\dfrac{\pi}{2k}$ のとき $y=b$」を満たす特殊解を求めよ。

2 1階微分方程式

1 変数分離形

$f(x)$ が x の関数，$g(y)$ が y の関数であるとき

$$\frac{dy}{dx}=f(x)g(y) \quad \cdots\cdots①$$

の形の微分方程式を **変数分離形** という。

変数分離形の微分方程式は，積分を用いて次のようにして解を求めることができる。

$g(y) \neq 0$ のとき，①の両辺を $g(y)$ で割ると

$$\frac{1}{g(y)}\frac{dy}{dx}=f(x)$$

である。この両辺を x について積分すると

$$\int\frac{1}{g(y)}\frac{dy}{dx}dx=\int f(x)\,dx$$

となる。この左辺に置換積分を適用すれば ←29

$$\int\frac{1}{g(y)}dy=\int f(x)\,dx$$

となるので，これから①の一般解を求めることができる。

$g(y)=0$ のとき，$g(y_0)=0$ となる定数 y_0 が存在すれば，定数関数 $y=y_0$ に対して，①の左辺 $=0$，右辺 $=f(x)g(y_0)=0$ を満たすから，$y=y_0$ も①の解である。

変数分離形の一般解

変数分離形の微分方程式 $\dfrac{dy}{dx}=f(x)g(y)$ の一般解は次の式で与えられる。

$$\int\frac{1}{g(y)}dy=\int f(x)\,dx$$

注意　今後，微分方程式の一般解を求める際は割る式が0でないとして，途中の計算は形式的に行うことにする。形式的な計算によって得られた解が真に一般解であるかどうかは，結果から確かめることができる。

例題 1 次の微分方程式の一般解を求めよ。

(1) $y' = y$　　(2) $yy' = -x$

解 (1) 両辺を y で割ると $\dfrac{1}{y}\dfrac{dy}{dx} = 1$

両辺を x について積分すると $\displaystyle\int\frac{1}{y}\frac{dy}{dx}dx = \int 1\,dx$

よって $\displaystyle\int\frac{1}{y}dy = \int dx$　　← 29

$\log|y| = x + C$ より $|y| = e^{x+C} = e^C e^x$　　← 25 5

したがって，$y = \pm e^C e^x$ である。ここで，$\pm e^C$ を改めて C とおくと

$y = Ce^x$ （C は 0 以外の任意定数）……①

(2) 両辺を x について積分すると $\displaystyle\int y\,dy = -\int x\,dx$

よって $\dfrac{y^2}{2} = -\dfrac{x^2}{2} + C$ （C は任意定数） すなわち $x^2 + y^2 = 2C$

ここで，$2C$ を改めて C とおくと $x^2 + y^2 = C$ （C は負でない任意定数）

注意 (i) 例題 1 (1)で関数 $y = 0$ は $y' = 0$ なので $y' = y$ を満たす。したがって①で $C = 0$ のときも与式の解であり「0 以外の」は不要である。

(ii) 例題 1 (2)の一般解のように，考えている問題によっては任意定数 C のとる値がある範囲に限られる場合もある。

(i)のように任意定数 C の範囲を広げられる場合や(ii)のように C の範囲が限定される場合であっても，今後は単に「C は任意定数」と表記する。

練習 1 次の微分方程式の一般解を求めよ。

(1) $yy' = x$　　(2) $xy' = y$

(3) $\sqrt{1-x^2}\,y' = 1$　　(4) $y'\cos y - \sin x = 0$

練習 2 次の微分方程式の（ ）内の初期条件を満たす解を求めよ。

(1) $yy' = \pm\sqrt{1-y^2}$ （$x = 0$ のとき $y = 1$）

(2) $(1+x)y' + (1+y) = 0$ （$x = 0$ のとき $y = 0$）

(3) $y' - y\cot x = 0$ $\left(x = \dfrac{\pi}{2}\right.$ のとき $\left.y = 1\right)$

2 同次形

一般に

$$\frac{dy}{dx}=f\left(\frac{y}{x}\right) \quad \cdots\cdots ①$$

の形の微分方程式を **同次形** という。このとき x の関数 $\frac{y}{x}$ を $u(x)$ とおく。

$u(x)$ を単に u と書いて $\frac{y}{x}=u$ すなわち $y=xu$ とおくと

$$\frac{dy}{dx}=\frac{d}{dx}(xu)=u+x\frac{du}{dx}$$

← 22

であるから，①に代入すると $u+x\frac{du}{dx}=f(u)$

すなわち $\frac{du}{dx}=\frac{1}{x}\cdot\{f(u)-u\} \quad \cdots\cdots ②$

となり，変数分離形になる。この両辺を $f(u)-u$ で割ると

$$\frac{1}{f(u)-u}\frac{du}{dx}=\frac{1}{x} \quad \text{したがって} \quad \int\frac{1}{f(u)-u}\frac{du}{dx}dx=\int\frac{1}{x}dx$$

よって

$$\int\frac{1}{f(u)-u}du=\log|x|+C \quad (C\text{は任意定数})$$

← 25 29

を得る。左辺を積分したのち，$u=\frac{y}{x}$ を代入すれば①の一般解が求められる。

同次形の微分方程式

同次形の微分方程式 $\boldsymbol{\frac{dy}{dx}=f\left(\frac{y}{x}\right)}$ は変数変換 $\boldsymbol{\frac{y}{x}=u}$ すなわち $\boldsymbol{y=xu}$ によって変数分離形にできる。

注意　②において $f(u)-u=0$ のときは $x\frac{du}{dx}=f(u)-u=0$ であるから，$\frac{du}{dx}=0$ より $u=C$ (Cは任意定数) すなわち $\frac{y}{x}=C$，したがって一般解は $y=Cx$ で与えられる。

例題 2 微分方程式 $y' = \dfrac{x^2+y^2}{2xy}$ の一般解を求めよ。

解

$$y' = \frac{x^2+y^2}{2xy} = \frac{1+\left(\dfrac{y}{x}\right)^2}{2\dfrac{y}{x}}$$ ……①と表されるから同次形である。

$\dfrac{y}{x} = u$ すなわち $y = xu$ とおくと $y' = u + xu'$

①に代入すると

$$u + xu' = \frac{1+u^2}{2u} \quad \text{すなわち} \quad xu' = \frac{1-u^2}{2u}$$

よって $\dfrac{2u}{u^2-1}\dfrac{du}{dx} = -\dfrac{1}{x}$

両辺を x について積分すると $\displaystyle\int\frac{2u}{u^2-1}\frac{du}{dx}dx = \int -\frac{1}{x}dx$

$$\int\frac{2u}{u^2-1}du = -\int\frac{1}{x}dx \quad \text{で} \quad \log|u^2-1| = -\log|x| + C$$

←29 25 30

$$\log|x(u^2-1)| = C \quad \text{より} \quad x(u^2-1) = \pm e^C$$

よって $x(u^2-1) = C$ （$\pm e^C$ を改めて C とおく）

$u = \dfrac{y}{x}$ を代入して整理すると，一般解は

$$y^2 - x^2 = Cx \quad (C \text{は任意定数})$$

練習3 次の微分方程式の一般解を求めよ。

(1) $xyy' = x^2 + y^2$

(2) $xy^2y' = x^3 + y^3$

(3) $xy' = -x\tan\dfrac{y}{x} + y$

(4) $(3x^2+y^2)y' - 2xy = 0$

練習4 次の微分方程式の（ ）内の初期条件を満たす解を求めよ。

(1) $(y-x)y' = y + x$ （$x=1$ のとき $y=1$）

(2) $xy' = x + y$ （$x=1$ のとき $y=2$）

(3) $(xy-x^2)y' = y^2$ （$x=1$ のとき $y=1$）

3 線形微分方程式

$P(x)$, $Q(x)$ が x の関数のとき

$$\frac{dy}{dx}+P(x)y=Q(x) \quad \cdots\cdots①$$

の形の微分方程式を **線形微分方程式** という。とくに, $Q(x)=0$ の場合, すなわち

$$\frac{dy}{dx}+P(x)y=0 \quad \cdots\cdots②$$

の場合を **同次方程式** または **斉次方程式** といい, $Q(x) \neq 0$ の場合を **非同次方程式** または **非斉次方程式** という。

以下で①, ②の方程式の一般解を求めてみよう。

[1] まず②の一般解を求める。

同次方程式②は変数分離形であり, 積分によって一般解を求めることができる。実際

$$\frac{dy}{dx}+P(x)y=0 \quad より \quad \frac{1}{y}\frac{dy}{dx}=-P(x)$$

両辺を x について積分すると

$$\int\frac{1}{y}\frac{dy}{dx}dx=\int-P(x)\,dx$$

$$\int\frac{1}{y}dy=-\int P(x)\,dx$$ ←29

より

$$\log|y|+C=-\int P(x)\,dx$$ ←25

$$y=\pm e^{-C}e^{-\int P(x)\,dx}$$

となる。$\pm e^{-C}$ を改めて C とおくと, ②の一般解は次の形で得られる。

$$y=Ce^{-\int P(x)\,dx} \quad (C は任意定数) \quad \cdots\cdots③$$

[2]　次に，非同次方程式①の一般解を求める。

[1]の結果である同次方程式②の一般解③における任意定数 C を x の関数 $u(x)$ とおいてみる。

$$y=u(x)e^{-\int P(x)\,dx}\quad\cdots\cdots④$$

両辺を x について微分すると

$$\begin{aligned}\frac{dy}{dx}&=\frac{du(x)}{dx}e^{-\int P(x)\,dx}+u(x)\frac{d}{dx}e^{-\int P(x)\,dx}\\&=\frac{du(x)}{dx}e^{-\int P(x)\,dx}+u(x)e^{-\int P(x)\,dx}\cdot\frac{d}{dx}\left(-\int P(x)\,dx\right)\ (④より)\\&=\frac{du(x)}{dx}e^{-\int P(x)\,dx}-P(x)y\end{aligned}$$

←23 24

これを①に代入すると

$$\frac{du(x)}{dx}e^{-\int P(x)\,dx}-P(x)y+P(x)y=Q(x)$$

すなわち

$$\frac{du(x)}{dx}=Q(x)e^{\int P(x)\,dx}$$

である。両辺を x について積分すると

$$u(x)=\int Q(x)e^{\int P(x)\,dx}dx$$

となり，これを④に代入すると線形微分方程式①の一般解

$$y=e^{-\int P(x)\,dx}\left(\int Q(x)e^{\int P(x)\,dx}dx\right)$$

が得られる。

➡線形微分方程式の一般解

線形微分方程式 $\boldsymbol{\dfrac{dy}{dx}+P(x)y=Q(x)}$ の一般解は次の式で与えられる。

$$\boldsymbol{y=e^{-\int P(x)\,dx}\left(\int Q(x)e^{\int P(x)\,dx}dx\right)}$$

[1]のようにまず同次方程式②の一般解を求め，その任意定数 C を[2]で行ったように x の関数 $u(x)$ に変えて非同次方程式の一般解を求める方法を **定数変化法** という。

例題 3 微分方程式 $y' + \dfrac{1}{x}y = 4x^2 + 1$ ……① の一般解を求めよ。

解 p. 168[1]，p. 169[2]に従って定数変化法を用いて一般解を求める。

[1] まず同次方程式 $y' + \dfrac{1}{x}y = 0$ ……② の一般解を求める。

②より $y' = -\dfrac{1}{x}y$ すなわち $\dfrac{1}{y}\dfrac{dy}{dx} = -\dfrac{1}{x}$

両辺を x について積分して $\displaystyle\int \frac{1}{y}\frac{dy}{dx}dx = -\int \frac{1}{x}dx$

$$\int \frac{1}{y}dy = -\int \frac{1}{x}dx$$

両辺の積分を行って

$\log|y| = -\log|x| + C$ より $\log|xy| = C$ （Cは任意定数）

$xy = \pm e^C$ であるから右辺を改めて C とおくと

同次方程式②の一般解は次の形で得られる。

$$y = \frac{C}{x}$$

[2] 次に①の一般解を求める。

C を x の関数 $u(x)$ として $y = \dfrac{u(x)}{x}$ とおくと

$$y' = \frac{u'(x)x - u(x)(x)'}{x^2} = \frac{u'(x)}{x} - \frac{u(x)}{x^2}$$

もとの微分方程式①に代入すると

$$\frac{u'(x)}{x} - \frac{u(x)}{x^2} + \frac{u(x)}{x^2} = 4x^2 + 1$$

すなわち $u'(x) = 4x^3 + x$

したがって $u(x) = x^4 + \dfrac{1}{2}x^2 + C$ （Cは任意定数）

よって①の一般解は

$$y = \frac{u(x)}{x} = \frac{1}{x}\left(x^4 + \frac{1}{2}x^2 + C\right) = x^3 + \frac{1}{2}x + \frac{C}{x}$$

（Cは任意定数）

注意　例題3の解答は，p. 169の公式を直接用いるならば，次のような書き方になる。

$P(x)=\dfrac{1}{x}$，$Q(x)=4x^2+1$ であるから C を任意定数として

$$e^{\int P(x)\,dx}=e^{\log|x|+C}=|x|\cdot e^{C},$$ ← 5

$$e^{-\int P(x)\,dx}=e^{-\log|x|-C}=\frac{1}{|x|}\cdot e^{-C}$$ ← 5

よって，これらを p. 169 の公式に代入すると

$$y=\frac{1}{|x|}\left(\int(4x^2+1)|x|\,dx\right)$$

絶対値の符号を考えて，次の形で①の一般解が得られる。

$$y=\frac{1}{x}\left(x^4+\frac{1}{2}x^2+C\right)$$
$$=x^3+\frac{1}{2}x+\frac{C}{x}\quad（C\text{は任意定数}）$$

練習5　次の微分方程式の一般解を求めよ。

(1)　$y'+\dfrac{1}{x}y=1$　　(2)　$y'+y=e^x$

(3)　$y'\cos x+y\sin x=1$　　(4)　$xy'+y=\log x$

練習6　曲線 $y=f(x)$ 上の任意の点 $\mathrm{P}(x,\ y)$ における接線の傾きが P の x 座標と y 座標の和に等しいという。このような曲線のうち原点を通るものの方程式を求めよ。

練習7　大気中の物体が落下するとき，t 秒後の速度 v は微分方程式

$$\frac{dv}{dt}=g-kv$$

を満たすという。ここで，g は重力加速度，k は正の定数である。このとき，次の方法で一般解を求めよ。

(1)　1階線形微分方程式とみる。

(2)　変数分離形とみる。

節末問題

1. 次の微分方程式の一般解を求めよ。

(1) $yy' + 4x = 0$

(2) $xy' = y\log x$

(3) $(x-y)y' = 2y$

(4) $y' = \dfrac{y}{x} + \dfrac{1}{\cos\dfrac{y}{x}}$

(5) $xy' + 3y + x = 0$

(6) $y' - y = 2\sin 2x$

2. (　) 内の初期条件を満たす次の微分方程式の解を求めよ。

(1) $y' = e^{2x-y}$　$(x=0,\ y=0)$

(2) $xy' = y(\log y - \log x + 1)$　$(x=1,\ y=e^2)$

(3) $y' + y = \sin x$　$\left(x = \dfrac{\pi}{2},\ y=0\right)$

3. 曲線 $y=f(x)$ 上の任意の点 $\mathrm{P}(x,\ y)$ における法線がつねに原点を通るという。このような曲線のうち点 $(1,\ 1)$ を通るものを求めよ。

4. 曲線 $y=f(x)$ 上の任意の点 $\mathrm{P}(x,\ y)$ における接線が x 軸と y 軸で切り取られる長さが，接点によって $2:1$ に分けられるという。このような曲線のうち点 $(1,\ 2)$ を通るものを求めよ。

5. 微分方程式 $(x+y)y' = 1$ について，次の問いに答えよ。

(1) $u = x+y$ とおくとき，関数 u についての微分方程式を求めよ。

(2) 一般解を求めよ。

6. ある生物の時刻 t における個体数を $N = N(t)$ とするとき，この生物の増加率は，飽和個体数 a と統計時の個体数の差に比例するという。

(1) 比例定数を k として，個数 $N(t)$ の満たす微分方程式を作れ。

(2) 一般解 $N(t)$ を求めよ。

(3) $N(0) = N_0$ のとき，特殊解 $N(t)$ を求めよ。

COLUMN 微分の記法

微分を記号的に表記するための方法は，歴史的に複数の数学者によって異なる記法が提案されている。1つにまとめるよりも与えられた文脈によって複数の記法を使い分けることが有効である。

[ニュートンの記法]

アイザック・ニュートンが流率・流動率と呼称した時間に対する変化率を表すために導入したもので，関数名の上部に微分回数と同数のドット記号を記す。

$$\dot{x} = \frac{dx}{dt}, \quad \ddot{x} = \frac{d^2x}{dt^2}$$

ドット記号の個数により微分回数を表すため，あまり高階の微分には有用ではない。しかし，高階導関数があまり出現しない物理学あるいはある特定の工学分野においては，位置の1階微分である速度，2階微分である加速度などとして利用されている。

ニュートンの記法は，傾きや位置による微分ではなく **時間微分** の記法として用いられることがほとんどである。ライプニッツの記法などではどの独立変数に対する微分かを明示しているが，ニュートンの記法ではそれができない。逆にいえば時間微分であるという前提がある場合には簡易で有用な表現である。

[ライプニッツの記法]

ゴットフリート・ライプニッツにより採用されたライプニッツの記法は数学の分野で広く使用されている。

$$\frac{dy}{dx}, \ \frac{d^2y}{dx^2}, \ \cdots, \ \frac{d^ny}{dx^n}$$

[ラグランジュの記法]

最も広く用いられる微分の現代的記法の1つはジョゼフ=ルイ・ラグランジュにより提唱されたプライム記号を用いたラグランジュの記法である。

$$f'(x), \ f''(x), \ \cdots, \ f^{(n)}(x)$$

研究　完全微分方程式

$P(x,\ y)$, $Q(x,\ y)$ が x, y の関数のとき

$$P(x,\ y)\,dx + Q(x,\ y)\,dy = 0 \quad \cdots\cdots ①$$

の形の微分方程式を **全微分方程式** という。1階の微分方程式は必ずこの形に書き直すことができる。

いま，ある1つの関数 $F(x,\ y)$ が存在して，①の左辺がその関数の全微分 $dF(x,\ y)$ すなわち

$$dF(x,\ y) = \frac{\partial F(x,\ y)}{\partial x}dx + \frac{\partial F(x,\ y)}{\partial y}dy = 0$$

となっているとき，①は **完全微分方程式** または **完全形** であるという。別のいい方をすれば①の $P(x,\ y)$, $Q(x,\ y)$ について

$$P(x,\ y) = \frac{\partial F(x,\ y)}{\partial x}, \quad Q(x,\ y) = \frac{\partial F(x,\ y)}{\partial y}$$

を満たす x, y の関数 $F(x,\ y)$ が存在して $dF(x,\ y) = 0$ となるということである。

このとき，一般解は次の形で与えられる。

$$F(x,\ y) = C \quad (C \text{ は任意定数}) \quad \cdots\cdots ②$$

完全形であるための条件

全微分方程式 $\boldsymbol{P(x,\ y)dx + Q(x,\ y)dy = 0}$ が完全微分方程式であるための必要十分条件は

$$\frac{\partial P(x,\ y)}{\partial y} = \frac{\partial Q(x,\ y)}{\partial x}$$

が成り立つことである。

証明　**必要性**：①が完全微分方程式であれば

$$P(x,\ y) = \frac{\partial F(x,\ y)}{\partial x}, \quad Q(x,\ y) = \frac{\partial F(x,\ y)}{\partial y}$$

したがって

$$\frac{\partial P(x,\ y)}{\partial y} = \frac{\partial^2 F(x,\ y)}{\partial y \partial x} = \frac{\partial^2 F(x,\ y)}{\partial x \partial y} = \frac{\partial Q(x,\ y)}{\partial x}$$

十分性：$P(x, y)$ の y を固定し，x について積分したものを

$$\int P(x, y)\,dx = G(x, y)$$

と表すと

$$P(x, y) = \frac{\partial G(x, y)}{\partial x}$$

これを y について微分し，$\dfrac{\partial P(x, y)}{\partial y} = \dfrac{\partial Q(x, y)}{\partial x}$ を用いると

$$\frac{\partial^2 G(x, y)}{\partial x \partial y} = \frac{\partial P(x, y)}{\partial y} = \frac{\partial Q(x, y)}{\partial x} \quad \text{であるから}$$

$$\frac{\partial}{\partial x}\left(Q(x, y) - \frac{\partial G(x, y)}{\partial y}\right) = 0$$

これは，$Q(x, y) - \dfrac{\partial G(x, y)}{\partial y}$ が y だけの関数であることを示すから

$$Q(x, y) - \frac{\partial G(x, y)}{\partial y} = H(y) \quad (H(y)\ \text{は任意関数})$$

すなわち　$Q(x, y) = \dfrac{\partial G(x, y)}{\partial y} + H(y)$

とおける。したがって

$$\begin{aligned} P(x, y)\,dx + Q(x, y)\,dy &= \frac{\partial G(x, y)}{\partial x}dx + \left(\frac{\partial G(x, y)}{\partial y} + H(y)\right)dy \\ &= d\left(G(x, y) + \int H(y)\,dy\right) \end{aligned}$$

となり，ある関数 $G(x, y) + \int H(y)\,dy$ が存在して，①の左辺がその全微分になっているので①は完全微分方程式である。 **終**

①が完全微分方程式のとき，①の解は②より

$$F(x, y) = G(x, y) + \int H(y)\,dy = C \quad \text{すなわち}$$

$$\int P(x, y)\,dx + \int\left(Q(x, y) - \frac{\partial}{\partial y}\int P(x, y)\,dx\right)dy = C$$

である。このように，微分方程式の一般解が陰関数の形で与えられることもある。

演習1　微分方程式 $(x^2 + y + 3)\,dx + (x - y^2 + 1)\,dy = 0$ が完全微分方程式であることを確かめて解け。

研究 特別な形の微分方程式

(a) ベルヌーイの微分方程式

$$y'(x)+p(x)y=q(x)y^n \quad \cdots\cdots①$$

の形の微分方程式を **ベルヌーイの微分方程式** という。$n=0$, 1 のときは線形方程式であるので，$n \neq 0$, 1とする。$z=y^{1-n}$ と変数変換すると

$$z'(x)=(1-n)y^{-n}y'$$

であるから，①は線形方程式

$$z'+(1-n)p(x)z=(1-n)q(x)$$

となる。一般解は，C を任意定数として，次の式で与えられる。

$$z=y^{1-n}=e^{-(1-n)\int p(x)dx}\left[(1-n)\int q(x)e^{(1-n)\int p(x)dx}dx+C\right]$$

演習2 微分方程式 $xy'-2y=x^2y^3$ の一般解を求めよ。

(b) クレローの微分方程式

$$y=xy'+g(y') \quad \cdots\cdots②$$

の形の微分方程式を **クレローの微分方程式** という。$y'=p$ とおいて

$$y=xp+g(p) \quad \cdots\cdots③$$

の両辺を x で微分すれば

$$p=p+x\frac{dp}{dx}+g'(p)\frac{dp}{dx}$$

すなわち

$$\{x+g'(p)\}\frac{dp}{dx}=0$$

となる。したがって，$\dfrac{dp}{dx}=0$ または $x+g'(p)=0$ である。

$\dfrac{dp}{dx}=0$ の場合は，$p=C$（C は任意定数）であり，③に代入すると

$$y=Cx+g(C)$$

となる。この解は1つの任意定数を含むので，一般解である。

一方，$x+g'(p)=0$ の場合は，解は

$$y=xp+g(p),\quad x+g'(p)=0$$

によって与えられる。この解は特異解である（p. 159 の例題 1 を参照）。

注意　この形の微分方程式には必ず特異解が存在する。

演習3　微分方程式 $y=xy'+(y')^3$ の一般解と特異解を求めよ。

(c)　ラグランジュの微分方程式

$$y=xf(y')+g(y') \quad \cdots\cdots ④$$

の形の微分方程式を **ラグランジュの微分方程式**（**ダランベールの微分方程式**とよぶこともある）という。$y'=p$ とおいて

$$y=xf(p)+g(p) \quad \cdots\cdots ⑤$$

の両辺を x で微分すると

$$p=f(p)+xf'(p)\frac{dp}{dx}+g'(p)\frac{dp}{dx} \quad \cdots\cdots ⑥$$

となる。$f(p)-p$ は恒等的に 0 でないとする（$f(p)-p\equiv 0$ の場合が，前述のクレローの微分方程式）。ここで，p を独立変数，x を従属変数とみなすと，⑥は

$$\frac{dx(p)}{dp}+\frac{f'(p)}{f(p)-p}x(p)+\frac{g'(p)}{f(p)-p}=0$$

となる。これは，$x(p)$ に関する線形微分方程式であるから，定数変化法で解くことができる。その解を

$$x=\varphi(p,\ c) \quad \cdots\cdots ⑦$$

とおけば，⑤と⑦は，④の一般解を与える。この 2 つの式から，p を消去できれば，解は閉じた曲線 $f(x,\ y,\ c)=0$ という形で求められる。

$f(p_0)-p_0=0$ となる定数 p_0 があれば

$$y=xf(p_0)+g(p_0)$$

は④の解である。

演習4　微分方程式 $y=2xy'+(y')^2$ の一般解を求めよ。

3 2階微分方程式

1 階数降下法

2階微分方程式がある特別な形をしている場合には，置換や変換などを適当に行って1階微分方程式を導き，解を求めることができる場合がある。この方法を**階数降下法**という。

1 $y''=f(x)$ の場合

両辺を x で2回積分すればよい。

例題 1 微分方程式 $y''=x+\sin x$ の一般解を求めよ。

解 1回積分すると　$y'=\dfrac{1}{2}x^2-\cos x+C$　（C は任意定数）　←26

さらに積分すると　$y=\dfrac{1}{6}x^3-\sin x+Cx+D$　（C，D は任意定数）

練習1 次の微分方程式を解け。

(1) $y''=\dfrac{1}{x^2}$　　(2) $y''=x\cos x$

2 $y''=f(x,\ y')$ の場合

$y'=p$ とおくと，p についての1階微分方程式 $p'=f(x,\ p)$ となる。

例題 2 微分方程式 $xy''-y'=0$ の一般解を求めよ。

解 $y'=p$ とおくと，$xp'-p=0$ より $xp'=p$ と変数分離形になる。

これを解くと　$p=cx$　すなわち　$y'=cx$

x について積分して $C=\dfrac{c}{2}$ とおくと，求める一般解は，

$$y=Cx^2+D\quad（C，D は任意定数）$$

練習**2**　次の微分方程式を解け。

(1)　$y''+(y')^2=0$　　(2)　$xy''-y'+1=0$

3　$y''=f(y,\ y')$ の場合

$y'=\dfrac{dy}{dx}=p$ とおくと $y''=\dfrac{dp}{dx}=\dfrac{dp}{dy}\dfrac{dy}{dx}=\dfrac{dp}{dy}p$

これを $y''=f(y,\ y')$ に代入して y の関数 p についての1階微分方程式を得る。

例題 3　微分方程式 $yy''+(y')^2-1=0$ の一般解を求めよ。

解　$y'=p$ とおくと $y''=\dfrac{dp}{dy}p$ であるから $y\dfrac{dp}{dy}p+p^2-1=0$ すなわち

$$p\frac{dp}{dy}=\frac{-(p^2-1)}{y}\quad つまり\quad \frac{p}{p^2-1}\frac{dp}{dy}=\frac{-1}{y}$$

と変数分離形になる。これを y について積分すると,

$$\int\frac{p}{p^2-1}\frac{dp}{dy}dy=\int\frac{-1}{y}dy\quad となり$$

$$\int\frac{p}{p^2-1}dp=-\int\frac{1}{y}dy$$　←**29**

よって　$\dfrac{1}{2}\log|p^2-1|=-\log|y|+C$ （C は任意定数）　←**25** **30**

$$\log|p^2-1|y^2=2C\quad より\quad (p^2-1)y^2=\pm e^{2C}$$

右辺を改めて C とおくと

$$p=\pm\frac{\sqrt{y^2+C}}{y}\quad すなわち\quad \pm\frac{y}{\sqrt{y^2+C}}\frac{dy}{dx}=1$$

x について積分し　$\pm\displaystyle\int\frac{y}{\sqrt{y^2+C}}dy=\int 1\,dx$　←**29**

$t=\sqrt{y^2+C}$ とする置換積分で　$\pm\sqrt{y^2+C}=x+D$ （D は任意定数）

2乗して整理すると　$(x+D)^2-y^2=C$ （$C,\ D$ は任意定数）

練習**3**　次の微分方程式を解け。

(1)　$yy''+(y')^2+1=0$　　(2)　$(y+1)y''+(y')^2=0$

2 2階線形微分方程式と解

$P(x)$, $Q(x)$, $R(x)$ が x の関数のとき

$$y'' + P(x)y' + Q(x)y = R(x) \quad \cdots\cdots①$$

の形の微分方程式を **2階線形微分方程式** という。とくに，$R(x) = 0$ の場合を **同次方程式** または **斉次方程式** といい，$R(x) \neq 0$ の場合を **非同次方程式** または **非斉次方程式** という。

以下，記法を簡単にするために，①の左辺を $L(y)$ で表す。すなわち

$$L(y) = y'' + P(x)y' + Q(x)y$$

とする。$L(y)$ についての次の性質はよく用いられる。

重ね合わせの原理

同次方程式 $\boldsymbol{y'' + P(x)y' + Q(x)y = 0}$, すなわち，$\boldsymbol{L(y) = 0}$ ……② について，$y = y_1(x)$, $y = y_2(x)$ が②の解であるとき，$\boldsymbol{y = Cy_1 + Dy_2}$ もまた②の解である。(C, D は任意定数)

実際，$L(y_1) = L(y_2) = 0$ より

$$\begin{aligned} L(Cy_1 + Dy_2) &= (Cy_1 + Dy_2)'' + P(x)(Cy_1 + Dy_2)' + Q(x)(Cy_1 + Dy_2) \\ &= (Cy_1'' + CP(x)y_1' + CQ(x)y_1) \\ &\quad + (Dy_2'' + DP(x)y_2' + DQ(x)y_2) \\ &= CL(y_1) + DL(y_2) = 0 \end{aligned}$$

となり，$y = Cy_1 + Dy_2$ は方程式②を満たす。

同次方程式②の2つの解を $y = y_1(x)$, $y = y_2(x)$ とする。y_1, y_2 の1次結合について

$$Cy_1 + Dy_2 = 0$$

が恒等的に成り立つのは，$C = D = 0$ のときに限るとき，y_1 と y_2 は **1次独立** または **線形独立** であるという。1次独立でないとき **1次従属** または **線形従属** であるという。

例1 $C + Dx = 0$ が恒等的に成り立つのは，$C = D = 0$ のときに限るので，2つの関数 $y = 1$ と $y = x$ は1次独立である。

一般に，2つの関数 $y=y_1(x)$，$y=y_2(x)$ から作った次の2次の行列式を y_1，y_2 の **ロンスキアン** といい，記号 $W(y_1,\ y_2)$ で表す。

$$W(y_1,\ y_2)=\begin{vmatrix} y_1 & y_2 \\ y_1' & y_2' \end{vmatrix}=y_1y_2'-y_2y_1'$$

1次独立性とロンスキアンについて，次のことが成り立つ。

1次独立の判定

$$W(y_1,\ y_2)\neq 0 \Longrightarrow y=y_1(x) \text{ と } y=y_2(x) \text{ は1次独立}$$

証明　$Cy_1+Dy_2=0$ とする。この両辺を x について微分すると $Cy_1'+Dy_2'=0$ である。この2式は次のように行列表示できる。

$$\begin{pmatrix} y_1 & y_2 \\ y_1' & y_2' \end{pmatrix}\begin{pmatrix} C \\ D \end{pmatrix}=\begin{pmatrix} 0 \\ 0 \end{pmatrix}$$

ここで，$W(y_1,\ y_2)\neq 0$ ならば $\begin{pmatrix} y_1 & y_2 \\ y_1' & y_2' \end{pmatrix}^{-1}$ が存在して

$$\begin{pmatrix} C \\ D \end{pmatrix}=\begin{pmatrix} y_1 & y_2 \\ y_1' & y_2' \end{pmatrix}^{-1}\begin{pmatrix} 0 \\ 0 \end{pmatrix}=\begin{pmatrix} 0 \\ 0 \end{pmatrix}$$

したがって，$C=D=0$ となり y_1，y_2 は1次独立である。　終

注意　$y=y_1(x)$ と $y=y_2(x)$ が1次独立であっても $W(y_1,\ y_2)=0$ となることがある。

例(i)　$y_1=\begin{cases} x^2 & (x\geqq 0) \\ 0 & (x\leqq 0) \end{cases}$　と　$y_2=\begin{cases} 0 & (x\geqq 0) \\ x^2 & (x\leqq 0) \end{cases}$

例(ii)　$y_1=x^3$　と　$y_2=|x^3|$

例2　例1の2つの関数 $y=1$ と $y=x$ が1次独立であることは，ロンスキアンを求めることでも説明できる。

$$W(1,\ x)=\begin{vmatrix} 1 & x \\ 0 & 1 \end{vmatrix}=1\neq 0$$

したがって，1と x は1次独立である。

練習4　次の関数の組は1次独立であるかどうかを調べよ。

(1)　e^x，xe^x　　(2)　x，x^2　　(3)　$\log x$，$\log x^2$

重ね合わせの原理（p. 180）より，次が成り立つ。

同次線形微分方程式の一般解

同次方程式 $\boldsymbol{L(y)=0}$ の1次独立な2つの解を $y=y_1(x)$，$y=y_2(x)$ とすれば，その一般解は，この2つの解の1次結合 $\boldsymbol{y=Cy_1+Dy_2}$（C，D は任意定数）として与えられる。

練習5 微分方程式 $y''+y=0$ について，次の問いに答えよ。

(1) $y=\sin x$ と $y=\cos x$ は1次独立な解であることを示せ。

(2) 一般解を求めよ。

次に，非同次方程式 $y''+P(x)y'+Q(x)y=R(x)$，すなわち

$$L(y)=R(x) \quad \cdots\cdots③$$

の一般解について考えよう。

非同次方程式③の1つの解が知られているとして，これを $y=u(x)$ としよう。このとき，③の任意の解 $y=y_0(x)$ について

$$L(y_0-u)=L(y_0)-L(u)=R(x)-R(x)=0$$

であるから，関数 $y=y_0-u$ は同次方程式②の解である。ところで同次方程式②の一般解は $y=Cy_1+Dy_2$（C，D は任意定数）の形で与えられるので

$$y_0-u=Cy_1+Dy_2 \quad （C，D は任意定数）と表せる。$$

よって　$y_0=u+Cy_1+Dy_2$

したがって，非同次方程式③の一般解は，$y=u+Cy_1+Dy_2$ で与えられる。

非同次線形微分方程式の一般解

非同次方程式 $\boldsymbol{L(y)=R(x)}$ の一般解は，その1つの解 $y=u(x)$ と同次方程式 $L(y)=0$ の一般解 $y=Cy_1+Dy_2$ との和

$$\boldsymbol{y=u+Cy_1+Dy_2}$$

の形で与えられる。（C，D は任意定数）

練習6 微分方程式 $y''+y=x^2$ について，次の問いに答えよ。

(1) 関数 $y=x^2-2$ は1つの解であることを示せ。

(2) 練習5を用いて，一般解を求めよ。

3 定数係数の同次線形微分方程式

係数が定数である次の同次線形微分方程式の解について考えてみよう。

$$y'' + ay' + by = 0 \quad (a,\ b \text{は実数定数}) \quad \cdots\cdots①$$

①の解として，微分してもあまり形の変わらない次の関数を考えてみる。

$$y = e^{\lambda x} \quad (\lambda \text{は定数}) \quad \cdots\cdots②$$

②を①に代入すると　$\lambda^2 e^{\lambda x} + a\lambda e^{\lambda x} + be^{\lambda x} = (\lambda^2 + a\lambda + b)e^{\lambda x} = 0$

したがって，λ が次の2次方程式の解であれば②は①の解である。

$$\lambda^2 + a\lambda + b = 0 \quad \cdots\cdots③$$

これを①の **特性方程式** または **補助方程式** という。③の解が，2つの異なる実数解か，重解か，虚数解か，によって①の解の形は異なる。順に調べていこう。

(i) ③の解が $\lambda = \alpha,\ \beta$ のとき $(\alpha \neq \beta)$

②にこれらを代入した関数 $y = e^{\alpha x}$，$y = e^{\beta x}$ はどちらも①の解であり2つは1次独立な解なので，①の一般解は $y = Ce^{\alpha x} + De^{\beta x}$ である。(C，D は任意定数)

(ii) ③の解が $\lambda = \alpha$ (重解) のとき

①の解として $y = e^{\alpha x}$ だけしか得られないが $y = Ce^{\alpha x}$ (C は任意定数) が①の解であることはわかる。もう1つの解を見つけるために定数変化法 (p. 169) を用いて C のところに x の関数 $u(x)$ を代入した次の関数を考える。

$$y = u(x)e^{\alpha x} \quad \cdots\cdots④$$

①に代入すると $y' = u'e^{\alpha x} + u\alpha e^{\alpha x}$，$y'' = u''e^{\alpha x} + 2u'\alpha e^{\alpha x} + u\alpha^2 e^{\alpha x}$ より

$$(u'' + 2\alpha u' + \alpha^2 u)e^{\alpha x} + a(u' + u\alpha)e^{\alpha x} + bue^{\alpha x} = 0 \quad \cdots\cdots⑤$$

いま，③が $(\lambda - \alpha)^2 = 0$ であることに注意すると，$a = -2\alpha$，$b = \alpha^2$ であるので，⑤は $u''e^{\alpha x} = 0$ となる。つまり $u'' = 0$ である。したがって u は $u(x) = Cx + D$ (C，D は任意定数) と表せる。これを④に代入すると

$$y = (Cx + D)e^{\alpha x} = Cxe^{\alpha x} + De^{\alpha x} \quad \cdots\cdots⑥$$

となり任意定数を2つ含む①の解が得られた。関数 $y = xe^{\alpha x}$ と $y = e^{\alpha x}$ は1次独立なので，⑥が①の一般解となる。

(iii) ③の解が虚数解 $\lambda=\alpha,\ \beta$ のとき

$p,\ q$ を実数，i を虚数単位として $\alpha=p+qi,\ \beta=p-qi$ とおく。変数が複素数のときも実数関数と同じ微分公式 $(e^{cx})'=ce^{cx}$ が成り立つことを用いると，②に $\lambda=\alpha,\ \beta$ を代入した次の式はどちらも①を満たす。

$$y=e^{(p+qi)x}\quad\cdots\cdots⑦\qquad y=e^{(p-qi)x}\quad\cdots\cdots⑧$$

しかしここでは実数係数をもち①を満たす関数を求めたい。そこで p. 180 の重ね合わせの原理を用いて⑦と⑧からそれを構成する。オイラーの公式（p. 45）より

⑦は　$y=e^{(p+qi)x}=e^{px}\cdot e^{qxi}=e^{px}(\cos qx+i\sin qx)$

⑧は　$y=e^{(p-qi)x}=e^{px}\cdot e^{-qxi}=e^{px}(\cos qx-i\sin qx)$

なので重ね合わせの原理より ⑦＋⑧ とした関数と ⑦－⑧ とした関数

$$y=2e^{px}\cos qx,\quad y=2ie^{px}\sin qx$$

も①を満たす。よって $y=e^{px}\cos qx$ ……⑨，$y=e^{px}\sin qx$ ……⑩ も①を満たす。⑨と⑩は1次独立なので，①の一般解は次の形で得られる。

$$y=Ce^{px}\cos qx+De^{px}\sin qx\quad（C,\ D\ は任意定数）$$

以上(i)〜(iii)の結果をまとめておこう。

定数係数の同次線形微分方程式の一般解

$$\boldsymbol{y''+ay'+by=0}\ （a,\ b\ は実数定数）\quad\cdots\cdots①$$

の一般解は①の特性方程式 $\lambda^2+a\lambda+b=0$ ……③ の解の形に応じて次のようにきまる。（$C,\ D$ は任意定数）

(i) ③が2つの異なる実数解 $\lambda=\alpha,\ \beta$ をもつとき

$$\boldsymbol{y=Ce^{\alpha x}+De^{\beta x}}$$

(ii) ③が重解 $\lambda=\alpha$ をもつとき

$$\boldsymbol{y=(Cx+D)e^{\alpha x}}$$

(iii) ③が虚数解 $\lambda=p\pm qi$（$p,\ q$ は実数）をもつとき

$$\boldsymbol{y=e^{px}(C\cos qx+D\sin qx)}$$

注意　$ay''+by'+cy=0$（$a\neq0$）の形の微分方程式の場合にも特性方程式を $a\lambda^2+b\lambda+c=0$ と定めると，上の(i)〜(iii)で一般解を得る。

例題 4 次の微分方程式の一般解を求めよ。

(1) $y'' + 2y' - 3y = 0$　　(2) $y'' + 4y' + 4y = 0$

(3) $2y'' + 4y' + 5y = 0$　　(4) $y'' + 4y = 0$

解 以下，C，D は任意定数とする。

(1) 特性方程式は $\lambda^2 + 2\lambda - 3 = 0$ なので

$$(\lambda + 3)(\lambda - 1) = 0 \text{ より } \lambda = -3,\ 1$$

これは異なる2つの実数解なので，与式の一般解は，(i)より

$$y = Ce^x + De^{-3x}$$

(2) 特性方程式は $\lambda^2 + 4\lambda + 4 = 0$ なので

$$(\lambda + 2)^2 = 0 \text{ より } \lambda = -2$$

これは重解なので，与式の一般解は，(ii)より

$$y = (C + Dx)e^{-2x}$$

(3) 特性方程式は $2\lambda^2 + 4\lambda + 5 = 0$ なので

$$\lambda = \frac{-4 \pm \sqrt{16 - 40}}{4} = \frac{-4 \pm 2\sqrt{6}\,i}{4}$$

$$= -1 \pm \frac{\sqrt{6}}{2}i$$

これは虚数解なので，与式の一般解は(iii)より

$$y = e^{-x}\left(C\cos\frac{\sqrt{6}}{2}x + D\sin\frac{\sqrt{6}}{2}x\right)$$

(4) 特性方程式は $\lambda^2 + 4 = 0$ なので

$$\lambda = \pm 2i = 0 \pm 2i$$

これは虚数解なので，与式の一般解は(iii)より

$$y = e^{0x}(C\cos 2x + D\sin 2x)$$

$$= C\cos 2x + D\sin 2x$$

練習7 次の微分方程式の一般解を求めよ。

(1) $3y'' + 10y' + 8y = 0$　　(2) $y'' - 6y' + 9y = 0$

(3) $y'' - 6y' + 7y = 0$　　(4) $2y'' + y' + y = 0$

例題 5　微分方程式 $y''+2y'+5y=0$ について，
初期条件「$x=0$ のとき $y=0,\ y'=1$」を満たす解を求めよ。

解　特性方程式は

$$\lambda^2+2\lambda+5=0$$

したがって　$\lambda=-1\pm 2i$

ゆえに，p. 184(iii)より，一般解は C，D を任意定数として

$$y=e^{-x}(C\cos 2x+D\sin 2x)$$

よって　$$y'=-e^{-x}(C\cos 2x+D\sin 2x)+e^{-x}(-2C\sin 2x+2D\cos 2x)$$

これらに初期条件を代入すると

$$\begin{cases}0=C\\1=-C+2D\end{cases}\quad \text{より}\quad C=0,\ D=\frac{1}{2}$$

したがって，求める解は

$$y=\frac{1}{2}e^{-x}\sin 2x$$

この解曲線のグラフは次のようになる。

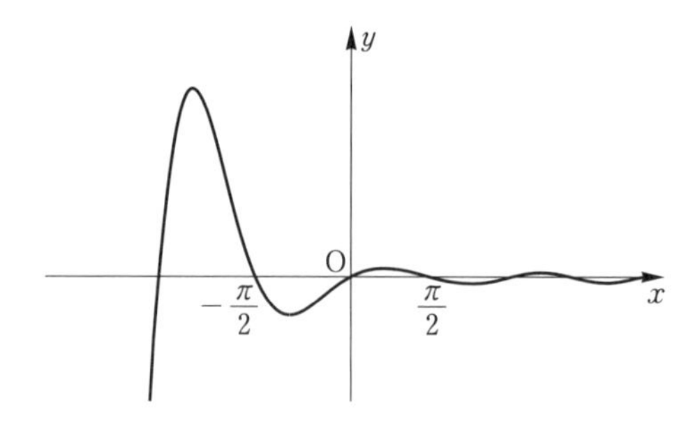

練習 8　(　) 内の初期条件を満たす次の微分方程式の解を求めよ。

(1) $y''-5y'+6y=0$　($x=0$ のとき $y=0,\ y'=1$)

(2) $y''+2\sqrt{2}\,y'+2y=0$　($x=1$ のとき $y=0,\ y'=1$)

(3) $y''-3y'+5y=0$　($x=0$ のとき $y=1,\ y'=0$)

4 定数係数の非同次線形微分方程式

1 非同次方程式の１つの解の求め方 I（未定係数法）

非同次方程式 $y''+ay'+by=R(x)$ （a，b は実数定数） ……①

の一般解は，その１つの解と同次方程式 $y''+ay'+by=0$ ……② の一般解の和として表される（p. 182）。同次方程式②の一般解の求め方は前項で学んだので，非同次方程式①の一般解を得るためには，①を満たす１つの解を求める必要がある。ここでは，その１つの解を $R(x)$ から解の形を予想して求める方法を考えよう。

[1] $R(x)$ が多項式の場合

①の１つの解として多項式の解を予想する。また，$b \neq 0$ のとき，解の次数は $R(x)$ の次数と同じとする。

例題 6 微分方程式 $y''-2y'+y=x^2+1$ の一般解を求めよ。

解 [1] 同次方程式 $y''-2y'+y=0$ の特性方程式

$$\lambda^2-2\lambda+1=(\lambda-1)^2=0 \quad \text{より} \quad \lambda=1$$

したがって，同次方程式の一般解は p. 184(i)より

$$y=(C+Dx)e^x \quad (C,\ D \text{は任意定数})$$

[2] 次に，与式の１つの解を $y=Ax^2+Bx+E$ と予想して与式に代入して整理すると

$$Ax^2+(-4A+B)x+2A-2B+E=x^2+1$$

係数を比較して　$A=1$，$B=4$，$E=7$

したがって，与式の１つの解は，$y=x^2+4x+7$ である。

[1]，[2]より，与式の一般解は

$$y=x^2+4x+7+(C+Dx)e^x \quad (C,\ D \text{は任意定数})$$

練習 9 次の微分方程式の一般解を求めよ。

(1) $y''+y'-2y=3x$　　(2) $3y''-y'+y=x^2+x$

[2] $R(x)$ が指数関数の場合

$y=Ce^{\alpha x}$ のとき，$y''+ay'+by$ も同じ形の指数関数となる。したがって，解は $R(x)$ と同じ形の指数関数と予想する。

例題 7 微分方程式 $y''-2y'-3y=e^{2x}$ の一般解を求めよ。

解 [1] 同次方程式 $y''-2y'-3y=0$ の特性方程式

$$\lambda^2-2\lambda-3=(\lambda+1)(\lambda-3)=0$$

より　$\lambda=3,\ -1$

したがって，同次方程式の一般解はp. 184(i)より

$$y=Ce^{-x}+De^{3x}\quad (C,\ D\text{ は任意定数})$$

[2] 次に，与式の1つの解を $y=Ae^{2x}$ と予想して与式に代入すると

$$4Ae^{2x}-2(2Ae^{2x})-3(Ae^{2x})=e^{2x}$$

$$-3Ae^{2x}=e^{2x}$$

より　$A=-\dfrac{1}{3}$

したがって，与式の1つの解は，$y=-\dfrac{1}{3}e^{2x}$ である。

[1]，[2]より，与式の一般解は

$$y=-\frac{1}{3}e^{2x}+Ce^{-x}+De^{3x}\quad (C,\ D\text{ は任意定数})$$

練習10 次の微分方程式の一般解を求めよ。

(1) $y''-5y'+6y=e^x$　　(2) $y''+2y'+y=3e^{2x}$

例題7の問題で右辺が e^{3x} や e^{-x} の定数倍である場合は注意が必要である。たとえば $y''-2y'-3y=2e^{3x}$ ……㋐ の1つの解を求めるために右辺の形をみて $y=Ae^{3x}$ と予想して㋐式に代入する方法は通用しない。なぜなら $y=Ae^{3x}$ は例題7の解[1]より $y''-2y'-3y=0$ の解なので，これを㋐式に代入しても $0=2e^{3x}$ となってしまい A がきまらないからである。

次の例題8ではこの種の問題の解決方法を考える。

例題 8 微分方程式 $y''-2y'-3y=e^{3x}$ の一般解を求めよ。

解 [1] 例題7より，同次方程式 $y''-2y'-3y=0$ の一般解は

$$y=Ce^{-x}+De^{3x} \quad (C,\ D \text{ は任意定数})$$

である。

[2] 次に与式の1つの解は右辺から $y=Ae^{3x}$ と予想したいが，これは同次方程式の一般解において，$C=0$，$D=A$ の場合として求められるから，与えられた微分方程式の解にはならない。そこで，このような場合は $y=Axe^{3x}$ とおくことにする。

$y=Axe^{3x}$ と予想して与式に代入すると

$$6Ae^{3x}+9Axe^{3x}-2(Ae^{3x}+3Axe^{3x})-3(Axe^{3x})=e^{3x}$$

$$4Ae^{3x}=e^{3x}$$

より $\quad A=\dfrac{1}{4}$

したがって，与式の1つの解は，$y=\dfrac{1}{4}xe^{3x}$ である。

[1]，[2]より，与式の一般解は

$$y=\frac{1}{4}xe^{3x}+Ce^{-x}+De^{3x} \quad (C,\ D \text{ は任意定数})$$

注意 例題8のように，右辺の関数 $R(x)$ が同次方程式の一般解に含まれている場合は，$R(x)$ から予想される解に，特性方程式の解の重複度だけ x を掛けた式を用いるとよい。

練習11 次の微分方程式の一般解を求めよ。

(1) $y''-5y'+6y=e^{2x}$ (2) $y''-6y'+9y=e^{3x}$

3 $R(x)$ が三角関数の場合

$y=\cos\alpha x$ あるいは $y=\sin\alpha x$ とすると $y''+ay'+by$ は $\cos\alpha x$，$\sin\alpha x$ の1次結合となる。したがって，はじめから $\cos\alpha x$，$\sin\alpha x$ の両方を含んだ形を予想する。

例題 9 微分方程式 $6y''+5y'-6y=10\sin 2x$ の一般解を求めよ。

解 [1] 同次方程式 $6y''+5y'-6y=0$ の特性方程式

$$6\lambda^2+5\lambda-6=(2\lambda+3)(3\lambda-2)=0$$

より $\lambda=-\dfrac{3}{2},\ \dfrac{2}{3}$

したがって，同次方程式の一般解は

$$y=Ce^{-\frac{3}{2}x}+De^{\frac{2}{3}x}\quad (C,\ D \text{ は任意定数})$$

[2] 次に与式の1つの解を $y=A\cos 2x+B\sin 2x$ と予想して微分方程式に代入して整理すると

$$(-30A+10B)\cos 2x+(-10A-30B)\sin 2x=10\sin 2x$$

$$-30A+10B=0,\ -10A-30B=10$$

より $A=-\dfrac{1}{10},\ B=-\dfrac{3}{10}$

したがって，与式の1つの解は，$y=-\dfrac{1}{10}\cos 2x-\dfrac{3}{10}\sin 2x$ である。

[1]，[2]より，与式の一般解は C，D を任意定数として

$$y=-\frac{1}{10}\cos 2x-\frac{3}{10}\sin 2x+Ce^{-\frac{3}{2}x}+De^{\frac{2}{3}x}$$

練習12 次の微分方程式の一般解を求めよ。

(1) $y''-3y'+y=\cos x$　　(2) $y''+y'+y=2\sin x$

例題 10　微分方程式 $y''+4y=\cos 2x$ の一般解を求めよ。

解　[1]　同次方程式 $y''+4y=0$ の特性方程式

$$\lambda^2+4=0 \quad より \quad \lambda=\pm 2i$$

したがって，同次方程式の一般解は p. 184(iii)より

$$y=C\cos 2x+D\sin 2x \quad (C,\ D は任意定数)$$

[2]　次に与式の1つの解は右辺から $y=A\cos 2x+B\sin 2x$ と予想したいが，これは同次方程式の一般解に含まれる。そこで p. 189 の例題 8 と同様に，右辺から予想される解に x を掛けた次の式を予想する。

$$y=x(A\cos 2x+B\sin 2x)$$

これを微分方程式に代入して整理すると

$$-4A\sin 2x+4B\cos 2x=\cos 2x$$

係数を比較して　$-4A=0,\ 4B=1$　よって　$A=0,\ B=\dfrac{1}{4}$

したがって，与式の1つの解は，$y=\dfrac{1}{4}x\sin 2x$ である。

[1]，[2]より，与式の一般解は

$$y=\frac{1}{4}x\sin 2x+C\cos 2x+D\sin 2x \quad (C,\ D は任意定数)$$

練習13　微分方程式 $y''+9y=2\sin 3x$ について，次の解を求めよ。

(1)　一般解

(2)　初期条件「$x=0$ のとき $y=1,\ y'=1$」を満たす解

(3)　境界条件「$x=\dfrac{\pi}{6}$ のとき $y=1,\ x=\dfrac{\pi}{3}$ のとき $y=0$」を満たす解

練習14　微分方程式 $y''-2y'+y=x\sin x$ について，次の問いに答えよ。

(1)　1つの解を $y=x(A\cos x+B\sin x)+C\cos x+D\sin x$ の形と予想して求めよ。

(2)　一般解を求めよ。

2 非同次方程式の1つの解の求め方 II（定数変化法）

前項の未定係数法は，非同次方程式を解くために必要な1つの解を求める方法として有力である。しかし，方程式の右辺 $R(x)$ の形から1つの解を予想しにくい場合も多い。そこで，非同次方程式の1つの解を求める別の方法を述べる。

非同次方程式 $y''+ay'+by=R(x)$ （a，b は実数定数） ……①

の1つの解は，

同次方程式 $y''+ay'+by=0$ ……②

の一般解から **定数変化法** を用いて以下のように求めることができる。

②の1次独立な2つの解を $y=y_1(x)$，$y=y_2(x)$ とする。その一般解は

$$y=Cy_1+Dy_2 \quad (C,\ D\text{ は任意定数})$$

で与えられる（p. 182）。この任意定数 C，D を x の関数 $u(x)$，$v(x)$ で置き換えて，①の一般解を求めてみよう。

$$y=uy_1+vy_2 \quad \cdots\cdots③$$

とおき，両辺を x で微分すると　$y'=uy_1'+vy_2'+u'y_1+v'y_2$

ここで次の式を満たす u，v があると仮定してみよう。

$$u'y_1+v'y_2=0 \quad \cdots\cdots④$$

そのとき y' をさらに微分すると

$$y''=uy_1''+vy_2''+u'y_1'+v'y_2'$$

となる。これらを①に代入すると

$$(uy_1''+vy_2''+u'y'_1+v'y'_2)+a(uy_1'+vy_2')+b(uy_1+vy_2)=R(x)$$

よって　$u(y_1''+ay_1'+by_1)+v(y_2''+ay_2'+by_2)+u'y_1'+v'y_2'=R(x)$

となるが，$y=y_1(x)$ と $y=y_2(x)$ は②の解であるから

$$y_1''+ay_1'+by_1=0 \quad\text{かつ}\quad y_2''+ay_2'+by_2=0$$

が成り立ち

$$u'y_1'+v'y_2'=R(x) \quad \cdots\cdots⑤$$

である。④と⑤はまとめて行列で表すと次のようになる。

$$\begin{pmatrix} y_1 & y_2 \\ y_1' & y_2' \end{pmatrix}\begin{pmatrix} u' \\ v' \end{pmatrix}=\begin{pmatrix} 0 \\ R(x) \end{pmatrix}$$

ここでロンスキアン（p. 181）が $W(y_1,\ y_2)=y_1y_2'-y_1'y_2 \neq 0$ であれば，クラメルの公式 54 より，u' と v' が求められる。

$$u' = \frac{1}{W(y_1,\ y_2)}\begin{vmatrix} 0 & y_2 \\ R(x) & y_2' \end{vmatrix} = \frac{-y_2R(x)}{W(y_1,\ y_2)}$$

$$v' = \frac{1}{W(y_1,\ y_2)}\begin{vmatrix} y_1 & 0 \\ y_1' & R(x) \end{vmatrix} = \frac{y_1R(x)}{W(y_1,\ y_2)}$$

これらを x について積分し，③に代入すると1つの解が得られる。

定数係数の同次線形微分方程式の1つの解

非同次方程式①の1つの解は，同次方程式②の2つの解を $y = y_1(x)$，$y = y_2(x)$ とするとき $W(y_1,\ y_2) = y_1y_2' - y_1'y_2 \neq 0$ ならば次の式で与えられる。

$$y = -y_1\int\frac{y_2R(x)}{W(y_1,\ y_2)}dx + y_2\int\frac{y_1R(x)}{W(y_1,\ y_2)}dx$$

例題 11 微分方程式 $y'' - 5y' + 4y = e^{2x}$ の一般解を求めよ。

解 [1] 同次方程式 $y'' - 5y' + 4y = 0$ の特性方程式

$$\lambda^2 - 5\lambda + 4 = (\lambda - 1)(\lambda - 4) = 0 \quad より \quad \lambda = 1,\ 4$$

したがって，同次方程式の一般解はp. 184(i)より次の関数である。

$$y = Ce^x + De^{4x} \quad (C,\ D は任意定数)$$

[2] 次に，与式の1つの解は $y_1 = e^x$，$y_2 = e^{4x}$ として求める。

$$W(e^x,\ e^{4x}) = \begin{vmatrix} e^x & e^{4x} \\ e^x & 4e^{4x} \end{vmatrix} = 4e^{5x} - e^{5x} = 3e^{5x} \neq 0$$

より，与式の1つの解は，上の公式より次の関数である。

$$y = -e^x\int\frac{e^{4x}e^{2x}}{3e^{5x}}dx + e^{4x}\int\frac{e^xe^{2x}}{3e^{5x}}dx$$

$$= -e^x\cdot\frac{1}{3}(e^x + E) + e^{4x}\cdot\frac{1}{3}\left(\frac{-1}{2}e^{-2x} + F\right)$$

とくに $E = 0$，$F = 0$ のとき $y = -\dfrac{1}{2}e^{2x}$

[1]，[2]より与式の一般解は次の関数である。

$$y = -\frac{1}{2}e^{2x} + Ce^x + De^{4x} \quad (C,\ D は任意定数)$$

例題 12 微分方程式 $y''+y=\dfrac{1}{\sin x}$ の一般解を求めよ。

解 [1] 同次方程式 $y''+y=0$ の特性方程式

$$\lambda^2+1=0 \quad より \quad \lambda=\pm i$$

したがって，同次方程式の一般解は p. 184(iii)より次の関数である。

$$y=C\cos x+D\sin x \quad (C,\ D \text{は任意定数})$$

[2] 次に与式の1つの解は $y_1=\cos x$，$y_2=\sin x$ として求める。

$$W(\cos x,\ \sin x)=\begin{vmatrix}\cos x & \sin x\\ -\sin x & \cos x\end{vmatrix}$$

$$=\cos^2 x+\sin^2 x=1\neq 0$$

より，与式の1つの解は p. 193 の公式より

$$y=-\cos x\int\frac{\sin x\dfrac{1}{\sin x}}{1}dx+\sin x\int\frac{\cos x\dfrac{1}{\sin x}}{1}dx$$

$$=-\cos x\int dx+\sin x\int\frac{\cos x}{\sin x}dx \qquad \leftarrow \mathbf{30}$$

$$=-x\cos x+\sin x\cdot(\log|\sin x|+E)$$

とくに $E=0$ とすると

$$y=-x\cos x+\sin x\cdot\log|\sin x|$$

[1]，[2]より与式の一般解は

$$y=-x\cos x+\sin x\cdot\log|\sin x|+C\cos x+D\sin x$$

$(C,\ D$ は任意定数$)$

練習15 微分方程式 $y''+4y=x$ について次の問いに答えよ。

(1) 1つの解を $y=Ax+B$ と予想して求めよ。

(2) 1つの解を同次方程式の一般解から定数変化法を用いて求めよ。

練習16 次の微分方程式の一般解を求めよ。

(1) $y''-y'-6y=e^{3x}$

(2) $y''-2y'+y=e^x\log x$

(3) $y''+y=\dfrac{1}{\cos^3 x}$

5 連立微分方程式

2つの関数 $x=x(t)$，$y=y(t)$ に関する微分方程式の組を **連立微分方程式** という。

例題 13 次の連立微分方程式の一般解を求めよ。

$$\begin{cases} \dfrac{dx}{dt}=x+y+1 & \cdots\cdots① \\ \dfrac{dy}{dt}=2x-t & \cdots\cdots② \end{cases}$$

解 $\dfrac{dx}{dt}=x'$，などと書くことにする。①を t で微分して　$x''=x'+y'$

この式に②を代入して整理すると　$x''-x'-2x=-t$　……③

[1]　同次方程式 $x''-x'-2x=0$ の一般解は p. 184(i)より

$$x=Ce^{-t}+De^{2t}\quad (C,\ D \text{は任意定数})$$

[2]　③の1つの解を $x=At+B$ と予想して

$$-A-2(At+B)=-t \quad \text{より} \quad A=\frac{1}{2},\ B=-\frac{1}{4}$$

[1]，[2]より，③の一般解は

$$x=\frac{1}{2}t-\frac{1}{4}+Ce^{-t}+De^{2t}\quad (C,\ D \text{は任意定数})\quad \cdots\cdots④$$

①より $y=x'-x-1$ であるので，これに代入すれば

$$y=-\frac{1}{4}-\frac{1}{2}t-2Ce^{-t}+De^{2t}\quad \cdots\cdots⑤$$

よって，与式の一般解は④と⑤である。

練習17 次の連立微分方程式の一般解を求めよ。

$$\begin{cases} \dfrac{dx}{dt}=y+\cos 2t \\ \dfrac{dy}{dt}=x-\sin 2t \end{cases}$$

6 非定数係数の同次線形微分方程式

係数が x の関数 $P(x)$，$Q(x)$ である同次線形微分方程式

$$y'' + P(x)y' + Q(x)y = 0 \quad \cdots\cdots ①$$

の一般解を具体的に求めることは難しい。ここでは，いくつかの場合についてこのような微分方程式の一般解を求めてみよう。

例題 14 次の微分方程式の一般解を求めよ。

(1) $x^2y'' + xy' - y = 0$　　(2) $x^2y'' + 3xy' + y = 0$

解 (1) $y = x^\lambda$ の形の解があると予想して微分方程式に代入すると

$$(\lambda^2 - 1)x^\lambda = 0 \quad \text{よって} \quad \lambda = \pm 1$$

したがって，$y = x$ と $y = x^{-1}$ は解である。また，これらは1次独立であるので，求める一般解は

$$y = Cx + Dx^{-1} \quad (C,\ D \text{ は任意定数})$$

(2) $y = x^\lambda$ の形の解があると予想して微分方程式に代入すると

$$(\lambda + 1)^2x^\lambda = 0 \quad \text{よって} \quad \lambda = -1$$

したがって，$y = x^{-1}$ は解である。ゆえに $y = Cx^{-1}$（C は任意定数）も解である。他の解を見つけるために定数変化法（p. 169）を用いる。

すなわち，任意定数 C を x の関数 u とみなして $y = ux^{-1}$ とおき，与えられた微分方程式に代入して整理すると

$$u''x + u' = 0 \quad \text{より} \quad (u'x)' = 0$$

したがって　$u'x = C_1$（C_1 は任意定数）　すなわち　$u' = \dfrac{C_1}{x}$

この両辺を x について積分して

$$u = C_1 \log|x| + D \quad (D \text{ は任意定数})$$

よって，求める一般解は，C_1 を C と改めると

$$y = (C\log|x| + D)x^{-1} \quad (C,\ D \text{ は任意定数})$$

練習18　次の微分方程式の一般解を求めよ。

(1)　$x^2y''+xy'-4y=0$　　(2)　$x^2y''-xy'+y=0$

一般に，同次線形微分方程式①において，1つの解 $y=y_1(x)$ が何らかの方法でわかった場合には，例題14(2)と同様，定数変化法（p. 169）を用いて一般解を求めることができる。すなわち，いま $y=Cy_1(x)$（C は任意定数）が①の解であるから，u を x の関数として $y=uy_1$ とおき，①に代入し，整理すると

$$y_1u''+(2y_1'+P(x)y_1)u'+\{y_1''+P(x)y_1'+Q(x)y_1\}u=0$$

ここで，$y=y_1(x)$ は①の1つの解であるので，

$$y_1''+P(x)y_1'+Q(x)y_1=0$$

である。したがって

$$y_1u''+\{2y_1'+P(x)y_1\}u'=0$$

$u'=p$ とおくと，$y_1p'+\{2y_1'+P(x)y_1\}p=0$ であるから

$$\frac{1}{p}\frac{dp}{dx}=-\left(2\frac{y_1'}{y_1}+P(x)\right)$$

両辺を x について積分すると　$\displaystyle\int\frac{1}{p}\frac{dp}{dx}dx=-\int\left(2\frac{y_1'}{y_1}+P(x)\right)dx$

$$\int\frac{1}{p}dp=-\int\left(2\frac{y_1'}{y_1}+P(x)\right)dx$$ ←29

となり，

$$\log|p|=-2\log|y_1|-\int P(x)\,dx+C$$ ←30

これから　$\displaystyle\log|py_1^2|=-\int P(x)\,dx+C$ ←6

$py_1^2=\pm e^C\cdot e^{-\int P(x)\,dx}$　　$\pm e^C$ を改めて C とおくと

$$p=\frac{C}{y_1^2}e^{-\int P(x)\,dx}$$

これを x について積分して

$$u=C\int\left(\frac{1}{y_1^2}e^{-\int P(x)\,dx}\right)dx+D$$　（D は任意定数）

したがって，求める一般解は

$$y=Cy_1\int\left(\frac{1}{y_1^2}e^{-\int P(x)\,dx}\right)dx+Dy_1$$　（C，D は任意定数）

同次線形微分方程式の一般解

同次線形微分方程式 $\boldsymbol{y''(x)+P(x)y'(x)+Q(x)y(x)=0}$ の1つの解を $y=y_1(x)$ とすると一般解は

$$\boldsymbol{y=Cy_1\int\frac{1}{y_1^2}e^{-\int P(x)dx}dx+Dy_1}\quad (C,\ D\text{は任意定数})$$

例題 15 微分方程式 $(x-1)y''-xy'+y=0$ の1つの解が e^x であることを用いて，一般解を求めよ。

解 $y=e^x$ が与式の1つの解なので $y=Ae^x$（A は任意定数）も与式の解である。ここで A を x の関数 $u(x)$ におきかえて $y=ue^x$ とおく。これを与式に代入すると（p. 169 定数変化法）

$$(x-1)(u''e^x+2u'e^x+ue^x)-x(u'e^x+ue^x)+ue^x=0$$

である。整理して　$(x-1)u''+(x-2)u'=0$

$u'=p$ とおくと $(x-1)p'+(x-2)p=0$ となるので

$$\frac{1}{p}\frac{dp}{dx}=\frac{2-x}{x-1}=\frac{1}{x-1}-1$$

両辺を x で積分して　$\displaystyle\int\frac{1}{p}\frac{dp}{dx}dx=\int\left(\frac{1}{x-1}-1\right)dx$

$$\int\frac{1}{p}dp=\int\left(\frac{1}{x-1}-1\right)dx\quad\text{なので}$$

$$\log|p|=\log|x-1|-x+C\quad (C\text{は任意定数})$$

$$\log\left|\frac{p}{x-1}\right|=-x+C\quad\text{より}\quad \frac{p}{x-1}=\pm e^{-x+C}=\pm e^C\cdot e^{-x}$$

$\pm e^C$ を改めて C として　$p=C(x-1)e^{-x}$

これを x について積分すると，$-C$ を改めて C と書いて　← 31

$$u=Cxe^{-x}+D\quad (C,\ D\text{は任意定数})$$

したがって，求める一般解は

$$y=(Cxe^{-x}+D)e^x=Cx+De^x\quad (C,\ D\text{は任意定数})$$

例題15の解答は，前ページの公式を直接用いるならば次のような書き方になる。微分方程式の両辺を $x-1$ で割ると

$$y''+\frac{-x}{x-1}y'+\frac{1}{x-1}y=0$$

となるので

$$P(x)=\frac{-x}{x-1},\quad Q(x)=\frac{1}{x-1}$$

とおくと

$$\int P(x)\,dx=\int\frac{-x}{x-1}dx=\int\left(-1-\frac{1}{x-1}\right)dx$$
$$=-x-\log|x-1|+C$$

ゆえに

$$e^{-\int P(x)\,dx}=e^{x+\log|x-1|+C}=e^x|x-1|\cdot e^C$$

これを前ページの公式に代入して絶対値の符号と e^C は任意定数に含めると

$$y=Ce^x\int\frac{1}{e^{2x}}e^x(x-1)\,dx+De^x$$
$$=Ce^x\int e^{-x}(x-1)\,dx+De^x$$
$$=Ce^x\left(-e^{-x}(x-1)+\int e^{-x}dx\right)+De^x \qquad \leftarrow 31$$
$$=-C(x-1)-C+De^x$$
$$=-Cx+De^x \quad (C,\ D\text{は任意定数})$$

$-C$ を改めて C と書けば一般解は

$$y=Cx+De^x \quad (C,\ D\text{は任意定数})$$

練習19　微分方程式 $xy''-(3x+1)y'+(2x+1)y=0$ について，次の問いに答えよ。

(1)　$y=e^x$ は1つの解であることを示せ。

(2)　一般解を求めよ。

節末問題

1. 次の微分方程式の一般解を求めよ。

(1) $y''\cos^2 x = 1$　　(2) $y^2 y'' = (y')^3$　　(3) $y'' + (y')^2 + 1 = 0$

2. 次の微分方程式の一般解を求めよ。

(1) $y'' - 2y' + 4y = 0$　　(2) $y'' - 8y' + 16y = 0$

(3) $y'' + 3y' + 2y = x^3$　　(4) $y'' - 5y' + 6y = e^{-x}$

(5) $2y'' - 3y' + y = \cos 2x + 2\sin x$　　(6) $y'' + y = \dfrac{1}{\cos x}$

3. 次の連立微分方程式の一般解を求めよ。

$$\begin{cases} \dfrac{dx}{dt} = x - y + t \\ \dfrac{dy}{dt} = x + 2y - t^2 \end{cases}$$

4. 微分方程式 $y'' - 6y' + 5y = xe^x$ について次の問いに答えよ。

(1) 1つの解を $y = (ax^2 + bx)e^x$ と予想して求めよ。

(2) 一般解を求めよ。

5. 微分方程式 $(x^2 + 3x + 4)y'' + (x^2 + x + 1)y' - (2x + 3)y = 0$ について，次の問いに答えよ。

(1) $y = e^{-x}$ は1つの解であることを示せ。

(2) 一般解を求めよ。

6. コンデンサーにある電荷が蓄えられている，図のようなコンデンサー，コイル，抵抗が直列に結合した電気回路を考える。時間を t としてある瞬間（$t = 0$）にスイッチを ON にしたとするとき，回路に流れる電流を時間 t の関数 I とすると，R, L, C を定数として次の微分方程式が成り立つという。

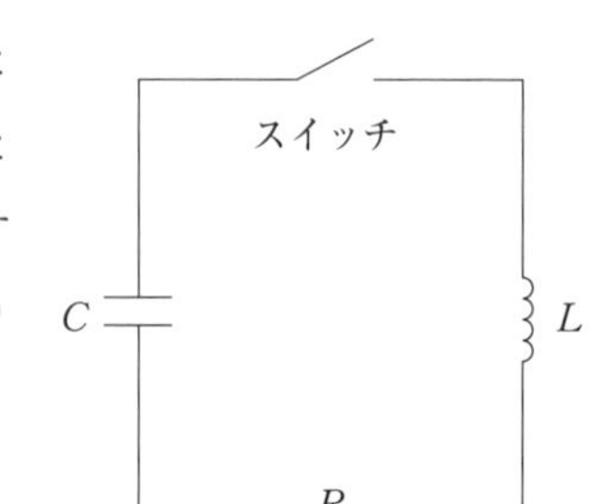

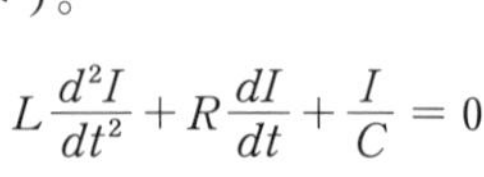

$$L\frac{d^2I}{dt^2} + R\frac{dI}{dt} + \frac{I}{C} = 0$$

このとき，I を t の式で表せ。

研究 オイラーの微分方程式

a_1, a_2, …, a_n を定数とするとき

$$x^n y^{(n)} + a_1 x^{n-1} y^{(n-1)} + \cdots + a_{n-1} x y' + a_n y = R(x)$$

の形の微分方程式を **オイラーの微分方程式** という。

この方程式は，変数変換 $x = e^t$ によって定数係数の線形方程式に帰着される。

$n = 2$ のとき，すなわち2階のオイラーの微分方程式

$$x^2 y'' + a_1 x y' + a_2 y = R(x)$$

について，これを確認してみよう（p. 196 の例題 14 や p. 197 の練習 18 は，2階のオイラーの微分方程式の同次方程式である）。

$x = e^t$ とおくと

$$y' = \frac{dy}{dx} = \frac{dy}{dt}\frac{dt}{dx} = \frac{dy}{dt}e^{-t}$$

$$y'' = \frac{d}{dx}\left(\frac{dy}{dt}e^{-t}\right) = \frac{d}{dx}\left(\frac{dy}{dt}\right)e^{-t} + \frac{dy}{dt}\frac{d}{dx}e^{-t}$$

$$= \frac{d^2y}{dt^2}e^{-2t} - \frac{dy}{dt}e^{-2t}$$

である。これらを微分方程式に代入すると

$$e^{2t}\left(\frac{d^2y}{dt^2}e^{-2t} - \frac{dy}{dt}e^{-2t}\right) + a_1 e^t \frac{dy}{dt}e^{-t} + a_2 y = R(e^t)$$

したがって

$$\frac{d^2y}{dt^2} + (a_1 - 1)\frac{dy}{dt} + a_2 y = R(e^t)$$

と定数係数の線形方程式に書き直すことができる。

演習 次の微分方程式の一般解を求めよ。

(1) $x^2 y'' + 3xy' + y = x^2$

(2) $x^2 y'' - 4xy' + 5y = x^2 + 2x + 2$

解答

詳しい解答や図・証明は，弊社 Web サイト（https://www.jikkyo.co.jp）の本書の紹介からダウンロードできます。

1章　微分法

1. いろいろな関数表示の微分法（P.8～18）

練習1　略

練習2　(1) $x=\frac{1}{2}t,\ y=\frac{1}{4}t^2$
(2) $x=-t,\ y=t^2$

練習3　(1) $t=0$ のとき1つ，$t\neq 0$ のとき2つ，$y=\pm\sqrt{x^3}$ $(x\geqq 0)$
(2) $t=n\pi$ のとき1つ，$t\neq n\pi$ のとき2つ，$y=\pm\sqrt{4-x^2}$ $(-2\leqq x\leqq 2)$
(3) $t=n\pi$ のとき1つ，$t\neq n\pi$ のとき2つ，$y=\pm\frac{4}{3}\sqrt{9-x^2}$ $(-3\leqq x\leqq 3)$

練習4　(1) $-\frac{1}{x^2}$　(2) $-\frac{1}{x^2}$
(3) $-\frac{x}{\sqrt{1-x^2}}$

練習5　$0\leqq t<\frac{\pi}{2},\ \frac{\pi}{2}<t<\frac{3\pi}{2},\ \frac{3\pi}{2}<t\leqq 2\pi$

練習6　$x=0$

練習7　(1) $\left(3,\ \frac{\pi}{2}\right)$　(2) $(1,\ \pi)$
(3) $\left(1,\ \frac{3\pi}{2}\right)$

練習8　(1) $\left(\sqrt{2},\ \frac{\pi}{4}\right)$　(2) $\left(2,\ \frac{2\pi}{3}\right)$
(3) $\left(2\sqrt{3},\ \frac{\pi}{6}\right)$

練習9　(1) $(\sqrt{3},\ 1)$　(2) $(1,\ -1)$
(3) $\left(-\frac{1}{2},\ \frac{\sqrt{3}}{2}\right)$　(4) $(-1,\ 0)$

練習10　グラフ略　(1) $x^2+y^2=a^2$
(2) $x=1$
(3) $x^2+y^2-2y=0$
（または $x^2+(y-1)^2=1$）
(4) $r=2$
(5) $r=2\cos\theta\ \left(-\frac{\pi}{2}<\theta<\frac{\pi}{2}\right)$

練習11　(1) $-\frac{1}{\tan\theta}$　(2) 0

練習12　(1) $y=\sqrt{3+2x-x^2}$
(2) $y=\sqrt{1-\frac{x^2}{9}}$　(3) $y=\sqrt{x}$

練習13　(1) $-\frac{x+y}{x-y}$　(2) $\frac{2x+y}{x-2y}$

練習14　(1) $\frac{\cos 2\theta}{r}$　(2) $-\frac{2\sin 4\theta}{r}$

節末問題（P.19）

1. 略
2. (1) $(0,\ 1)$　(2) $(0,\ 2)$
3. グラフ略
(1) $(x^2+y^2+x)^2=x^2+y^2$
(2) $y=1$　(3) $x^2+y^2-2x=0$
（または $(x-1)^2+y^2=1$）
4. (1) $r^2=\cos 2\theta$
(2) $r=2\cos\theta+2\sin\theta$
(3) $r=\frac{a}{(\cos^{\frac{2}{3}}\theta+\sin^{\frac{2}{3}}\theta)^{\frac{3}{2}}}$
5. (1) $\frac{1+\tan\theta}{1-\tan\theta}$
(2) $\frac{(\log\theta+1)\tan\theta+1}{\log\theta+1-\tan\theta}$
6. (1) $\frac{(1-x)(1-3x)}{2y}$　(2) $\frac{5x^4-2y}{2x-5y^4}$
7. (1) 略　(2) $-\frac{1}{(1-\cos t)^2}$

2. 平均値の定理とその応用（P.20～29）

練習1，2　略

練習3　$c=1$

練習4　略

練習5　(1) 0　(2) 1　(3) $\frac{1}{2}$

節末問題（P.29）

1. $c=\frac{2a+1}{2}$
2. 略
3. $c=\frac{1}{2}$
4. (1) 1　(2) 0　(3) 0

3. テイラーの定理とその応用（P.30〜43）

練習1 (1) 1.1 (2) 1.005 (3) 0.95

練習2 (1) $e^x \fallingdotseq ex$ (2) $\log x \fallingdotseq x-1$

(3) $\mathrm{Tan}^{-1}x \fallingdotseq \dfrac{\pi}{4}+\dfrac{1}{2}(x-1)$

練習3 (1) 1.095 (2) 0.94875

練習4 (1) $e^x \fallingdotseq 1+x+\dfrac{x^2}{2}$

(2) $\sin x \fallingdotseq x$

(3) $\cos x \fallingdotseq 1-\dfrac{x^2}{2}$

練習5 1.04875，小数点以下第3位まで正しい。

練習6 $1+(x-1)+\dfrac{1}{2!}(x-1)^2+\cdots+\dfrac{1}{n!}(x-1)^2+\cdots$

練習7 $1-x+x^2+\cdots+(-1)^n x^n+\cdots$

練習8 (1) $1-x+\dfrac{1}{2!}x^2-\dfrac{1}{3!}x^3+\cdots$

(2) $1-\dfrac{2}{2!}x^2+\dfrac{2^3}{4!}x^4-\dfrac{2^5}{6!}x^6+\cdots$

(3) $2x-\dfrac{2^3}{3!}x^3+\dfrac{2^5}{5!}x^5-\dfrac{2^7}{7!}x^7+\cdots$

(4) $\dfrac{1}{2}+\dfrac{x}{2^2}+\dfrac{x^2}{2^3}+\dfrac{x^3}{2^4}+\cdots$

練習9 (1) $x=2$ のとき極小値 -4

(2) $x=-1$ のとき極大値 4，$x=1$ のとき極小値 0

(3) $x=-1$ のとき極小値 $-e^{-1}$

(4) $x=0$ のとき極大値 1

練習10 (1) 下に凸 (2) 上に凸

(3) 上に凸 (4) 上に凸

(5) 下に凸 (6) 上に凸

節末問題（P.44）

1. (1) $\dfrac{1}{x} \fallingdotseq 1-(x-1)+(x-1)^2$

(2) $\sqrt[3]{x} \fallingdotseq 1+\dfrac{1}{3}(x-1)-\dfrac{1}{9}(x-1)^2$

2. 0.095333…，小数点以下第4位まで正しい。

3. (1) $x=0$ で極小値 0

(2) $x=1$ で極小値 2

4. (1) 下に凸 (2) 上に凸

5. (1) $\dfrac{1}{e}\left\{1-(x-1)+\dfrac{1}{2}(x-1)^2-\dfrac{1}{3!}(x-1)^3+\cdots+\dfrac{(-1)^n}{n!}(x-1)^n+\cdots\right\}$

(2) $1-2(x-1)+3(x-1)^2-4(x-1)^3+\cdots+(-1)^n(n+1)(x-1)^n+\cdots$

(3) $1-\dfrac{1}{2}(x-1)+\dfrac{3}{8}(x-1)^2-\dfrac{5}{16}(x-1)^3+\cdots+(-1)^n\dfrac{1\cdot 3\cdots(2n-1)}{2^n n!}(x-1)^n+\cdots$

6. (1) $1-\dfrac{1}{2}x+\dfrac{1}{4\cdot 2!}x^2-\dfrac{1}{8\cdot 3!}x^3+\cdots+(-1)^n\dfrac{1}{2^n n!}x^n+\cdots$

(2) $2+2x^2+2x^4+2x^6+\cdots+2x^{2n}+\cdots$

(3) $\dfrac{1}{3}-\dfrac{2}{3^2}x+\dfrac{2^2}{3^3}x^2-\dfrac{2^3}{3^4}x^3+\cdots+(-1)^n\dfrac{2^n}{3^{n+1}}x^n+\cdots$

(4) $1+x+\dfrac{-1}{2!}x^2+\dfrac{-1}{3!}x^3+\cdots+\dfrac{1}{(4n)!}x^{4n}+\dfrac{1}{(4n+1)!}x^{4n+1}+\dfrac{-1}{(4n+2)!}x^{4n+2}+\dfrac{-1}{(4n+3)!}x^{4n+3}+\cdots$

演習（P.45）

(1) -1 (2) $\dfrac{\sqrt{2}}{2}+\dfrac{\sqrt{2}}{2}i$ (3) ei

2章 積分法

1. 定積分と不定積分（P.48〜65）

練習1 略

練習2 (1) $\dfrac{1}{2}(b-a)^2+(b-a)$

(2) b^2-a^2

練習3 (1) $\dfrac{4}{3}$ (2) $\dfrac{7}{3}$

練習4 (1) $\dfrac{1}{4}$ (2) $\dfrac{15}{4}$

練習5 (1) $\dfrac{15}{4}$ (2) $\dfrac{1}{2}$

(3) $\dfrac{2}{3}(2\sqrt{2}-1)$

練習6 (1) $\dfrac{28}{3}$ (2) 2

練習7 (1) $\dfrac{1}{3}x^3+x^2-\log|x-2|+C$

(2) $x^2-x+\mathrm{Tan}^{-1}x+C$

練習8 (1) $\log\left|\dfrac{x-1}{x+2}\right|+C$

(2) $\log\left|\dfrac{x^2+1}{x-2}\right|+C$

練習9 (1) $\log\left|\dfrac{x-1}{x^2+2x+2}\right|$
$+\mathrm{Tan}^{-1}(x+1)+C$

(2) $\log\left|\dfrac{x+1}{x-1}\right|+\dfrac{1}{x-1}+C$

(3) $\dfrac{1}{2}\log|x|-3\log|x-1|$
$+\dfrac{5}{2}\log|x-2|+C$

練習10 略

練習11 (1) $\log\left|\tan\dfrac{x}{2}\right|+C$

(2) $-\dfrac{2}{1+\tan\dfrac{x}{2}}+C$

練習12 (1) $\mathrm{Sin}^{-1}(x-1)+C$

(2) $\mathrm{Sin}^{-1}\dfrac{x+1}{2}+C$

練習13 (1) $\dfrac{1}{2}\Big\{(x-1)\sqrt{2x-x^2}$
$+\mathrm{Sin}^{-1}(x-1)\Big\}+C$

(2) $\dfrac{1}{2}\Big\{(x+1)\sqrt{8-2x-x^2}$
$+\mathrm{Sin}^{-1}\dfrac{x+1}{3}\Big\}+C$

練習14 (1) $\log|x-2+\sqrt{x^2-4x+5}|+C$
(2) $\log|x+1+\sqrt{x^2+2x-1}|+C$

練習15 (1) $\dfrac{1}{2}\Big\{(x+1)\sqrt{x^2+2x+4}$
$+3\log|x+1$
$+\sqrt{x^2+2x+4}|\Big\}+C$

(2) $(x-1)\sqrt{x^2-2x}$
$-\log|x-1+\sqrt{x^2-2x}|+C$

節末問題 (P.65)

1. (1) $\log 2$ (2) $e-1$

2. (1) 0 (2) 4 (3) 0

3. (1) $\dfrac{1}{3}x^3+x+\dfrac{1}{2}\mathrm{Tan}^{-1}\dfrac{x}{2}+C$

(2) $x^2+x+\dfrac{1}{2}\log\left|\dfrac{x-1}{x+1}\right|+C$

(3) $\tan\dfrac{x}{2}+C$

(4) $\dfrac{1}{5}\log\left|\dfrac{3\tan\dfrac{x}{2}+1}{\tan\dfrac{x}{2}-3}\right|+C$

(5) $\dfrac{1}{2}x\sqrt{9-x^2}+\dfrac{11}{2}\mathrm{Sin}^{-1}\dfrac{x}{3}+C$

(6) $\dfrac{1}{2}x\sqrt{x^2+2}+2\log|x+\sqrt{x^2+2}|$
$+C$

4. 略

2. 定積分の応用 (P.66～83)

練習1 2

練習2 (1) $\dfrac{2\sqrt{2}-1}{3}$ (2) $\dfrac{\pi}{2}a^2$ (3) 1

練習3 (1) πa^2 (2) 1 (3) $\dfrac{\pi}{8}$

(4) $\dfrac{1}{3}$

練習4 (1) $\sqrt{2}$

(2) $\dfrac{\sqrt{5}}{2}+\dfrac{1}{4}\log(2+\sqrt{5})$

(3) $\dfrac{e-e^{-1}}{2}$

練習5 略

練習6 (1) $2\pi a$ (2) $\dfrac{2\sqrt{2}-1}{3}$

(3) $\sqrt{2}(e^{2\pi}-1)$

練習7 (1) $2\pi a$ (2) 2 (3) $2(1-e^{-\pi})$

練習8 $\dfrac{2\pi}{15}$

練習9 (1) $\dfrac{3\pi}{10}$ (2) $\dfrac{4\pi}{15}$

(3) $2\pi(e+2-e^{-1})$

練習**10** (1) $5\pi^2 a^3$ (2) $\dfrac{4}{3}\pi a^3$

練習**11** (1) 2 (2) $\dfrac{\pi}{2}$

練習**12** -1

練習**13** (1) $\dfrac{1}{2}$ (2) $\dfrac{\pi}{2}$

練習**14** 2

節末問題（P.84）

1. (1) 2 (2) $\dfrac{\pi}{4}-\dfrac{1}{2}\log 2$

2. $-\dfrac{ab}{4}(2-\sinh 2)$

3. (1) $\dfrac{3\pi}{32}$

(2) $\dfrac{\pi}{4}\cdot\dfrac{(2n-1)(2n-3)\cdots 3\cdot 1}{2n(2n-2)\cdots 4\cdot 2}$

4. (1) $\dfrac{19}{3}$ (2) 2π

(3) $\dfrac{1}{3}\left\{\sqrt{(\pi^2+4)^3}-8\right\}$

5. 略

6. $\dfrac{5\pi}{3}$

3章　偏微分

1. 2変数関数と偏微分（P.86〜105）

練習**1** (1) $f(-2,\ 1)=-4$, $f(a,\ b-1)=3a+b$
(2) $f(-2,\ 1)=7$, $f(a,\ b-1)=a^2+3b-3$

練習**2** 図は略
(1) xy 平面の点 $(x,\ y)$ 全体
(2) xy 平面から直線 $x+y=0$ を除いた点 $(x,\ y)$ 全体
(3) $y>2x^2$ を満たす点 $(x,\ y)$ 全体

練習**3** (1) $(0,\ 0,\ 0)$ を通りベクトル $\vec{n}=(2,\ 3,\ -1)$ に垂直な平面
(2) $(0,\ 0,\ 4)$ を通り z 軸に垂直な平面

練習**4** (1) 極限値なし (2) 0

練習**5** (1) 連続でない
(2) 連続である

練習**6** (1) $f_x=4$, $f_y=4$
(2) $f_x=6$, $f_y=4$
(3) $f_x=\dfrac{7}{25}$, $f_y=-\dfrac{14}{25}$
(4) $f_x=6$, $f_y=-9$

練習**7** (1) $f_{xx}=2y$, $f_{xy}=f_{yx}=2x$, $f_{yy}=0$
(2) $f_{xx}=2$, $f_{xy}=f_{yx}=2$, $f_{yy}=0$
(3) $f_{xx}=\dfrac{-28y}{(2x+y)^3}$, $f_{xy}=f_{yx}=7\cdot\dfrac{2x-y}{(2x+y)^3}$, $f_{yy}=\dfrac{14x}{(2x+y)^3}$
(4) $f_{xx}=24(2x-3y)$, $f_{xy}=f_{yx}=-36(2x-3y)$, $f_{yy}=54(2x-3y)$

練習**8** 略

練習**9** (1) $\dfrac{dz}{dt}=\sin 2t$
(2) $\dfrac{\partial z}{\partial u}=4u+4v+6uv^2$
$\dfrac{\partial z}{\partial v}=4u+4v+6u^2v$

練習**10** (1) $\theta=\dfrac{1}{2}$ (2) $\theta=\dfrac{1}{2}$

練習**11** $301.2(\text{cm}^3)$

練習**12** (1) $dz=2x\,dx+2y\,dy$
(2) $dz=y\,dx+x\,dy$

練習**13** (1) $1.4(\text{cm}^2)$ (2) $13.2(\text{cm}^3)$

練習**14** (1) $x+y-z-1=0$
(2) $2x+y-z-2=0$
(3) $x-2y+z-2=0$
(4) $2x+y+z+2=0$

節末問題（P.106）

1. (1) 極限値なし (2) 0

2. x について偏微分可能でない，y について偏微分可能

3. (1) $z_{xx}=\dfrac{2xy}{(x^2+y^2)^2}$, $z_{xy}=z_{yx}=\dfrac{-x^2+y^2}{(x^2+y^2)^2}$, $z_{yy}=\dfrac{-2xy}{(x^2+y^2)^2}$

(2) $z_{xx}=\dfrac{x}{(y^2-x^2)^{\frac{3}{2}}}$,

$z_{xy}=z_{yx}=\dfrac{-y}{(y^2-x^2)^{\frac{3}{2}}}$,

$z_{yy}=\dfrac{x(2y^2-x^2)}{y^2(y^2-x^2)^{\frac{3}{2}}}$

(3) $z_{xx}=\dfrac{2(y^2-x^2)}{(x^2+y^2)^2}$,

$z_{xy}=z_{yx}=\dfrac{-4xy}{(x^2+y^2)^2}$,

$z_{yy}=\dfrac{2(x^2-y^2)}{(x^2+y^2)^2}$

4. 略

5. 1.4(cm)

6. (1) $x-7y-z-5=0$

(2) $4x+7y-z-7=0$

7. 3％以内

演習 (P.108) 略

2. 偏微分の応用 (P.111～121)

練習1 (1) $(x,\ y)=\left(1,\ \dfrac{1}{2}\right)$ で極小値 $-\dfrac{1}{4}$

(2) 極値なし

(3) $(x,\ y)=(0,\ 0)$ で極小値 0

練習2 (1) $y'=\dfrac{-(2x+y)}{x+2y}$

(2) $y'=\dfrac{x^2-2y}{2x-y^2}$

練習3 (1) l は $x-\sqrt{3}\,y-1=0$

l' は $\sqrt{3}\,x+y-5\sqrt{3}=0$

(2) l は $x-y+2=0$

l' は $x+y-6=0$

練習4 (1) $x=2$ で極小値 -3

$x=-2$ で極大値 3

(2) $x=0$ で極小値 $\dfrac{3}{2}$,

極大値 $-\dfrac{3}{2}$

練習5 (1) $(x,\ y)=\left(\dfrac{2}{\sqrt{5}},\ -\dfrac{4}{\sqrt{5}}\right)$ で極大値 $2\sqrt{5}$,

$(x,\ y)=\left(-\dfrac{2}{\sqrt{5}},\ \dfrac{4}{\sqrt{5}}\right)$ で極小値 $-2\sqrt{5}$

(2) $(x,\ y)=\left(\pm\dfrac{1}{\sqrt{2}},\ \pm\dfrac{1}{\sqrt{2}}\right)$ で極大値 $\dfrac{1}{2}$,

$(x,\ y)=\left(\pm\dfrac{1}{\sqrt{2}},\ \mp\dfrac{1}{\sqrt{2}}\right)$ で極小値 $-\dfrac{1}{2}$ (複号同順)

節末問題 (P.122)

1. (1) 極値なし

(2) $(x,\ y)=\left(-\dfrac{1}{8},\ \dfrac{1}{4}\right)$ で極小値 $\dfrac{-1}{64}$

(3) $(x,\ y)=(-2,\ 0)$ で極大値 $\dfrac{4}{e^2}$

(4) $(x,\ y)=\left(\dfrac{3}{2}\pi,\ \pi\right)$ で極小値 -2

2. (1) $\dfrac{-x+3}{y-4}$ (2) $-\sqrt[3]{\dfrac{y}{x}}$

(3) $\dfrac{x^2-y}{x-y^2}$ (4) $\dfrac{-x-y}{x-y}$

3. (1) 接線は $x+2\sqrt{3}\,y-4=0$

法線は $4\sqrt{3}\,x-2y-3\sqrt{3}=0$

(2) 接線は $2\sqrt{5}\,x-y-4=0$

法線は $2x+4\sqrt{5}\,y-5\sqrt{5}=0$

(3) 接線は $4x+y-8=0$

法線は $x-4y+15=0$

(4) 接線は $x-y+1=0$

法線は $x+y-3=0$

4. (1) $x=1$ で極大値 -2

(2) $x=-2\sqrt[3]{2}$ で極大値 $\sqrt[3]{2}$

(3) $x=\sqrt[3]{2}$ で極大値 $(\sqrt[3]{2})^2$

(4) $x=2$ で極小値 -1,

$x=-2$ で極大値 1

5. (1) $(x,\ y)=\left(\pm\dfrac{1}{\sqrt{2}},\ \pm\dfrac{1}{2}\right)$ で極大値 $\dfrac{1}{2\sqrt{2}}$

$(x,\ y)=\left(\pm\dfrac{1}{\sqrt{2}},\ \mp\dfrac{1}{2}\right)$ で極小値 $-\dfrac{1}{2\sqrt{2}}$ (複号同順)

(2) $(x,\ y)=\left(\dfrac{2}{\sqrt{3}},\ \dfrac{1}{\sqrt{3}}\right)$ で極小値 $\sqrt{3}$

$(x,\ y)=\left(\dfrac{-2}{\sqrt{3}},\ \dfrac{-1}{\sqrt{3}}\right)$ で極大値 $-\sqrt{3}$

(3) $(x,\ y)=(1,\ 1)$ で極小値 2

$(x,\ y)=(-1,\ -1)$ で極小値 2

6. 略

7. 半径は $\dfrac{a}{\sqrt[3]{2\pi}}$，高さは $\dfrac{2a}{\sqrt[3]{2\pi}}$

演習 (P.124) $y^2=4ax$

4章　重積分

1. 重積分 (P.126〜143)

練習**1** $\dfrac{1}{4}$ 図は略

練習**2** $\dfrac{1}{8}$ 図は略

練習**3**，**4** 略

練習**5** (1) 1 (2) 4 (3) $\dfrac{1}{12}$ (4) 3

練習**6** (1) $e-1$ (2) $1-\cos 1$

(3) $4-\sin 4$ (4) $\sin 4$

練習**7** 0

練習**8** 図は略 (1) $\dfrac{\pi}{16}$ (2) $\dfrac{4}{9}$

練習**9** π

練習**10** (1) $\dfrac{16}{3}\pi$ (2) $4\sqrt{3}\pi$

節末問題 (P.144)

1. (1) -16 (2) 0

2. (1) $\displaystyle\int_0^5\int_0^{\sqrt{25-x^2}} f(x,\ y)\,dydx$

(2) $\displaystyle\int_1^2\int_{\frac{1}{x}}^{\sqrt{x}} f(x,\ y)\,dydx$

3. (1) $\displaystyle\int_1^2\int_1^y f\,dxdy+\int_2^4\int_{\frac{y}{2}}^2 f\,dxdy$

(2) $\displaystyle\int_{-2}^2\int_0^{\sqrt{4-x^2}} f\,dydx$

4. (1) $-\dfrac{11}{8}$ (2) $\dfrac{15}{4}$

5. (1) 8π (2) $\dfrac{128}{3}\pi$

6. $\dfrac{4}{3}$

7. 2π

2. 重積分の応用 (P.145〜151)

練習**1** (1) 6 (2) 3 (3) $\dfrac{10}{3}$

練習**2** π

練習**3** $\dfrac{8}{3}\pi-\dfrac{32}{9}$

練習**4** $\dfrac{\pi}{3}-\dfrac{4}{9}$

練習**5** (1) $\sqrt{\pi}$ (2) $\dfrac{\sqrt{\pi}}{4}$ (3) $\dfrac{\sqrt{\pi}}{a}$

練習**6** $\left(\dfrac{4a}{3\pi},\ \dfrac{4a}{3\pi}\right)$

練習**7** $\dfrac{1}{8}\rho\pi a^4$

節末問題 (P.152)

1. (1) $\dfrac{4}{3}$ (2) $\dfrac{e^2}{2}-e$ (3) $\dfrac{8}{3}$

(4) 8π (5) $\dfrac{\pi}{2}$ (6) $\dfrac{4}{3}(2\sqrt{2}-1)\pi$

(7) $\dfrac{4}{3}a^3\left(\dfrac{\pi}{2}-\dfrac{2}{3}\right)$ (8) $\dfrac{3}{256}\pi^2$

2. $\dfrac{4}{3}\pi abc$

3. $\dfrac{abc^2}{2}\pi$

4. (1) $\dfrac{\pi}{4}(1-e^{-a^2})$ (2) $\dfrac{\pi}{4}$

(3) 証明略，$\displaystyle\lim_{a\to\infty}J(a)=\frac{\pi}{4}$ (4) 略

5章　微分方程式

1. 微分方程式と解 (P.156〜163)

練習**1** $\dfrac{dT}{dt}=k(T_0-T)$

練習**2** $y'=2y$

練習**3** 略

練習**4** (1) 略 (2) $y=e^x$

練習**5** (1) 略

(2) $y=\dfrac{1}{9}x^3+\dfrac{5}{3}\log|x|+\dfrac{8}{9}$

練習**6** $y=\dfrac{1}{9}x^3+\dfrac{10-e^3}{9}\log|x|-\dfrac{1}{9}$

節末問題（P.163）

1. $\dfrac{d^2x}{dt^2}=x^2$

2. $\dfrac{dN}{dt}=-\lambda N$

3. $xy'-2y=0$

4. 略

5. (1) 略　(2) $y=\dfrac{1}{k}\sin kx+\cos kx$

(3) $y=b\sin kx+a\cos kx$

2. 1階微分方程式（P.164〜171）

C は任意定数とする。

練習1 (1) $y^2=x^2+C$　(2) $y=Cx$

(3) $y=\mathrm{Sin}^{-1}x+C$

(4) $\sin y=-\cos x+C$

練習2 (1) $x^2+y^2=1$

(2) $(1+x)(1+y)=1$

(3) $y=\sin x$

練習3 (1) $y^2=x^2(2\log|x|+C)$

(2) $y^3=x^3(3\log|x|+C)$

(3) $x\sin\dfrac{y}{x}=C$

(4) $x^2+y^2=Cy^3$

練習4 (1) $x^2+2xy-y^2=2$

(2) $y=x(\log|x|+2)$

(3) $y=e^{\frac{y}{x}-1}$

練習5 (1) $y=\dfrac{1}{2}x+\dfrac{C}{x}$

(2) $y=\dfrac{1}{2}e^x+Ce^{-x}$

(3) $y=\sin x+C\cos x$

(4) $y=\log x-1+\dfrac{C}{x}$

練習6 $y=e^x-x-1$

練習7 (1) $v=\dfrac{g}{k}+Ce^{-kt}$

(2) $v=\dfrac{g}{k}+Ce^{-kt}$

節末問題（P.172）

C は任意定数とする。

1. (1) $4x^2+y^2=C$　(2) $y=Ce^{\frac{(\log x)^2}{2}}$

(3) $\dfrac{y}{(y+x)^2}=C$

(4) $\sin\dfrac{y}{x}-\log|x|=C$

(5) $y=-\dfrac{1}{4}x+\dfrac{C}{x^3}$

(6) $y=-\dfrac{1}{5}(2\sin 2x+4\cos 2x)+Ce^x$

2. (1) $e^y=\dfrac{1}{2}e^{2x}+\dfrac{1}{2}$　(2) $y=xe^{2x}$

(3) $y=\dfrac{1}{2}(\sin x-\cos x-e^{\frac{\pi}{2}-x})$

3. $x^2+y^2=2$

4. $y=\dfrac{2}{\sqrt{x}}$

5. (1) $uu'-u=1$

(2) $y=\log|1+x+y|+C$

6. (1) $\dfrac{dN(t)}{dt}=k(a-N(t))$

(2) $N(t)=a+Ce^{-kt}$

(3) $N(t)=a+(N_0-a)e^{-kt}$

演習1（P.175）

$x^3-y^3+3xy+9x+3y=C$

演習2（P.176）

$\dfrac{1}{y^2}=-\dfrac{1}{3}x^2+\dfrac{C}{x^4}$

演習3（P.177）

一般解は $y=Cx+C^3$

特異解は $27y^2=-4x^3$

演習4（P.177）

$(2x^2\mp 2x\sqrt{x^2+y}+y)(x\pm 2\sqrt{x^2+y})$
$=C$（複号同順）

3. 2階微分方程式（P.178〜199）

C, D は任意定数とする。

練習1 (1) $y=-\log|x|+Cx+D$

(2) $y=-x\cos x+2\sin x+Cx+D$

練習2 (1) $y=\log|x+C|+D$

(2) $y=Cx^2+x+D$

練習3 (1) $(x+D)^2+y^2=C$

(2) $y^2+2y+Cx+D=0$

練習4 (1) 1次独立　(2) 1次独立

(3) 1次従属

練習5 (1) 略

(2) $y=C\sin x+D\cos x$

練習6 (1) 略

(2) $y=C\sin x+D\cos x+x^2-2$

練習7 (1) $y=Ce^{-2x}+De^{-\frac{4}{3}x}$

(2) $y=(C+Dx)e^{3x}$

(3) $y=Ce^{(3+\sqrt{2})x}+De^{(3-\sqrt{2})x}$

(4) $y=e^{-\frac{1}{4}x}\left(C\cos\frac{\sqrt{7}}{4}x+D\sin\frac{\sqrt{7}}{4}x\right)$

練習8 (1) $y=-e^{2x}+e^{3x}$

(2) $y=(x-1)e^{\sqrt{2}(1-x)}$

(3) $y=e^{\frac{3}{2}x}\left(\cos\frac{\sqrt{11}}{2}x-\frac{3}{\sqrt{11}}\sin\frac{\sqrt{11}}{2}x\right)$

練習9 (1) $y=-\frac{3}{2}x-\frac{3}{4}+Ce^{-2x}+De^{x}$

(2) $y=x^2+3x-3+e^{\frac{1}{6}x}\left(C\cos\frac{\sqrt{11}}{6}x+D\sin\frac{\sqrt{11}}{6}x\right)$

練習10 (1) $y=\frac{1}{2}e^{x}+Ce^{2x}+De^{3x}$

(2) $y=(Cx+D)e^{-x}+\frac{1}{3}e^{2x}$

練習11 (1) $y=-xe^{2x}+Ce^{2x}+De^{3x}$

(2) $y=\frac{1}{2}x^2e^{3x}+(C+Dx)e^{3x}$

練習12 (1) $y=-\frac{1}{3}\sin x+Ce^{\frac{3+\sqrt{5}}{2}x}+De^{\frac{3-\sqrt{5}}{2}x}$

(2) $y=-2\cos x+e^{-\frac{x}{2}}\left(C\cos\frac{\sqrt{3}}{2}x+D\sin\frac{\sqrt{3}}{2}x\right)$

練習13 (1) $y=-\frac{1}{3}x\cos 3x+C\cos 3x+D\sin 3x$

(2) $y=-\frac{1}{3}x\cos 3x+\cos 3x+\frac{4}{9}\sin 3x$

(3) $y=-\frac{1}{3}x\cos 3x+\frac{\pi}{9}\cos 3x+\sin 3x$

練習14 (1) $y=\frac{1}{2}(x\cos x+\cos x-\sin x)$

(2) $y=\frac{1}{2}(x\cos x+\cos x-\sin x)+(C+Dx)e^{x}$

練習15 (1) 1つの解は　$y=\frac{x}{4}$

(2) 1つの解は　$y=\frac{x}{4}$

練習16 (1) $y=\frac{1}{5}xe^{3x}+Ce^{3x}+De^{-2x}$

(2) $y=\frac{1}{2}x^2e^{x}\log x-\frac{3}{4}x^2e^{x}+(C+Dx)e^{x}$

(3) $y=\frac{1}{2\cos x}+C\cos x+D\sin x$

練習17 $x=\frac{3}{5}\sin 2t+Ce^{t}+De^{-t}$

$y=\frac{1}{5}\cos 2t+Ce^{t}-De^{-t}$

練習18 (1) $y=Cx^2+Dx^{-2}$

(2) $y=(C\log|x|+D)x$

練習19 (1) 略

(2) $y=C(x-1)e^{2x}+De^{x}$

節末問題（P.200）

C，D は任意定数とする。

1. (1) $y=-\log|\cos x|+Cx+D$

(2) $y=Ce^{x+Dy}$

(3) $y=\log|\cos(-x+C)|+D$

2. (1) $y=e^{x}(C\cos\sqrt{3}\,x+D\sin\sqrt{3}\,x)$

(2) $y=(C+Dx)e^{4x}$

(3) $y=\frac{1}{2}x^3-\frac{9}{4}x^2+\frac{21}{4}x-\frac{45}{8}+Ce^{-x}+De^{-2x}$

(4) $y=\frac{1}{12}e^{-x}+Ce^{2x}+De^{3x}$

(5) $y=-\frac{7}{85}\cos 2x-\frac{6}{85}\sin 2x+\frac{3}{5}\cos x-\frac{1}{5}\sin x+Ce^{x}+De^{\frac{1}{2}x}$

(6) $y=\cos x\cdot\log|\cos x|+x\sin x$
$+C\cos x+D\sin x$

3. $x=\frac{1}{3}t^2+\frac{1}{9}$
$+e^{\frac{3}{2}t}\left(C\cos\frac{\sqrt{3}}{2}t+D\sin\frac{\sqrt{3}}{2}t\right)$

$y=\frac{1}{3}t^2+\frac{1}{3}t+\frac{1}{9}$
$-\frac{1}{2}e^{\frac{3}{2}t}\left\{(C+\sqrt{3}D)\cos\frac{\sqrt{3}}{2}t\right.$
$\left.-(\sqrt{3}C-D)\sin\frac{\sqrt{3}}{2}t\right\}$

4. (1) $y=-\frac{1}{16}(2x^2+x)e^x$

(2) $y=-\frac{1}{16}(2x^2+x)e^x+Ce^x+De^{5x}$

5. (1) 略 (2) $y=C(x^2+x+3)+De^{-x}$

6. $I=e^{\frac{-R}{2L}t}\left(D\cos\frac{\sqrt{-R^2+\frac{4L}{C}}}{2L}t\right.$
$\left.+E\sin\frac{\sqrt{-R^2+\frac{4L}{C}}}{2L}t\right)$
(C, D, E は任意定数)

演習 (P.201)

(1) $y=\frac{1}{9}x^2+(C+D\log x)x^{-1}$

(2) $y=-x^2+2x+\frac{2}{5}+Cx^{\frac{5+\sqrt{5}}{2}}$
$+Dx^{\frac{5-\sqrt{5}}{2}}$

索引

●本書の関連データがwebサイトからダウンロードできます。
https://www.jikkyo.co.jp/download/ で
「新版微分積分Ⅱ　改訂版」を検索してください。
提供データ：問題の解説

■監修

岡本和夫（おかもとかずお）　東京大学名誉教授

■編修

安田智之（やすだともゆき）　奈良工業高等専門学校教授
森本真理（もりもとまり）　秋田工業高等専門学校准教授
井口雄紀（いぐちゆうき）　東京工業高等専門学校准教授
市川裕子（いちかわゆうこ）　東京工業高等専門学校教授
佐藤尊文（さとうたかふみ）　秋田工業高等専門学校准教授
鈴木正樹（すずきまさき）　沼津工業高等専門学校准教授
中村真一（なかむらしんいち）　佐世保工業高等専門学校教授
福島國光（ふくしまくにみつ）　元栃木県立田沼高等学校教頭

●表紙・本文基本デザイン――エッジ・デザインオフィス
●組版データ作成――㈱四国写研

新版数学シリーズ
新版微分積分Ⅱ　改訂版

2012年11月10日　初版第1刷発行
2020年10月30日　改訂版第1刷発行
2023年3月10日　第3刷発行

●著作者　岡本和夫　ほか
●発行者　小田良次
●印刷所　株式会社広済堂ネクスト

●発行所　実教出版株式会社
〒102-8377
東京都千代田区五番町5番地
電話［営　業］(03) 3238-7765
［企画開発］(03) 3238-7751
［総　務］(03) 3238-7700
https://www.jikkyo.co.jp/

ISBN　978-4-407-34944-3　C3041　Printed in Japan

微分・積分法

33 $\displaystyle\int\frac{1}{\sqrt{a^2-x^2}}\,dx=\mathrm{Sin}^{-1}\frac{x}{a}+C\quad(a>0)$

34 $\displaystyle\int\sqrt{a^2-x^2}\,dx=\frac{1}{2}\left\{x\sqrt{a^2-x^2}+a^2\,\mathrm{Sin}^{-1}\frac{x}{a}\right\}+C\quad(a>0)$

35 $\displaystyle\int\frac{1}{\sqrt{x^2+A}}\,dx=\log\left|x+\sqrt{x^2+A}\right|+C\quad(A\neq0)$

36 $\displaystyle\int\sqrt{x^2+A}\,dx=\frac{1}{2}\left\{x\sqrt{x^2+A}+A\log\left|x+\sqrt{x^2+A}\right|\right\}+C\quad(A\neq0)$

37 $\displaystyle\int\frac{1}{x^2-a^2}\,dx=\frac{1}{2a}\log\left|\frac{x-a}{x+a}\right|+C\quad(a>0)$

38 $\displaystyle\int\frac{1}{x^2+a^2}\,dx=\frac{1}{a}\mathrm{Tan}^{-1}\frac{x}{a}+C\quad(a\neq0)$

39 極座標 $(r,\ \theta)$

$r\sin\theta=y$, $x=r\cos\theta$ (O, r, θ)

40 $x=a$ 中心のテイラー展開

$$f(x)=f(a)+f'(a)(x-a)+\frac{f''(a)}{2!}(x-a)^2+\cdots\cdots+\frac{f^{(n)}(a)}{n!}(x-a)^n+\cdots\cdots$$

41 $x=0$ 中心のテイラー展開（マクローリン展開）

(1) $\displaystyle e^x=1+x+\frac{1}{2!}x^2+\frac{1}{3!}x^3+\cdots\cdots$

(2) $\displaystyle \sin x=x-\frac{1}{3!}x^3+\frac{1}{5!}x^5-\frac{1}{7!}x^7+\cdots\cdots$

(3) $\displaystyle \cos x=1-\frac{1}{2!}x^2+\frac{1}{4!}x^4-\frac{1}{6!}x^6+\cdots\cdots$

(4) $\displaystyle \frac{1}{1-x}=1+x+x^2+x^3+\cdots\cdots$

42 オイラーの公式

$e^{yi}=\cos y+i\sin y$

43 曲線の長さ

(1) $y=f(x)$ $(a\leqq x\leqq b)$ は

$$L=\int_a^b\sqrt{1+\{f'(x)\}^2}\,dx$$

(2) $x=f(t)$, $y=g(t)$ $(\alpha\leqq t\leqq\beta)$ は

$$L=\int_\alpha^\beta\sqrt{\{f'(t)\}^2+\{g'(t)\}^2}\,dt$$

44 ガウス積分

$$\int_0^\infty e^{-x^2}dx=\frac{\sqrt{\pi}}{2}$$

45 合成関数の微分公式

$z=f(x,\ y)$, $x=x(u,\ v)$, $y=y(u,\ v)$ のとき

(1) $z_u=z_xx_u+z_yy_u$　(2) $z_v=z_xx_v+z_yy_v$

46 2変数関数の平均値の定理

$$f(a+h,\ b+k)=f(a,\ b)+hf_x(a+\theta h,\ b+\theta k)+kf_y(a+\theta h,\ b+\theta k)\quad(0<\theta<1)$$

47 変数変換

$x=x(u,\ v)$, $y=y(u,\ v)$ について

$$\iint_D f(x,\ y)\,dxdy=\iint_{D'}f(x(u,\ v),\ y(u,\ v))\,|J(u,\ v)|\,dudv$$

$|J(u,\ v)|$ はヤコビアン $J(u,\ v)=\begin{vmatrix}x_u & x_v\\ y_u & y_v\end{vmatrix}$ の絶対値

48 1階微分方程式

$y'+P(x)y=0$ の解は　$y=Ce^{-\int P(x)dx}$（C は任意定数）